职业教育"十三五"改革创新规划教材

计算机应用基础

(Windows 7 + Office 2016)

张 帅　胡文中　主　编

贾如春　孙文桥　叶惠仙　副主编

清华大学出版社
北京

内 容 简 介

  本书从计算机应用零基础开始讲解，用实例引导读者学习。全书深入浅出地介绍了计算机的基础知识和 Windows 7 的基本操作、办公环境的个性化设置，以及办公文件的高效管理等，可以帮助读者快速地熟悉 Windows 7 的应用。本书以真实的工作任务为导向，介绍了 Word 2016 的基本操作，比如，图文混排、长文档的排版；Excel 2016 的基本操作，比如，工作表的格式设置与美化，数据管理与分析，图表、公式与函数的应用，以及数据透视表和数据透视图；PowerPoint 2016 的基本操作，比如，幻灯片的设计、动画和交互效果，以及幻灯片的演示方法等。另外在附录中还介绍云计算机、大数据、虚拟现实技术、人工智能等方面的知识。本书的重点是充分培养学生先知其然，然后知其所以然，从而提高学生分析问题、解决问题的能力，并达到"教、学、做"一体化的学习目标。

  本书不仅适合作为高职高专计算机专业及非计算机专业的学生使用，也可作为从事行政办公、文员等业务相关领域工作人员的参考用书。

图书在版编目(CIP)数据

计算机应用基础：Windows 7＋Office 2016/张帅，胡文中主编. —北京：清华大学出版社，2018
（职业教育"十三五"改革创新规划教材）
ISBN 978-7-302-49990-9

Ⅰ. ①计… Ⅱ. ①张… ②胡… Ⅲ. ①Windows 操作系统－高等职业教育－教材 ②办公自动化－应用软件－高等职业教育－教材 Ⅳ. ①TP316.7 ②TP317.1

中国版本图书馆 CIP 数据核字(2018)第 076660 号

责任编辑：张龙卿
封面设计：徐日强
责任校对：袁　芳
责任印制：董　瑾

出版发行：清华大学出版社
    网　　　址：http://www.tup.com.cn, http://www.wqbook.com
    地　　　址：北京清华大学学研大厦 A 座　　　　　邮　　编：100084
    社　总　机：010-62770175　　　　　　　　　　邮　　购：010-62786544
    投稿与读者服务：010-62776969, c-service@tup.tsinghua.edu.cn
    质量反馈：010-62772015, zhiliang@tup.tsinghua.edu.cn
    课件下载：http://www.tup.com.cn,010-62770175-4278
印　装　者：三河市吉祥印务有限公司
经　　　销：全国新华书店
开　　　本：185mm×260mm　　　印　张：21　　　字　　数：483 千字
版　　　次：2018 年 7 月第 1 版　　　印　　次：2018 年 7 月第 1 次印刷
定　　　价：39.80 元

产品编号：077795-01

前 言

本书从现代办公应用中所遇到的实际问题出发,采用"项目引导、任务驱动"的项目化教学编写方式,体现"基于工作过程"及"教、学、做"一体化的教学理念,并以"Windows 7+Office 2016"作为平台。全书共分为6个项目,项目1介绍计算机的基础知识;项目2介绍如何使用Windows 7操作系统管理计算机资料;项目3介绍如何使用文字编辑软件Word 2016进行文档编辑;项目4介绍如何使用Excel 2016制作电子表格;项目5介绍如何使用PowerPoint 2016制作演示文稿;项目6介绍网络基础知识和Internet应用。本书最后还通过附录的形式介绍了计算机相关的新技术及发展趋势。

本书力图通过与实际工作密切结合的综合案例,提高学生计算机操作的能力,并提高学生的信息素养,培养学生分析问题、解决问题的能力和计算机思维能力。

本书具备以下特点。

(1) 本书采用任务驱动、案例引导的写作方式,从工作过程和项目出发,以现代办公应用为主线,逐步展开对内容的讲解。突破以知识点的层次递进为理论体系的传统模式,将职业工作过程系统化,并以工作过程为基础,按照工作过程来组织和讲解知识,以便培养学生的职业技能和职业素养。

(2) 本书根据学生的学习特点,对案例进行适当拆分,并按知识点的分类进行介绍。考虑到因学生基础参差不齐而给教师授课带来的困扰,本书在写作过程中划分为多个任务,每一个任务又划分了多个子任务。以"做"为中心,"教"和"学"都围绕着"做"展开,在学中做、做中学,从而完成知识学习、技能训练,达到提高学生职业素养的教学目标。

(3) 本书紧跟行业技能发展的趋势。书中讲解了计算机新进展的内容,着重于当前主流的新技术,与行业联系密切。本书打破传统的学科体系结构,将各知识点与操作技能恰当地融入各个项目/任务中,突出了现代职业教育的职业性和实践性，强化实践，培养学生的实践动手能力，适应学生学习的特点。

　　本书由贾如春老师负责总体策划设计、统稿并编写了部分内容，胡文中老师和川北幼儿师范高等专科学校的张帅老师负责本书的主要修订工作，同时孙文桥、叶惠仙、赵治斌、陈颜、刘燕、尹娅、张凤、余昀、赖安芳、郭蓉等老师共同参与了编写。在此书编写过程中，感谢各位老师凭借自己多年的教学经验对本书提出的修改建议。

　　由于编者水平有限，全书涉及的知识面较广，书中难免有疏漏之处，欢迎广大读者批评、指正。

编　者

2018 年 2 月

目 录

项目 1 计算机基础知识

任务 1.1 认识计算机

子任务 1.1.1 从外观上认识计算机

任务描述

在本任务中,大家将会了解到计算机的发展历史与外部结构,并能简单地操作计算机。

相关知识

1. 计算机的产生

1946 年 2 月 14 日,标志现代计算机诞生的第一台通用电子数字计算机 ENIAC(埃尼阿克)在美国费城公之于世,如图 1-1-1 所示。ENIAC 代表了计算机发展史上的里程碑,它使用了 18 000 个电子管、70 000 个电阻器,有 500 万个焊接点,功率为 160kW,其总体积约 90m³,重达 30t,占地约 170m³。

1949 年 5 月,英国剑桥大学数学实验室根据冯·诺依曼的思想,制成电子迟延存储自动计算机 EDSAC,如图 1-1-2 所示。这是第一台带有存储程序结构的计算机。

图 1-1-1 通用电子数字计算机

图 1-1-2 电子迟延存储自动计算机

2. 计算机的发展历程

从第一台电子计算机诞生到现在短短几十年中,计算机技术以前所未有的速度迅猛发展,根据组成计算机的电子逻辑器件不同,将计算机的发展分成四个阶段,如表 1-1-1 所示。

表 1-1-1　计算机的发展阶段

发展阶段	电子逻辑器件	计算速度	应用领域
第一代(1946—1957年)	电子管	每秒1000次到1万次	科学计算
第二代(1958—1964年)	晶体管	每秒几万次到几十万次	科学计算、数据处理和实时过程控制
第三代(1965—1970年)	中小规模集成电路	每秒几百万次	应用范围扩大到企业管理和辅助设计
第四代(1971年至今)	大规模、超大规模集成电路	每秒几千万次到几十亿次	人工智能、数据通信等社会各领域

3. 计算机的硬件组成

计算机是一种高速运行、具有内部存储能力、由程序控制操作过程的电子设备。计算机最早的用途是用于数值计算，随着计算机技术和应用的发展，计算机已经成为一种必备的信息处理工具。从外观上看，微型计算机由主机箱、显示器、键盘和鼠标等部分组成，如图 1-1-3 所示。立式机箱的正面和背面如图 1-1-4 与图 1-1-5 所示。

图 1-1-3　计算机的外观　　　　图 1-1-4　主机箱正面　　图 1-1-5　主机箱背面

主机箱中有系统主板、外存储器、输入/输出接口、电源等。从主机的正面图上可以看到光盘驱动器、USB 接口、电源开关、复位开关、硬盘指示灯、电源指示灯等，如表 1-1-2 所示。

表 1-1-2　主机箱正面的主要部件

主要名称	作用
光盘驱动器	用于光盘的读取或者播放
USB接口	用于连接 USB 接口的外设，如 U 盘或者 USB 接口鼠标等
电源开关	用于接通和关闭电源
复位开关	用来重新启动计算机
硬盘指示灯	灯亮表示计算机硬盘正在进行读/写操作
电源指示灯	灯亮表示计算机电源接通

主机箱背面有电源插座、电源散热风扇，以及连接主机和外部设备的各种接口，各部

件的主要名称见表 1-1-3。

表 1-1-3 主机箱背面的主要部件

主 要 名 称	作 用
电源插座	用于插上电源线
电源散热风扇	用于及时排走电源内部的热量
键盘接口	用于连接键盘
鼠标接口	用于连接鼠标(比较旧的微型计算机用串行端口来连接鼠标)
USB 接口	用于连接 USB 设备
串行接口	用于连接扫描仪等设备
并行接口	用于连接打印机等设备
视频接口	用于连接显示器信号电缆
声卡接口	用于连接音箱、话筒等

知识拓展

下面介绍我国计算机的发展历程。

1958 年 6 月,中国科学院计算所与北京有线电厂共同研制成功我国第一台计算机——103 型通用数字电子计算机,如图 1-1-6 所示。

2001 年,"曙光 3000"超级服务器——神威研制开发成功,运算速度峰值可达到每秒 4032 亿次,如图 1-1-7 所示。

图 1-1-6 103 型通用数字电子计算机　　　图 1-1-7 "曙光 3000"超级服务器——神威

2004 年,我国曙光计算机公司成功研制出"曙光 4000A"超级计算机,运算速度峰值超过每秒 11 万亿次。

2009 年,我国首款超百万亿次超级计算机"曙光 5000A"正式开通启用。这也意味着中国计算机首次迈进百亿次时代,如图 1-1-8 所示。

"神威·太湖之光"超级计算机是由国家并行计算机工程技术研究中心研制,如图 1-1-9 所示。神威·太湖之光超级计算机安装了 40 960 个中国自主研发的"神威 26010"众核处理器,该众核处理器采用 64 位自主神威指令系统,峰值性能为 12.5 亿亿次/秒,持续性能为 9.3 亿亿次/秒。

图 1-1-8 曙光 5000A   图 1-1-9 "神威·太湖之光"超级计算机

2017 年 6 月 19 日,全球超级计算机 500 强榜单公布,"神威·太湖之光"以每秒 9.3 亿亿次的浮点运算速度第三次夺冠。

任务总结

通过本任务的实施,应掌握下列知识和技能。
- 了解计算机是如何产生的。
- 了解计算机的发展史及我国计算机的发展史。
- 认识计算机基本部件和接口。

子任务 1.1.2　计算机的分类与特点

任务描述

在本任务中,大家会学习按照不同的分类标准对计算机进行划分,同时会学习计算机的特点、应用以及如何开关机。

相关知识

1. 计算机的分类

计算机按不同的标准,其分类方法会有所不同,下面列举几条分类标准及分类方法。

1) 按功能分类

按计算机的功能,一般可分为专用计算机与通用计算机。专用计算机的特点是功能单一、可靠性高、结构简单、适应性差,但在特定用途下最有效、最经济、最快速,是其他计算机无法替代的,如军事系统、银行系统所属专用计算机;通用计算机功能齐全、适应性强,目前人们使用的计算机大部分都是通用计算机。

2) 按规模分类

按计算机的规模,并参考其运算速度、输入/输出能力、存储能力等因素,通常可分为巨型机、大型机、中小型机、微型机等几类。

(1) 巨型机。巨型机运算速度快、存储量大、结构复杂、价格昂贵,主要用于尖端科学研究领域,如 IBM 390 系列、银河机等。

(2) 大型机。大型机规模次于巨型机,有比较完善的指令系统和丰富的外部设备,主要用于计算机网络和大型计算中心中,如 IBM 4300。

(3) 中小型机。中小型机较之大型机成本较低,维护也较容易。小型机用途广泛,现可用于科学计算和数据处理,也可用于生产过程自动控制和数据采集及分析处理等。

(4) 微型机。微型机采用微处理器,它较之中小型机体积更小,价格更低,灵活性更好,可靠性更高,使用更加方便。现在常用的笔记本电脑和台式计算机均属于微型机。

3) 按工作模式分类

按计算机的工作模式,一般可分为服务器和工作站两类。

(1) 服务器。服务器是一种可供网络用户共享的、高性能的计算机。服务器一般具有大容量的存储设备和丰富的外部设备,其运行网络操作系统,要求有较高的运行速度,对此,很多服务器都配置了双 CPU。服务器上的资源可供网络用户共享。

(2) 工作站。工作站是高档微机,它的独到之处就是易于联网,配有大容量主存、大屏幕显示器,特别适合于 CAD/CAM 和办公自动化。

2. 计算机的特点

1) 运算速度快

现在高性能计算机每秒能进行几百万亿次以上的加法运算。如果一个人在一秒钟内能做一次运算,那么一般的计算机一小时的工作量,一个人得做一百多年。很多场合下,运算速度起决定作用。例如,计算机控制导航,要求"运算速度比飞机飞得还快";气象预报要分析大量资料,如用手工计算需要十天半月,失去了预报的意义,而用计算机,几分钟就能计算出一个地区内数天的气象预报。

2) 计算精度高

计算机的计算精度主要取决于计算机的字长,字长越长,运算精度越高,计算机的数值计算更加精确。如计算圆周率 π,计算机在很短时间内就能精确计算到 200 万位以上。

3) 存储容量大

计算机的存储器类似于人的大脑,可以存储大量的数据和信息而不丢失,在计算的同时,还可把中间结果存储起来。

4) 逻辑判断能力

计算机在程序的执行过程中,会根据上一步的执行结果,运用逻辑判断方法自动确定下一步的执行命令。正是因为计算机具有这种逻辑判断能力,使得计算机不仅能解决数值计算问题,而且能解决非数值计算问题,比如,信息检索、图像识别等。

5) 自动化程度高

计算机可以按照预先编制的程序自动执行而不需要人工干预。

6) 使用范围广,通用性强

计算机不仅能进行数值计算,还能进行信息处理和自动控制。想让计算机解决什么问题,只要将解决问题的步骤用计算机能识别的语言编制成程序,装入计算机中运行即可。一台计算机能适应于各种各样的应用,具有很强的通用性。

任务实施

1. 开机

开机的一般顺序：先打开外部设备（如显示器、打印机等），后打开主机电源开关。

注意：

（1）在确认微型计算机系统各设备已经正确安装和连接并且所用的交流电源符合要求之后，才能开机。

（2）主机通电后，计算机系统进入自检和自启动过程。如果系统有故障，则屏幕显示提示信息或发出一些声音提醒用户；如果系统一切正常并且硬盘上已经安装有操作系统（如 Windows 7），则计算机自动启动操作系统。

2. 关机

关机的顺序与开机相反，先关闭主机电源，最后关闭外部设备（如显示器、打印机等）的电源。

关机前，应先退出当前正在运行的软件系统，以免丢失数据信息或破坏系统配置。

知识拓展

下面介绍计算机的用途。

由于计算机有运算速度快、计算精度高、记忆能力强等一系列特点，使计算机几乎进入了一切领域，包括科研、生产、交通、商业、国防、卫生等。可以预见，其应用领域还将进一步扩大。计算机的主要用途如下。

1）数值计算

数值计算主要是指计算机用于完成和解决科学研究与工程技术中的数学计算问题。计算机具有运算速度快、计算精度高的特点，在数值计算等领域里刚好是计算机施展才能的地方，尤其是一些十分庞大而复杂的科学计算，靠其他计算工具有时简直是无法解决的。如天气预报，只有借助于计算机，才能及时、准确地完成。

2）数据及事务处理

所谓数据及事务处理，泛指非科技方面的数据管理和计算处理。其主要特点：要处理的原始数据量大，而算术运算较简单，并有大量的逻辑运算和判断，结果常要求以表格或图形等形式存储或输出，如银行日常账务管理、股票交易管理、图书资料的检索等。事实上，计算机在非数值方面的应用已经远远超过了在数值计算方面的应用。

3）自动控制与人工智能

由于计算机不但计算速度快且又有逻辑判断能力，所以可广泛用于自动控制。如对生产和实验设备及其过程进行控制，可以大大提高自动化水平，减轻劳动强度，节省生产和实验周期，提高劳动效率，提高产品质量和产量，特别是在现代国防及航空航天等领域。

4）计算机辅助设计、辅助制造和辅助教学

计算机辅助设计（CAD）和计算机辅助制造（CAM），是设计人员利用计算机来协助进行最优化设计和生产设备的管理、控制与操作。目前，在电子、机械、造船、航空、建筑、化工、电器等方面都有计算机的应用，这样可以提高设计质量，缩短设计和生产周期，提高自动化水平。计算机辅助教学（CAI），是利用计算机的功能程序把教学内容变成软件，使得学生可以在计算机上学习，使教学内容更加多样化、形象化，以取得更好的教学效果。

5）通信与网络

随着信息化社会的发展，通信业也发展迅速，计算机在通信领域的作用越来越大，特别是计算机网络的迅速发展。目前，遍布全球的因特网（Internet）已把全地球上的大多数国家联系在一起。如网络远程教育，利用计算机辅助教学和计算机网络，在家里学习代替去学校、课堂这种传统教学方式已经在许多国家变成现实。

6）人工智能

人工智能（AI）是研究如何利用计算机模仿人的智能，并在计算机与控制论学科上发展起来的边缘学科。围绕 AI 的应用主要表现在机器人研究、专家系统、模式识别、智能检索、自然语言处理、机器翻译、定理证明等方面。

技能拓展

下面说明如何打开及使用 Windows 任务管理器。

按 Ctrl＋Shift＋Esc 组合键，可打开 Windows 任务管理器，打开后的界面如图 1-1-10 所示。Windows 任务管理器中常用的操作有结束任务、结束进程、查看性能、启动或者停止服务等。

（1）结束任务：当某些应用程序没有响应，无法关闭的时候，可以在这里结束。例如名字为"项目一 第一章"的 Word 文档无法关闭，可以选择此文件，然后单击"结束任务"按钮，如图 1-1-11 所示。

图 1-1-10　Windows 任务管理器

图 1-1-11　结束任务

7

　　（2）结束进程：当某个进程导致 CPU 或者内存占用较多，计算机运行变慢，并且这个进程不是系统必需的，则可以结束，以释放 CPU 和内存，如图 1-1-12 所示表示结束 QQ 进程。

　　（3）查看性能：如图 1-1-13 所示，可以查看 CPU 使用情况及 CPU 使用记录。

图 1-1-12　结束进程　　　　　　　　　　　图 1-1-13　查看性能

　　（4）启动或者停止服务：如图 1-1-14 所示，选择一个状态为"正在运行"的服务后，右击并选择"停止服务"命令即可停止某项服务；选择一个状态为已停止的服务，右击并选择"启动服务"，就可以启动服务。

图 1-1-14　停止正在运行的服务

任务总结

通过本任务的实施,应掌握下列知识和技能。

- 了解计算机的分类与特点。
- 了解计算机的应用。
- 能正确开关机。

任务 1.2 计算机中的信息表示

子任务 1.2.1 数据信息编码和鼠标操作

任务描述

通过本任务,大家会学习到计算机处理信息前所做的编码工作,同时理解数据信息编码的概念和作用。另外掌握鼠标的基本操作。

相关知识

由于计算机要处理的数据信息十分繁杂,有些数据信息所代表的含义又使人难以记忆。为了便于使用,容易记忆,常常要对加工处理的对象进行编码,用一个编码符号代表一条信息或一串数据。

1. 编码的概念

数据信息编码是指把需要加工处理的数据信息,用特写的数字来表示的一种技术,是根据一定数据结构和目标的定性特征,将数据转换为代码或编码字符,在数据传输中表示数据组成,并作为传送、接收和处理的一组规则与约定。

2. 编码的作用

对数据进行编码在计算机的管理中非常重要,可以方便地进行信息的分类、校核、合计、检索等操作。因此,数据信息编码就成为计算机处理的关键。即不同的信息记录应当采用不同的编码,一个编码可以代表一条信息记录。人们可以利用编码来识别每一条记录,区别处理方法,进行分类和校核,从而克服项目参差不齐的缺点,节省存储空间,提高处理速度。

计算机中的信息分为数值信息和非数值信息,非数值信息包括字符、图像、声音等。数值信息可以直接转换成对应的二进制数据,而非数值信息则需采用二进制数编码来表示。

3. 信息的单位

为了衡量信息的量,人们规定了一些常用单位。

（1）位（bit，b），是二进制中一个数位，简称比特，可以是 0 或 1。它是计算机中最小单位。

（2）字节（byte，B），是计算机中最基本的单位，1byte＝8bit。

4. 字符编码

数字、字母、通用符号和控制字符统称为字符。用来表示字符的二进制编码称为字符编码。微型计算机中常用的字符编码是 ASCII（American Standard Code for Information Interchange），即美国标准信息交换码。

ASCII 码是国际标准化组织指定的国际标准。国际通用的 7 位 ASCII 码是采用 7 位二进制数字表示一个字符的编码，同时能表示 2^7（128）个字符，如表 1-2-1 所示。例如，字符 A 的 ASCII 码为 $(1000001)_2$ 对应的十进制数字 $(65)_{10}$。标准的 ASCII 码采用了一个字节的低 7 位，扩充的 ASCII 码采用 8 位二进制数字表示一个字符，这套编码增加了许多外文和表格等特殊字符，成为目前最常用的编码，如表 1-2-1 所示。

表 1-2-1　ASCII 码表

$b_6 b_5 b_4$ / $b_3 b_2 b_1 b_0$	000	001	010	011	100	101	110	111
0000	NUL	DLE	SP	0	@	P	`	p
0001	SOH	DC1	!	1	A	Q	a	q
0010	STX	DC2	"	2	B	R	b	r
0011	ETX	DC3	#	3	C	S	c	s
0100	EOT	DC4	$	4	D	T	d	t
0101	ENQ	NAK	%	5	E	U	e	u
0110	ACK	SYN	&	6	F	V	f	v
0111	BEL	ETB	'	7	G	W	g	w
1000	BS	CAN	(	8	H	X	h	x
1001	HT	EM	)	9	I	Y	i	y
1010	LF	SUB	*	:	J	Z	j	z
1011	VT	ESC	+	;	K	[	k	{
1100	FF	FS	,	<	L	\	l	|
1101	CR	GS	-	=	M	]	m	}
1110	SO	RS	.	>	N	^	n	~
1111	SI	US	/	?	O	_	o	DEL

5. 汉字编码

在利用计算机处理汉字时，必须对汉字进行编码。汉字编码主要有以下几种。

1）汉字输入码、输出码（机外码）

在汉字输入过程中，每个汉字对应一组由键盘符号构成的编码。常见的输入码有数字编码(区位码)和拼音编码,汉字输出过程中使用的编码是字形编码。

2)数字编码(区位码)

数字编码就是用数字串代表一个汉字的输入,将国家标准局公布的 6763 个两级汉字组成一个 94×94 的矩阵。每一行称为一个"区",每一列称为一个"位"。一个汉字的区号和位号合在一起构成"区位码",如"中"字位于第 54 区 48 位,区位码为 5448。因此,输入一个汉字需要按键四次。

3)字形码

字形码又称汉字字模,用于汉字的输出。所有汉字字形的集合称为汉字库。汉字字形通常采用点阵的方式产生,点阵中的每一位都是一个二进制数字。常见的汉字点阵有 16×16 点阵、32×32 点阵、64×64 点阵。点阵不同,汉字字形码的长度也不同。点阵数越大,字形质量越高,字形码占用的字节数越多,如图 1-2-1 所示。

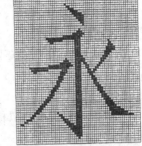

图 1-2-1 汉字字形码

4)国标码

国标码是指国家标准汉字编码。一般是指国家标准局 1981 年发布的《信息交换用汉字编码字符集(基本集)》,简称 GB 2312—1980。在这个集中,用两个字节的十六进制数字表示一个汉字,每个字节都只使用低 7 位。国标码收进 6763 个汉字、682 个符号,共7445 个编码。其中一级汉字 3755 个,二级汉字 3008 个。一级汉字为常用字,按拼音顺序排列;二级汉字为次常用字,按部首排列。国标码主要用于信息交换。

5)汉字内码(机内码)

为了避免 ASCII 码和国标码同时使用产生二义性,大部分汉字系统一般都采用将国标码每个字节高位置 1 作为汉字内码。例如,汉字"大"的国标码是 3473H,则 3473H+8080H=B4F3H,得到汉字内码为 B4F3H。汉字内码主要用于计算机内部处理和存储汉字的代码。

各种汉字编码之间的关系如图 1-2-2 所示。

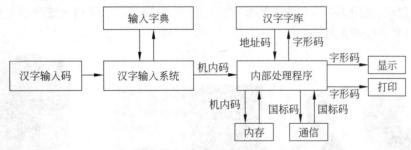

图 1-2-2 各种汉字编码之间的关系

任务实施

鼠标是计算机重要的输入设备之一,本次任务主要讲解鼠标的基本操作,在此之前先认识主流鼠标的组成。

鼠标的基本操作包括移动、单击、双击、右击、选取和拖动。在计算机中看到的光标，即为鼠标的运动轨迹。

移动：在桌面或鼠标垫上移动鼠标。此时，计算机中的指针也会做相应移动，例如，将鼠标指针从"开始位置"移动到"结束位置"。

单击：当鼠标指针移动到某一图标上时，就可以使用单击操作来选定该图标。用食指按下鼠标左键，然后快速松开，对象被单击后，通常显示为高亮状态。该操作主要用来选定目标对象、选取菜单等。例如，用鼠标单击"计算机"，该对象即为高亮状态。

双击：用食指快速按下鼠标左键两次，注意两次按下鼠标左键的间隔时间要短。该操作主要用来打开文件、文件夹、应用程序等。如双击桌面上的"计算机"图标，即可打开"计算机"窗口。

右击：右击即单击鼠标右键，用中指按下鼠标右键即可。该操作主要用来打开某些右键菜单或快捷菜单。

选取：单击鼠标左键，并按住不放，这时移动鼠标出现一个虚线框，最后释放鼠标左键。这样在该虚线框中的对象都会被选中。该操作主要用来选取多个对象。

拖动：将鼠标移动到要拖动的对象上，按住鼠标左键不放，然后将该对象拖动到其他位置后再释放鼠标左键。该操作主要用来移动图标、窗口等。

知识拓展

常见鼠标按接口分类。

常见鼠标按接口类型有 PS/2 接口鼠标、USB 鼠标（多为光电鼠标）和无线鼠标三种。

PS/2 接口鼠标（见图 1-2-3）通过一个六针微型 DIN 接口与计算机相连，它与键盘的接口非常相似，使用时要注意区分，PS/2 接口鼠标不支持热插拔，强行带电插拔有可能烧毁主板。

USB 鼠标（见图 1-2-4）通过一个 USB 接口，直接插在计算机的 USB 接口上。

无线鼠标（见图 1-2-5）是指无线缆直接连接到主机的鼠标，采用无线技术与计算机通信，从而避免电线的束缚。

图 1-2-3　PS/2 接口鼠标　　　　图 1-2-4　USB 鼠标　　　　图 1-2-5　无线鼠标

任务总结

通过本任务的实施,应掌握下列知识和技能。

- 了解编码的概念及其作用。
- 掌握信息单位及其换算。
- 了解字符编码及其标准。
- 了解汉字编码及其种类。
- 掌握鼠标的基本操作。

子任务 1.2.2 计算机中的数据表示和进制转换

任务描述

在本任务中,大家将学习什么是数制、数制的"三要素"、计算机中常用的数制、计算机中的数据表示等。

应掌握常见的数制之间相互转换的规则,并能准确、快速地完成各种数制之间的相互转换。

相关知识

数制的相关知识是学习计算机内部信息存储转换的基础。下面将详细讲解数制、数制的"三要素"以及计算机中常用的数制。

1. 数制

数制就是计数的方法,它是进位计数制的简称,即按进位的原则进行计数。数制有三个要素:数码、基、权。

数码:表示数的符号。例如,十进制数的全部数码为 0~9;二进制的数码为 0 和 1;十六进制的数码为 0~9 及 A~F。

基:数码的个数。例如,十进制的基为 10。

权:数码所在位置标示数制的大小。例如,十进制数每一位的权值为 10^n。

2. 计算机中常用的进制

计算机采用二进制表示数据和信息。在计算机科学中,为了书写方便,也经常采用八进制数和十六进制数,因八进制数和十六进制数与二进制数之间的换算关系简单方便。由于十进制、二进制、八进制、十六进制的英文分别为 Decimal、Binary、Octal、Hexadecimal,我们经常也在十进制数、二进制数、八进制数、十六进制数后面加 D、B、O、H 以示区分。十进制数是日常生活中用的最多的。如果一串数字不加任何进制标记,通常就认为是十进制数。

3. 计算机内部采用二进制的原因

(1) 易于物理实现。具有两种稳定状态的物理器件容易实现,如电压的高低、开关的

13

通断,这样的两种状态可以表示为二进制数中的 0 和 1。

（2）运算规则简单。两个二进制数和、积运算组合很少,运算规则简单,有利于简化计算机内部结构,提高运算速度。

（3）适合逻辑运算。逻辑代数是逻辑运算的理论依据,二进制数只有两个数字,正好与逻辑代数中的"真"和"假"相吻合。

（4）工作可靠。两种状态代表两个数字,数字传输和处理不容易出错,信号抗干扰性强。

任务实施

下面介绍进制的相互转换。

常用的数制有十进制、二进制、八进制和十六进制,这些数制之间存在转换关系。常见的数制及其转换关系是学习计算机基础必须掌握的重要内容,如图 1-2-6 所示。

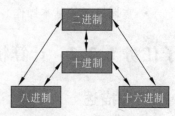

图 1-2-6　进制转换关系

基本概念:如果采用的数制有 r 个基本符号,则称为基 r 数制,简称 r 进制数。

r 进制数:"逢 r 进一,借一当 r。"

1. r 进制数转换成十进制数（r 可以是二、八、十六）

方法:利用按权展开公式（每个数字乘以它的权,再以十进制的方法相加）。

基数:r。

权:基数的若干次幂,一个数可按权展开成为多项式。

【例 1-2-1】 把二进制数 $(1101.01)_2$ 转换成十进制数。

$$(1010.01)_2 = 1 \times 2^3 + 0 \times 2^2 + 1 \times 2^1 + 0 \times 2^0 + 0 \times 2^{-1} + 1 \times 2^{-2} = (10.25)_{10}$$

【例 1-2-2】 把八进制数 $(2670.2)_8$ 转换成十进制数。

$$(2670.2)_8 = 2 \times 8^3 + 6 \times 8^2 + 7 \times 8^1 + 0 \times 8^0 + 2 \times 8^{-1} = (1464.25)_{10}$$

【例 1-2-3】 把十六进制数 $(2D3B)_{16}$ 转换成十进制数。

$$(2D3B)_{16} = 2 \times 16^3 + 13 \times 16^2 + 3 \times 16^1 + 11 \times 16^0 = (11579)_{10}$$

2. 十进制数转换成 r 进制数（r 可以是二、八、十六或任意值）

除 r 求余,直到商为零,先余为低位,后余为高位。

【例 1-2-4】 将十进制数 $(91)_{10}$ 转换成二进制数。

整数部分

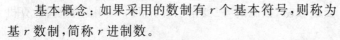

```
  整数部分
2 | 91
2 |  45 ·········· 1    低
2 |  22 ·········· 1    ↑
2 |  11 ·········· 0
2 |   5 ·········· 1
2 |   2 ·········· 1
2 |   1 ·········· 0
    0 ·········· 1    高
```

结果为 $(91)_{10} = (1011011)_2$

【例 1-2-5】 将十进制数$(100)_{10}$转换成八进制数和十六进制数。

$$
\begin{array}{r|ll}
8 & 100 & \\
8 & 12 & 4 \\
8 & 1 & 4 \\
\hline
 & 0 & 1
\end{array}
\qquad
\begin{array}{r|ll}
16 & 100 & \\
16 & 6 & 4 \\
\hline
 & 0 & 6
\end{array}
$$

结果为$(100)_{10}=(144)_8=(64)_{16}$

子任务 1.2.3　键盘和键盘打字

📖 任务描述

通过本任务,应了解常用键盘的布局分区,了解基本功能键的作用与方法,掌握正确打字的姿势和方法。

📦 相关知识

键盘是计算机非常重要的输入设备之一,依靠计算机完成的工作大多都离不开键盘输入。

常用键盘的布局如图 1-2-7 所示,分为功能键区、状态指示区、主键盘区、编辑键区和小键盘区五大区。

图 1-2-7　常用键盘的布局

功能键区 F1～F12 的功能根据具体的操作系统或应用程序而定。

状态指示区的第一个键 Num Lock 是数字灯,灯亮的是打开状态,此时可通过小键盘区的数字键输入数字;灯灭则不能通过小键盘区输入数字,这个指示灯的状态可以通过小键盘区的第一个键 Num Lock 更改。状态指示区中间的 Caps Lock 键是大小写状态指示灯,灯亮只能输入大写字母,这个指示灯的状态可通过主键盘区 Caps Lock 键更改。最后一个 Scroll Lock 灯是滚动锁指示灯,灯亮表示滚动锁起作用,该指示灯的状态通过编辑键区上方中间的 Scroll Lock 键更改。

主键盘区是键盘输入使用最频繁的键盘区域。

编辑键区中包括插入字符键 Insert,删除当前光标位置后的字符键 Delete,将光标移至行首的 Home 键和将光标移至行尾的 End 键,向上翻页 Page Up 键和向下翻页 Page Down 键,以及上、下、左、右箭头键。

小键盘区(辅助键盘区,也称为数字键盘区)有九个数字键,可用于数字的连续输入。

键盘中的某些键具有特殊功能，见表 1-2-2。

表 1-2-2　基本功能键的作用与用法

键 面 名	中文键名	作用与用法
Tab	制表键	输入制表符光标后会移动 8 个字符位
Caps Lock	字母锁定键	改变键盘 Caps Lock 指示灯状态。灯亮时，输入的字母为大写，灯灭时为小写；若输入状态为中文输入时，灯亮时输入大写字母，灯灭时输入中文
Shift	上档键	与其他键组合使用，输入该键键面上端的字符。如单独按时输入数字 1，按住 Shift 键后按此键则输入"！"
Ctrl	控制键	一般不单独使用，与其他键组合使用
Alt	变换键	
Space	空格键	输入空格
Enter	回车键	结束命令行；文字编辑中换行；菜单项的选择
BackSpace	退格键	删除光标前一字符
Insert	插入键	切换插入状态与改写状态
Delete	删除键	删除光标后一个字符
Num Lock	数字开关键	改变键盘 Num Lock 指示灯状态，灯亮时可在数字键盘区输入数字
End		显示当前窗口的底端，光标回到屏幕最后一行字符上
Home		显示当前窗口的顶端，光标回到屏幕左上角

技能拓展

1. 打字的姿势

使用键盘打字之前一定要端正坐姿，并要养成良好的习惯。如果坐姿不正确，不仅影响打字速度的提高，还会很容易疲劳，长期用不良坐姿打字和操作计算机，可能导致身体病变。

正确的坐姿应该是：两脚平放，腰部挺直，两臂自然下垂，两肘贴于腋边。身体可略倾斜，离键盘的距离为 20～30cm。打字时若有手写或印刷文稿，将文稿放在键盘左边，打字时眼观文稿，切记眼观文稿时身体不要跟着倾斜。

打字时手在键盘上的姿势如图 1-2-8 所示。

图 1-2-8　打字时手在键盘上的姿势

2. 打字的基本指法

准备打字时，手指微微弯曲，十指分工，拇指放在空格键上，其余手指放在基准键上。基准键有"A、S、D、F、G、H、J、K、L、；"；"F、J"称为定位键，左、右的食指分别放在这两个定位键上，如图 1-2-9 和图 1-2-10 所示。

图 1-2-9　手指放在基准键上

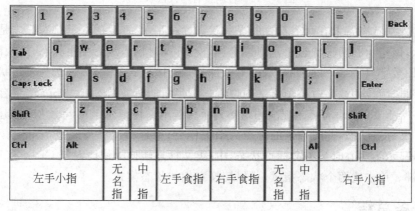

图 1-2-10　十指分工

3. 正确的击键方法

（1）击键之前，十根手指放在基准键上。

（2）击键时，要击键的手指迅速敲击目标键，瞬间发力并立即反弹，不要一直按在目标键上。

（3）击键完毕后，手指要立即放回基准键上，准备下一次击键。

任务实施

1. 中文输入法及技巧

中文输入法按照编码方式主要采用音码、形码和音形码三类。

要快速准确输入汉字，一般要注意三个问题：一是通过训练掌握键盘"盲打"技能；二是选择一种功能齐全并适合自己的输入方法，并且能够掌握好所用输入法的各项设置；三是要养成词组输入的习惯。

2. 输入法状态条

在 Windows 7 操作系统中，默认提供了四种中文输入法，选择其中某个输入法（输入法的切换）的方法是：按 Ctrl＋Space 组合键可在中英文输入法之间进行切换，按 Ctrl＋Shift 组合键可在不同输入法中进行轮换。切换到某种输入法后，屏幕会出现该输入法的状态条，如图 1-2-11 所示是搜狗拼音输入法状态条。

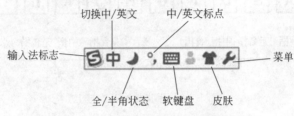

图 1-2-11　搜狗拼音输入法状态条

在输入法状态条上有两个重要的提示状态标志，一个重要的提示状态标志是全/半角状态指示，该指示有两种状态，一种是"半月"模式，此时输入法为半角状态，输入的英文字母、阿拉伯数字只占半个汉字的位置；另一种是"满月"模式，此时输入法为全角状态，输入的英文字母、阿拉伯数字占一个汉字的位置，全/半角的转换是 Shift＋Space 组合键。

另一个重要的提示状态标志是中/英文标点指示。该指示上的句号和逗号显示为空心时为中文标点状态，此时输入的标点为中文标点，符合中文书写规范，若该指示上的句号和逗号显示为实心时为英文标点状态，中/英文标点转换的快捷键是 Ctrl＋.（英文的句号）组合键。单击这两个状态指示，可以切换它们的状态模式。

 任务总结

通过本任务的实施，应掌握下列知识和技能。

- 掌握正确打字的姿势和方法。
- 至少熟练掌握一种中文输入法。

子任务 1.2.4　计算机中数据储存的概念

任务描述

在本任务中，大家将学习到信息技术、信息产业以及计算机储存的概念。

相关知识

1. 信息技术的概念

信息技术就是指以计算机技术与网络通信技术为核心，用以设计、开发、利用、管理、评价一系列信息加工处理的电子技术。信息技术是指信息存储技术、输入/输出技术、信息处理技术、通信（网络）技术等。

2. 冯·诺依曼计算机的基本工作原理

"存储程序"原理：是由美籍匈牙利数学家冯·诺依曼(见图 1-2-12)于 1946 年提出的。有以下特点。

(1) 数据和指令以二进制方式表示,存入存储器中。

(2) 控制器能够将程序自动读出并自动地执行。

计算机是利用"存储器"(内存)来存放所要执行的程序,CPU 依次从存储器中取出程序中的每一条指令,并加以分析和执行,直至完成全部指令任务为止。

图 1-2-12　冯·诺依曼

3. 计算机存储器

计算机存储器是计算的重要组成部分,可分为以下类别。

1) 计算机的内部存储器(简称内存或主存)

内存用来存放当前运行的程序、待处理的数据以及运算结果。它可直接跟 CPU 进行数据交换,存储速度快。

内部存储器分类如下。

- 只读存储器(read only memory,ROM),CPU 对它们只读取不存入,用于永久储存特殊的专用数据。
- 随机读/写存储器(random access memory,RAM),CPU 对它们可存可取。常见的内存条主要由 DRAM 构成,一旦切断计算机的电源(关机或事故),其中的所有数据便随即丢失。

2) 计算机的外部储存器(简称外存或辅存)

外存容量比内存大,可移动。有磁盘(硬盘和 U 盘)、光盘、磁带等。

- 硬盘：由若干硬盘片组成的盘片组,计算机常用的硬盘大小为 500GB～4TB。
- U 盘：采用 flash memory(也称闪存)存储技术的 USB 设备,支持即插即用。
- CD(compact disc)光盘：只读、一次写入光盘和可读性光盘。

存储器的容量是以字节为基本单位的,存储容量单位如下。

K 字节　　　　1KB＝1024B

M(兆)字节　　1MB＝1024KB

G(吉)字节　　1GB＝1024MB

T(太)字节　　1TB＝1024GB

还有更大的存储容量单位如 PB、EB、ZB、YB 等。

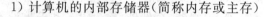 **任务总结**

通过本任务的实施,应掌握下列知识和技能。

- 了解信息技术、信息产业以及计算机储存的概念。
- 了解存储容量单位。

任务 1.3　计算机组成

子任务 1.3.1　了解完整的计算机系统

任务描述

计算机的功能很强大，能完成强大功能的计算机系统由什么组成？在本任务中，大家将学习计算机系统的组成及计算机各部件功能与主要性能指标。

相关知识

任何一个计算机系统都是由硬件系统和软件系统组成的。硬件指组成一台计算机的能看得见、摸得着的各种物理装置，包括运算器、控制器、存储器、输入设备和输出设备五大部分。这五大部分是用各种总线连接为一体的。运算器和控制器合称为中央处理器，简称 CPU。计算机系统的组成如图 1-3-1 所示。

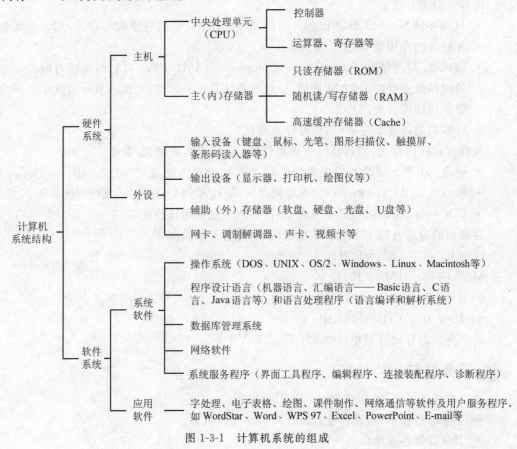

图 1-3-1　计算机系统的组成

按照冯·诺依曼存储程序的原理,计算机的基本工作流程如图 1-3-2 所示。

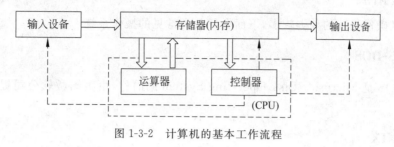

图 1-3-2　计算机的基本工作流程

1. 计算机硬件系统

计算机硬件系统主要包括以下方面。

1) 运算器

运算器是计算机数据形成信息的加工厂,它的主要功能是对二进制数码进行算术运算或逻辑运算。参加运算的数据全部是在控制器的统一指挥下,从内存储器中取到运算器里,由运算器完成运算任务。

2) 控制器

控制器是计算机的神经中枢,由它指挥计算机的各个部件自动、协调地工作。

3) 存储器

存储器是有记忆功能的部件,可将用户编好的程序和数据及中间运算结果存入其中。当程序执行时,由控制器将程序从存储器中逐条取出并执行,执行的中间结果又存回到存储器,所以存储器的作用就是存储程序和数据。

4) 输入设备

输入设备的主要作用是把准备好的数据、程序等信息转变为计算机能接收的电信号送入计算机。目前常用的输入设备有键盘、鼠标、扫描仪等。

5) 输出设备

输出设备的主要功能是把计算机的运算结果或工作过程以人们要求的直观形式表现出来。常见的输出设备有显示器、打印机、绘图仪等。

2. 计算机软件系统

计算机软件系统主要分为以下方面。

1) 系统软件

系统软件是指面向计算机管理的、支持应用软件开发和运行的软件。系统软件的通用性很强。系统软件一般由计算机生产厂家提供,其目的是最大限度地发挥计算机的作用,充分利用计算机资源,便于用户使用和维护计算机。

2) 应用软件

应用软件一般是指用户在各自的应用领域中为解决各种实际问题而开发编制的程序。如 Office 办公软件。

📖 知识拓展

计算机操作系统的种类较多,下面介绍几类常见的操作系统。

1. MS-DOS

MS-DOS 是 Microsoft Disk Operating System 的简称,由美国微软公司提供的 DOS 操作系统。

2. UNIX

UNIX 是一个强大的多用户、多任务操作系统,支持多种处理器架构,最早于 1969 年在 AT&T 的贝尔实验室开发。

3. Linux

Linux 是一种自由和开放源码的类 UNIX 操作系统,存在着许多不同的 Linux 版本,但它们都使用了 Linux 内核。Linux 是一个领先的操作系统,世界上运算最快的 10 台超级计算机运行的都是 Linux 操作系统。Linux 得名于天才程序员林纳斯·托瓦兹。手机的安卓平台采用的就是 Linux 内核。

4. Windows

Windows 操作系统是一款由美国微软公司开发的窗口化操作系统。现在使用的计算机大多都是 Windows 操作系统。Windows 操作系统采用了 GUI 图形化操作模式,比起从前的指令操作系统如 DOS 更为人性化。

📓 任务总结

通过本任务的实施,应掌握下列知识和技能。
- 了解完整的计算机系统组成。
- 了解计算机软件系统组成。

子任务 1.3.2　计算机硬件系统的组成和功能

📑 任务描述

通过本任务,大家将学习计算机硬件组成、计算机部件以及计算机各部件的作用。

📦 相关知识

从外观上看微型计算机通常由主机、显示器、键盘、鼠标组成,还可以增加一些外部设备,如打印机、扫描仪、音响设备等。

1. 主机内部

在计算机内部主要的硬件设备有主板、CPU、内存条、硬盘、U 盘驱动器、光盘驱动器、插卡扩展槽、各类接口和电源等。

1）主板

主板（motherboard）又称系统板或母板，它是一块控制和驱动计算机的电路板，也是CPU 与其他部件联系的桥梁，见图 1-3-3。

2）CPU

CPU 即英文 Central Processing Unit 首字母的简称，也就是中央处理器。CPU 是微型计算机的核心部件，主要由运算器和控制器构成，并采用大规模集成电路工艺制成的芯片，又称微处理器芯片。现在市场上主要是 Intel 和 AMD 公司制造的 CPU，见图 1-3-4和图 1-3-5。

图 1-3-3 主板

图 1-3-4 Intel CPU

图 1-3-5 AMD CPU

3）内存条

内存条是将多个存储芯片并列焊接在一块电路板上构成内存组，见图 1-3-6。

4）硬盘

硬盘是微型计算机的外部存储器，用来长期存储大量的信息，见图 1-3-7。

5）光盘及光盘驱动器

光盘也是一种可移动存储器，存储容量大、价格便宜，是多媒体软件的主要载体。光盘分为只读型光盘（CD-ROM、DVD-ROM）、只写一次型光盘（CD-R、DVD-R）和可擦写型光盘（CD-RW、DVD-RW），如图 1-3-8 所示。

图 1-3-6 内存条

图 1-3-7 硬盘

图 1-3-8 光盘

6）声卡

声卡是多媒体计算机的主要部件之一，它由记录和播放声音所需的硬件构成，见图 1-3-9。

7）网卡

网卡（Network Interface Card，NIC）又称为网络适配器，见图 1-3-10，是连接计算机

23

图 1-3-9　声卡

图 1-3-10　网卡

和网络硬件的设备。

2. 外设

1）闪存盘及移动硬盘

闪存盘又称 U 盘，采用半导体存储介质存储信息，通过 USB 接口连入微型计算机。其最大特点是可以热插拔、携带方便、容量大，如图 1-3-11 所示。

移动硬盘，顾名思义是以硬盘为存储介质，强调便携性的存储产品。移动硬盘多采用 USB、IEEE 1394、SATA 等传输速率较快的接口，可以用较快的速率与系统进行数据传输，如图 1-3-12 所示。

图 1-3-11　U 盘

图 1-3-12　移动硬盘

2）显示器与显卡

显示器比较常见的是阴极射线管显示器（CRT）和液晶显示器（LCD），见图 1-3-13 和图 1-3-14。

图 1-3-13　阴极射线管显示器（CRT）

图 1-3-14　液晶显示器（LCD）

显卡是 CPU 与显示器之间的接口电路(显示适配器),也就是现在通常所说的图形加速卡,它的基本作用就是将 CPU 送出的数据转换成显示器可以接收的信号,见图 1-3-15。

图 1-3-15　显卡

3)键盘与鼠标

键盘与鼠标是微型计算机最常用的输入设备之一。

4)扫描仪

扫描仪(见图 1-3-16)主要作用是将图片、照片、各类图纸图形以及文稿资料输入计算机中,进而实现对这些图像信息的处理、管理、使用和输出。

5)打印机

打印机是在计算机的控制下,快速、准确地输出各种信息的输出设备。打印机有针式打印机、喷墨打印机和激光打印机(见图 1-3-17)三类。

图 1-3-16　台式扫描仪

图 1-3-17　激光打印机

任务总结

通过本任务的实施,应掌握下列知识和技能。

- 认识计算机的硬件部件。
- 了解计算机硬件部件的功能。

任务 1.4　计算机安全与病毒

子任务 1.4.1　了解计算机病毒

任务描述

计算机能帮助我们完成很多工作,但是计算机也会因为计算机病毒的原因变得不听指挥或者速度非常慢。在本任务中,大家将会了解到什么是计算机病毒以及杀毒软件的相关知识。

25

相关知识

1. 什么是计算机病毒

计算机病毒（Computer Virus）在《中华人民共和国计算机信息系统安全保护条例》中被明确定义，病毒指"编制者在计算机程序中插入的破坏计算机功能或者破坏数据，影响计算机使用并且能够自我复制的一组计算机指令或者程序代码"。与医学上的"病毒"不同，计算机病毒不是天然存在的，是某些人利用计算机软件和硬件所固有的脆弱性编制的一组指令集或程序代码。它能通过某种途径潜伏在计算机的存储介质（或程序）里，当达到某种条件时即被激活，通过修改其他程序的方法将自己的精确副本或者可能演化的形式放入其他程序中。从而感染其他程序，对计算机资源进行破坏，所谓的病毒就是人为造成的，对其他用户的危害性很大。

2. 计算机病毒的共同特点

计算机病毒具有破坏性、隐蔽性、传染性、潜伏性和可触发性等特点。

破坏性：凡是通过软件手段能触及计算机资源的地方均可能受到计算机病毒的破坏，病毒一旦发作，它可不客气，可以占用 CPU 时间和内存开销、抢占系统资源，从而造成进程堵塞、删除系统文件、对磁盘数据或文件进行破坏等后果，严重的还可以造成打乱屏幕的显示、系统瘫痪甚至主板故障等。

隐蔽性：通常病毒都具备"隐身术"，它们混在正常的程序之中，很难被发现。如果不是专业人员，你很难看出感染病毒后的文件跟感染病毒前有何种区别，也无法得知计算机的内存中是否已有病毒驻留。除此之外，病毒还具备传染的隐蔽性，也就是说在浏览网页、打开文档或者执行程序的时候，病毒就有可能悄悄来到。

传染性：对于绝大多数计算机病毒来讲，传染是它的一个重要特性。它通过修改别的程序，并将自身的副本包括进去，从而达到扩散的目的。这种特性也是判断病毒程序的最重要的衡量标准之一。

潜伏性：病毒侵入后一般都寄生在计算机媒体中，平时的主要任务是悄悄地感染其他系统或文件，并不会立刻发作，而需要等一段时间，当条件成熟、时机合适的时候才突然爆发。

可触发性：病毒的感染和发作都是有触发条件的，如同一枚定时炸弹，当具备了合适的外界条件，它才突然行动，而且一发不可收拾。

3. 计算机病毒的分类

1）按破坏性分
- 良性病毒。
- 恶性病毒。
- 极恶性病毒。
- 灾难性病毒。

2）按传染方式分

- 引导区型病毒：引导区型病毒主要通过 U 盘在操作系统中传播，感染引导区，蔓延到硬盘，并能感染到硬盘中的"主引导记录"。
- 文件型病毒：文件型病毒是文件感染者，也称为寄生病毒。它运行在计算机存储器中，通常感染扩展名为 COM、EXE、SYS 等类型的文件。
- 混合型病毒：混合型病毒具有引导区型病毒和文件型病毒两者的特点。
- 宏病毒：宏病毒是指用 Basic 语言编写的病毒程序寄存在 Office 文档上的宏代码。宏病毒影响对文档的各种操作。

4. 产生病毒的原因

病毒的产生不是偶然的，计算机病毒的制造却来自一次偶然的事件，那时的研究人员为了计算出当时互联网的在线人数，然而它却自己"繁殖"起来导致了整台服务器的崩溃和堵塞，有时一次突发的停电和偶然的错误，会在计算机的磁盘和内存中产生一些乱码与随机指令，但这些代码是无序和混乱的，病毒则是一种比较完美的、精巧严谨的代码，按照严格的秩序组织起来，与所在的系统网络环境相适应和配合起来，病毒不会通过偶然形成，并且需要有一定的长度，这个基本的长度从概率上来讲是不可能通过随机代码产生的。

5. 计算机病毒的主要危害

- 病毒激发对计算机数据信息的直接破坏作用。
- 引导区型病毒会破坏引导区。
- 占用磁盘空间和对信息的破坏。
- 抢占系统资源。
- 影响计算机运行速度。
- 计算机病毒错误与不可预见的危害。
- 计算机病毒的兼容性对系统运行的影响。
- 计算机病毒给用户造成严重的心理压力。

6. 计算机病毒的命名

命名的一般格式为：＜病毒前缀＞.＜病毒名＞.＜病毒后缀＞。

（1）病毒前缀是指一个病毒种类，如木马病毒的前缀是 Trojan，蠕虫病毒的前缀是 Worm 等。

（2）病毒名是指一个病毒家族的特征，如 CIH、Sasser。

（3）病毒后缀是指一个病毒的变种特征，如 Worm、Sasser.b。

任务实施

1. 杀毒软件介绍

杀毒软件也称反病毒软件或防毒软件，是用于消除计算机病毒、特洛伊木马和恶意软件的一类软件。杀毒软件通常集成监控识别、病毒扫描和清除与自动升级等功能,有的杀毒软件还带有数据恢复等功能,是计算机防御系统(包含杀毒软件、防火墙、特洛伊木马和其他恶意软件的查杀程序、入侵预防系统等)的重要组成部分。

从下面四个方面了解杀毒软件。

(1) 杀毒软件不可能查杀所有病毒。

(2) 杀毒软件能查到的病毒,不一定能杀掉。

(3) 一台计算机每个操作系统下不能同时安装两套或两套以上的杀毒软件(除非有兼容或绿色版,现在很多杀毒软件兼容性很好,国产杀毒软件几乎不用担心兼容性问题),另外建议查看不兼容的程序列表。

(4) 杀毒软件现在对被感染的文件杀毒有多种方式:清除、删除、禁止访问、隔离、不处理。

2. 常见的杀毒软件

目前国内反病毒软件,有三大巨头:360杀毒、金山毒霸、瑞星杀毒软件;国外知名的杀毒软件有卡巴斯基和诺顿。

知识拓展

计算机病毒之所以称为病毒是因为其具有传染性的本质。病毒的传播途径多种多样,传统渠道通常有以下几种。

1) 通过U盘

由于使用带有病毒的U盘,使机器感染病毒发病,并传染给未被感染的"干净"的U盘。

2) 通过硬盘

通过硬盘传染也是重要的渠道,由于带有病毒机器移到其他地方使用、维修等,将"干净"的硬盘传染并再扩散。

3) 通过网络

通过网络传染扩散极快,能在很短时间内传遍网络上的机器。

Internet的发展使病毒可能成为灾难,病毒的传播更迅速,反病毒的任务更加艰巨。Internet带来两种不同的安全威胁,一种威胁来自文件下载,这些被浏览的或是被下载的文件可能存在病毒。另一种威胁来自电子邮件,因为大多数Internet邮件系统提供了在网络间传送附带格式化文档邮件的功能,因此,遭受病毒的文档或文件就可能通过网关和邮件服务器涌入企业网络。

4) 常见的计算机中病毒的症状

(1) 计算机系统运行速度减慢。

(2) 计算机系统经常无故发生死机。

(3) 计算机系统中的文件长度发生变化。

(4) 计算机存储的容量异常减少。

(5) 丢失文件或文件损坏。

（6）计算机屏幕上出现异常显示。

（7）对存储系统异常访问。

（8）键盘输入异常。

（9）文件无法正确读取、复制或打开。

（10）命令执行出现错误。

（11）Word 或 Excel 提示执行"宏"。

（12）使不应驻留内存的程序驻留内存。

技能拓展

Windows 防火墙的配置方法如下：

（1）选择"开始"→"控制面板"命令，可打开"控制面板"，如图 1-4-1 所示。

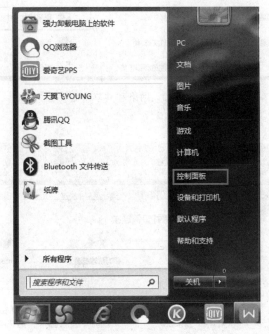

图 1-4-1　打开"控制面板"

（2）打开"网络和共享中心"，如图 1-4-2 所示。

（3）选择"Windows 防火墙"命令，如图 1-4-3 所示。

（4）选择"打开或关闭 Windows 防火墙"命令，如图 1-4-4 所示。

（5）选择"启用 Windows 防火墙"，如图 1-4-5 所示。

任务总结

通过本任务的实施，应掌握下列知识和技能。

- 了解常见的杀毒软件。
- 了解计算机病毒的传播方式。
- 了解计算机中毒后常见的征兆。

图 1-4-2 网络和共享中心

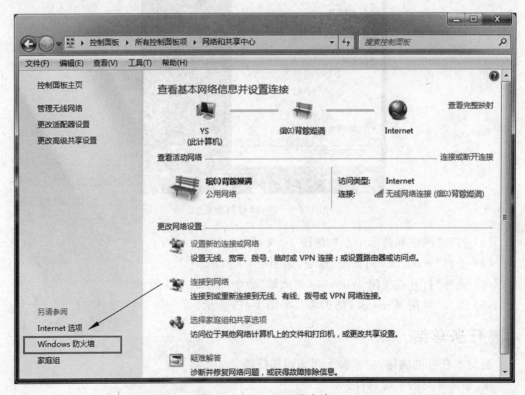

图 1-4-3 Windows 防火墙

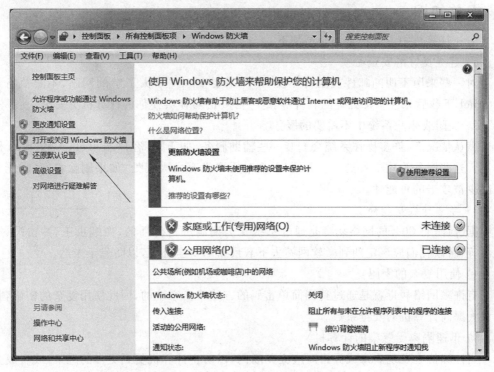

图 1-4-4　打开或关闭 Windows 防火墙

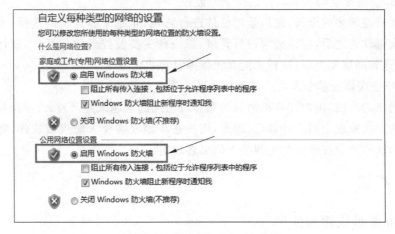

图 1-4-5　启用 Windows 防火墙

子任务 1.4.2　预防、检测、清除计算机病毒

任务描述

前面已经讲解了一些病毒的传播方式,计算机中毒后的常见症状以及杀毒软件相关的知识。在本任务中,将对杀毒软件的使用方法进行详细讲解。

相关知识

防止计算机中毒的小常识介绍如下。

1）建立良好的安全习惯

对一些来历不明的邮件及附件不要打开，不要上一些不太了解的网站、不要执行从 Internet 下载后未经杀毒处理的软件等，这些必要的习惯会使你的计算机更安全。

2）关闭或删除系统中不需要的服务

默认情况下，许多操作系统会安装一些辅助服务，如 FTP 客户端、Telnet 和 Web 服务器。这些服务为攻击者提供了方便，而又对用户没有太大用处，如果删除它们，就能大大减少被攻击的可能性。

3）经常升级安全补丁

据统计，有 80% 的网络病毒是通过系统安全漏洞进行传播的，像蠕虫王、冲击波、震荡波等，所以我们应该定期到微软网站去下载最新的安全补丁，以防患于未然。

4）使用复杂的密码

有许多网络病毒就是通过猜测简单密码的方式攻击系统的，因此使用复杂的密码，将会大大提高计算机的安全系数。

5）迅速隔离受感染的计算机

当计算机上发现病毒或异常时应立刻断网，以防止计算机受到更多的感染，或者成为传播源，再次感染其他计算机。

6）最好安装专业的杀毒软件进行全面监控

在病毒日益增多的今天，使用杀毒软件进行防毒，是越来越经济的选择，不过用户在安装了反病毒软件之后，应该经常进行升级、将一些主要监控经常打开（如邮件监控）、内存监控等、遇到问题要上报，这样才能真正保障计算机的安全。

7）用户还应该安装个人防火墙软件来防止黑客的攻击

由于网络的发展，用户计算机面临的黑客攻击问题也越来越严重，许多网络病毒都采用了黑客的方法来攻击用户计算机，因此，用户还应该安装个人防火墙软件，将安全级别设为中、高，这样才能有效地防止网络上的黑客攻击。

任务实施

1. 360 杀毒软件的使用

现有很多工具软件，虽不是专业杀毒软件，但它能对系统进行各项安全管理。本书简单介绍用户使用较多的免费杀毒软件——360 杀毒软件的用法。

（1）下载安装 360 杀毒软件最新版本。到 360 官方网站免费下载软件，然后安装，安装成功后，系统任务栏右端会出现"360 杀毒软件实时运行"图标 。

（2）运行 360 杀毒软件，进行系统安全性维护。双击任务栏中的"360 杀毒软件实时运行"图标 ，可以快速打开 360 杀毒软件，该软件运行窗口是一个对话框，如图 1-4-6 所示。在这里可以选择"快速扫描""全盘扫描"和"自定义扫描"模式，常用的是

"快速扫描"模式。使用"全盘扫描"模式的杀毒窗口如图 1-4-7 所示。选中图 1-4-7 中左下方的"扫描完成后自动处理并关机"功能，可以实现杀毒完成后自动关机功能。

图 1-4-6　360 杀毒软件的启动界面

图 1-4-7　360 杀毒软件的杀毒界面

2. 360安全卫士的使用

360安全卫士有电脑体检、木马查杀、漏洞修复、系统修复、电脑清理等功能。这里简单讲解电脑体检、木马查杀、漏洞修复的操作。

1）电脑体检

（1）下载并安装360安全卫士最新版本。到360安全卫士官方网站免费下载软件，然后安装。安装成功后，系统任务栏右端会出现"360安全卫士实时运行"图标 。

（2）运行360安全卫士。

双击任务栏中的"360安全卫士实时运行"图标 ，可以快速打开360安全卫士。

（3）单击"立即体检"按钮，如图1-4-8所示。

图1-4-8 360安全卫士体检界面

2）木马查杀

单击"查杀修复"按钮，再单击"快速扫描"按钮。用户自己选择，也可以单击"全盘扫描"或者"自定义扫描"按钮，如图1-4-9所示。

3）漏洞修复

单击"漏洞修复"按钮，在"漏洞修复"选项下单击"立即修复"按钮，如图1-4-10所示。

知识拓展

常见的杀毒软件在前面已经介绍过，除了杀毒软件以外还有病毒专杀工具。病毒专杀工具通常是杀毒软件公司针对某个病毒或某类型病毒设计的专用杀毒软件。某些病毒

图 1-4-9   360 安全卫士木马查杀

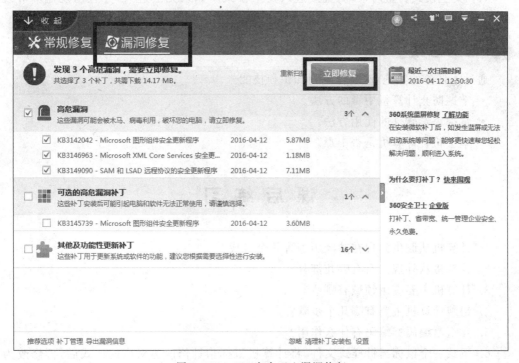

图 1-4-10   360 安全卫士漏洞修复

可能用杀毒软件无法解决，可以采取用病毒专杀工具。如"熊猫烧香"专用清除工具、"木马群"病毒专杀及修复工具、灰鸽子专杀工具、QQ病毒专杀工具等。这些专杀工具一般都是免费的，当我们遇到杀毒软件无法清除的可知病毒时，可以考虑下载安装这些专杀工具来解决。

技能拓展

如何检查计算机是否中了病毒？以下就是检查步骤。

（1）检查进程。首先排查的就是进程了。方法简单，开机后，什么都不要启动。

① 直接打开任务管理器，查看有没有可疑的进程，不认识的进程可以从互联网上搜索一下。

② 打开杀毒软件，先查看有没有隐藏进程，然后查看系统进程的路径是否正确。

③ 如果进程全部正常，则利用 Wsyscheck 等工具，查看是否有可疑的线程注入正常进程中。

（2）检查自启动项目。进程排查完毕，如果没有发现异常，则开始排查启动项。

用 msconfig 查看是否有可疑的服务。按 Windows＋R 组合键打开"运行"，输入 msconfig，确认后切换到"服务"选项卡，选中"隐藏所有 Microsoft 服务"复选框，然后逐一确认剩下的服务是否正常（可以凭经验识别，也可以利用搜索引擎）。同时查看是否有可疑的自启动项，切换到"启动"选项卡，逐一排查就可以了。

（3）安全模式。重启系统，直接进入安全模式。如果无法进入，并且出现蓝屏等现象，则应该引起警惕，可能是病毒入侵的后遗症，也可能病毒还没有清除。

任务总结

通过本任务的实施，应掌握下列知识和技能。
- 掌握防止计算机中毒的方法。
- 掌握杀毒软件的使用方法。
- 学会检查计算机是否中毒。

课 后 练 习

1. 计算机从诞生到现在共经历了哪几个时代？
2. 计算机从外观上看有哪几部分？
3. 计算机主要应用领域有哪些？
4. 组装计算机主要有哪几个步骤？
5. 什么是编码？编码有什么作用？
6. 下载一个鼠标指针样式文件，将计算机鼠标指针修改为对应的样式后，再修改为系统默认的指针样式。
7. 将下列数据单位转换为 KB。
(1) 3072B　　(2) 10MB　　(3) 5GB　　(4) 2TB

8．分别说出十进制、二进制、八进制和十六进制的数码、基与权。

9．至少列举三个你知道的 Windows 操作系统中常用的组合键。

10．至少列举两个键盘上的基本功能键并简述这些功能键的作用。

11．将下列十进制数分别转换为二进制数、八进制数、十六进制数。

(1) 28　　(2) 64　　(3) 156　　(4) 256

12．用输入法软键盘输入一段文字。

13．说出你熟悉的计算机硬件部件并简述其作用。

14．尝试用搜狗拼音输入法的笔画模式输入下列生僻字。

(1) 焱　　(2) 垚　　(3) 犇　　(4) 昜

15．简述计算机的主要技术指标。

16．记录指法训练进度(见题表 1-1)。

题表 1-1　输入速度测试进度表

序　号	测试时间	速度(字/分钟)	准确率(%)	备　注
第一次				
第二次				
第三次				
学期结束				

17．什么是计算机病毒？它们有哪些特点？

18．计算机病毒的危害有哪些？

19．描述你知道的杀毒软件。

20．简述计算机病毒常见的传播方式。

21．给你的计算机安装一款杀毒软件,并使用它对计算机进行安全维护。

项目 2　使用 Windows 7 操作系统

任务 2.1　认识 Windows 7

子任务 2.1.1　Windows 7 的启动与退出

📝 任务描述

操作系统是计算机中最基本的软件,所有应用程序的使用都必须在操作系统的支持下运行。在本任务中,大家将会了解到 Windows 7 的基本使用方法,为进一步使用计算机打下基础。

📖 相关知识

1. Windows 7 操作系统介绍

Windows 7 是由微软公司开发的,具有革命性变化的操作系统,核心版本号为 Windows NT 6.1,可供家庭及商业工作环境、笔记本电脑、平板电脑、多媒体中心等使用。Windows 7 在以往操作系统的基础上做了较大的调整和更新,除了支持更多的应用程序和硬件外,还提供了许多贴近用户的人性化设计,使用户的操作更加方便、快捷。

图 2-1-1　Windows 7 的标志

Windows 7 有简易版、家庭普通版、家庭高级版、专业版、企业版和旗舰版等几个不同的版本,每个版本针对不同的用户群体,具有不同的功能。Windows 7 的标志如图 2-1-1 所示。

2. 最低配置要求

最低配置要求见表 2-1-1。

表 2-1-1　最低配置要求

设备名称	基 本 要 求	备　注
CPU	2GHz 及以上	Windows 7 包括 32 位和 64 位两种版本,若安装 64 位版本,则需要支持 64 位运算的 CPU
内存	1GB 及以上	安装识别的最低内存是 512MB,小于 512MB 会提示内存不足(只是安装时提示)

续表

设备名称	基 本 要 求	备　注
硬盘	20GB 以上可用空间	安装占用 20GB
显卡	有 WDDM 1.0 或更高版本驱动的集成显卡 64MB 以上	128MB 为打开 Aero 的最低配置

3. 系统特色

- 易用：Windows 7 做了许多方便用户的设计，如快速最大化，窗口半屏显示，跳转列表(jump list)，系统故障快速修复等。
- 简单：Windows 7 让搜索和使用信息更加简单，包括本地、网络和互联网搜索功能，直观的用户体验更加高级，全新的任务栏将传统的快速启动栏和窗口按钮进行了整合，使程序的启动和窗口预览变得更加轻松。
- 安全：Windows 7 包括改进了的安全性和功能合法性，还会把数据保护和管理扩展到外部设备。Windows 7 改进了基于角色的计算方案和用户账户管理，在数据保护和坚固协作的固有冲突之间搭建沟通桥梁，同时也会开启企业级的数据保护和权限许可。
- 效率：Windows 7 中，系统集成的搜索功能非常强大，只要用户打开"开始"菜单并输入搜索内容，无论要查找应用程序、文本文档等，搜索功能都能自动运行，给用户的操作带来了极大的便利。
- 小工具：Windows 7 的小工具更加丰富，小工具可以放在桌面的任何位置，而不只是固定在侧边栏。用户可以通过各类小工具查看日历、时钟、系统性能、硬件温度及电池用量等。
- 高效搜索框：Windows 7 操作系统资源管理器的搜索框在菜单栏的右侧，可以灵活调节宽窄。它能快速搜索 Windows 中的文档、图片、程序、Windows 帮助甚至网络等信息。Windows 7 操作系统的搜索是动态的，当我们在搜索框中输入第一个字的时候，Windows 7 的搜索就已经开始工作，大大提高了搜索效率。

任务实施

1. 启动 Windows 7

如果计算机只安装了唯一的操作系统，那么启动 Windows 7 与启动计算机是同步的。启动计算机时，首先要连通计算机的电源，然后依次打开显示器电源开关和主机电源开关。稍后，屏幕上将显示计算机的自检信息，如显卡型号、主板型号和内存大小等。

通过自检程序后，将显示欢迎界面。如果用户在安装系统时设置了用户名和密码，将出现 Windows 7 登录界面，如图 2-1-2 所示。输入正确密码后，计算机将开始载入用户配置，并进入 Windows 7 的工作界面。

Windows 7 是图形化的计算机操作系统，用户通过对该操作系统的控制来实现对计算机软件和硬件系统各组件的控制，使它们能协调工作。完成登录进入 Windows 7，首先

图 2-1-2　Windows 7 旗舰版登录界面

看到的就是桌面，如图 2-1-3 所示，Windows 7 的所有程序、窗口和图标都是在桌面上显示和运行的。

图 2-1-3　Windows 7 旗舰版桌面

2. 切换用户、注销

1）切换用户

若需要切换到另一个用户账户，如图 2-1-4 所示，此时系统会保持当前用户的工作状态不变,返回到登录界面中,选择其他用户账户登录即可。

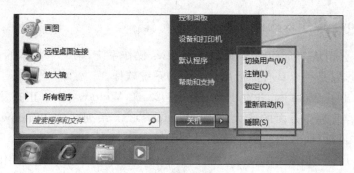

图 2-1-4　切换用户

2) 注销

注销后,正在使用的所有程序都会被关闭,但计算机不会被关闭。此时其他用户可以登录而无须重新启动计算机。注销和切换用户不同的是注销功能不会保存当前用户的工作状态。

3. 关机

计算机关闭所有打开的程序以及 Windows 本身,然后完全关闭计算机和显示器。关机不会保存数据,因此必须首先保存好文件。

4. 锁定计算机

在临时离开计算机时,为保护个人信息不被他人窃取,可将计算机设置为"锁定"状态。操作方法是单击"开始"按钮,在弹出的"开始"菜单中,单击"关闭"按钮右侧的扩展按钮,选择"锁定"命令。一旦锁定计算机则只有当前用户或管理员才能将其解除。

5. 睡眠

如果在使用过程中需要短时间离开计算机,可以选择睡眠功能,而不是将其关闭,一方面可以省电;另一方面又可以快速地恢复工作。在计算机进入睡眠状态时,只对内存供电,用以保存工作状态的数据,这样计算机就处于低功耗运行状态中。

睡眠功能并不会将桌面状态保存到硬盘当中,启动睡眠功能前虽然不需要关闭程序和文件,但如果在睡眠过程中断电,那么未保存的信息将会丢失,因此在将计算机置于低功耗模式前,最好还是保存数据。

若要唤醒计算机,可按一下电源按钮或晃动 USB 鼠标,不必等待 Windows 启动,数秒钟内即可唤醒计算机,快速恢复离开前的工作状态。

知识拓展

1. 什么是操作系统

操作系统(operating system,OS)实际上是一组程序,用于管理计算机硬件、软件资源,合理地组织计算机的工作流程,协调计算机系统各部分之间、系统与用户之间、用户与用户之间的关系。

2. Windows 操作系统的发展史

Microsoft 公司从 1983 年开始研制 Windows 操作系统，第一个版本的 Windows 1.0 于 1985 年问世，它是一个具有图形用户界面的系统软件。

1987 年推出了 Windows 2.0，1990 年 5 月 22 日，Windows 3.0 正式发布，由于在界面、人性化、内存管理多方面的巨大改进，Windows 3.x 系列成为 Windows 发展的转折点，获得了用户的认同，开始成为主流的操作系统。

1995 年 8 月 24 日，Windows 95 发布，它是一个混合的 16 位/32 位操作系统，可以脱离 DOS 运行，成为一个独立的操作系统，它彻底地取代了 3.x 系列和 DOS 版 Windows，获得了巨大的成功。Windows 95 新的桌面、任务栏及"开始"菜单依然存在于今天的 Windows 操作系统中。

此后，Microsoft 公司又陆续发布了 Windows 98、Windows 2000、Windows XP、Windows Vista、Windows 7、Windows 8 和 Windows 10 等一系列操作系统。

📋 任务总结

通过本任务的实施，应掌握下列知识和技能。

- 了解操作系统的概念和功能。
- 了解 Windows 操作系统的发展历程。
- 熟悉 Windows 7 操作系统的启动和关闭。
- 能够使用注销、锁定、睡眠等功能。

子任务 2.1.2　设置个性化桌面

📖 任务描述

桌面是 Windows 7 最基本的操作界面，启动计算机并登录到 Windows 7 之后看到的主屏幕区域就是桌面，我们每次使用计算机都是从桌面开始的。Windows 7 桌面的组成元素主要包括桌面背景、图标、"开始"按钮、快速启动工具栏、任务栏等。本任务将讲述桌面的各组成部分和基本操作方法，以及设置个性化桌面的技巧。

📇 相关知识

1. 桌面背景

桌面背景是指系统的背景图案，也称为墙纸。用户可以根据需要设置桌面的背景图案。

2. 图标

Windows 7 操作系统中，所有的文件、文件夹和应用程序都是由相应的图标来表示的。操作系统将各个复杂的程序和文件用一个个生动形象的小图片来表示,可以很方便地通过图标辨别程序的类型,并进行一些文件操作,如双击图标即可快速启动或打开该图标对应的项目。桌面图标一般可分为系统图标、快捷方式图标和文件图标。

- 系统图标:由操作系统定义的,安装操作系统后自动出现的图标,包括"计算机""回收站"等。
- 快捷方式图标:在桌面图标中,有些图标上面带有小箭头"＂,表示文件的快捷方式。快捷方式并不是原文件,而是指向原文件的一个链接,删除后不会影响其指向的原文件。
- 文件图标:桌面和其他文件夹一样,可以保存文件。如图片、文档、音乐等可以保存在桌面上以方便直接查看和应用。这些文件在桌面上显示的图标即为文件图标。文件图标是一个具体的文件,删除后文件即丢失。

3. 任务栏

任务栏是一个水平的长条,默认情况下位于桌面底端,由一系列功能组件组成,从左到右依次为"开始"按钮、程序按钮区、通知区域和"显示桌面"按钮。

- "开始"按钮:位于任务栏最左侧,图标为 ,用于打开"开始"菜单。"开始"菜单中包含了系统大部分的程序和功能,几乎所有的工作都可以通过"开始"菜单进行。
- 程序按钮区:位于任务栏中间,外观如图 2-1-5 所示。用于显示正在运行的程序和打开的文件。所有运行的程序窗口都将在任务栏中以按钮的形式显示,单击程序按钮即可显示相应的程序。

图 2-1-5　任务栏程序按钮区

- 通知区域:位于任务栏右侧,包括时钟、音量图标、网络图标、语言栏等,外观如图 2-1-6 所示。双击通知区域中的图标通常会打开与其相关的程序或设置,有的图标还能显示小的弹出窗口(也称通知)以通知某些信息。一段时间内未使用的图标会被自动隐藏在通知区域中,用户也可自己设置图标的显示或隐藏。

图 2-1-6　任务栏通知区域

- "显示桌面"按钮:位于任务栏的最右侧,是一个透明的按钮,可快速通过透视的方式查看桌面状态。

任务实施

1. 设置桌面背景

(1) 在桌面空白处右击,在弹出的快捷菜单中选择"个性化"命令。
(2) 在弹出的"个性化"窗口中单击位于下方的"桌面背景"链接,即弹出"桌面背景"

窗口，可选择系统自带的背景图片，单击选中图片左上方的复选框；也可选择计算机中保存的其他图片，单击"浏览"按钮，在"浏览"对话框中选择需要的图片。

（3）选择完成后单击"保存修改"按钮，即可更换桌面背景。操作如图 2-1-7～图 2-1-9 所示。

图 2-1-7　桌面右键快捷菜单

图 2-1-8　"个性化"窗口

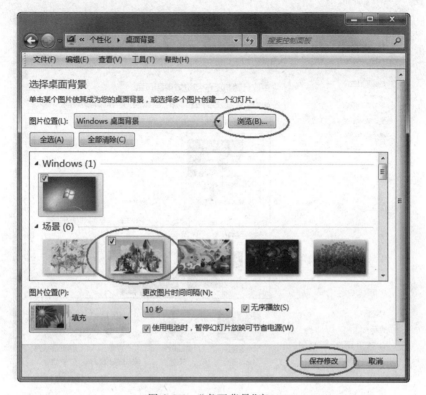

图 2-1-9   "桌面背景"窗口

2. 添加和删除桌面上的图标

1）添加和删除系统图标

在桌面图标中，"计算机""回收站""网络""控制面板"等图标属于 Windows 操作系统图标。添加和删除系统图标的具体操作如下：

（1）在桌面空白处右击，在弹出的快捷菜单中选择"个性化"命令，弹出"个性化"窗口；或单击"开始"按钮，在"开始"菜单中单击"控制面板"，打开"外观和个性化"中的"个性化"窗口。

（2）在"个性化"窗口的左窗格中单击"更改桌面图标"，弹出"桌面图标设置"对话框（见图 2-1-10 和图 2-1-11）。

（3）在"桌面图标"栏中选中要在桌面上显示的图标对应的复选框，单击"确定"按钮。单击"更改图标"按钮可以更改默认图标。

若要删除系统图标，则只需按照前面的操作，在"桌面图标"栏中取消图标对应的复选框，单击"确定"按钮即可。

2）添加和删除快捷方式图标

以创建系统自带的"画图"程序的快捷方式为例，介绍如何为程序添加快捷方式。

（1）单击"开始"按钮，打开"开始"菜单，选择"所有程序"→"附件"命令。

（2）在展开的程序列表中右击"画图"，在弹出的快捷菜单中选择"发送到"→"桌面快

图 2-1-10　更改桌面图标

图 2-1-11　"桌面图标设置"对话框

捷方式"命令即可，如图 2-1-12 所示。

　　删除桌面上的快捷方式图标：在桌面上选择想要删除的快捷方式，右击，在弹出的快捷菜单中选择"删除"命令，或在选取对象后按 Delete 键（或按 Shift＋Delete 组合键），都

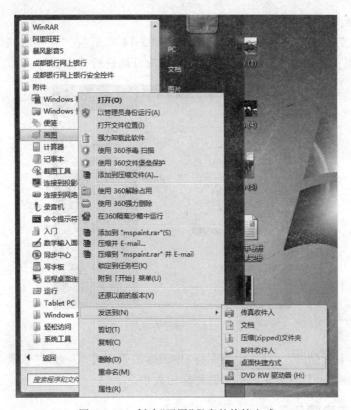

图 2-1-12　创建"画图"程序的快捷方式

可以删除选中的快捷方式图标。

　　注意：删除应用程序的快捷方式时并没有卸载程序。

　　3）桌面图标的大小问题

　　从 Windows 7 桌面的右键快捷菜单中选择"查看"下的"大图标""中等图标""小图标"之一，如图 2-1-13 所示，则可使桌面上图标显示不同的大小。

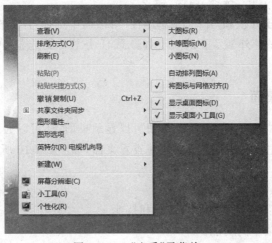

图 2-1-13　"查看"子菜单

4）排列桌面图标

Windows 7 提供多种图标排序方式，如图 2-1-14 所示，在"排序方式"命令的下一级子菜单中，可以选择按名称、大小、项目类型、修改日期进行排序。

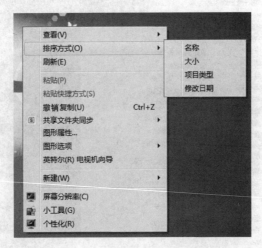

图 2-1-14 "排序方式"子菜单

Windows 7 还提供大图标、中等图标、小图标的查看方式，通过"查看"子菜单可进行设置，也可使用鼠标上的滚轮调整桌面图标的大小。

3. 显示或隐藏任务栏

任务栏通常位于桌面底端，可以隐藏任务栏以创造更多的空间。

1）显示任务栏

如果任务栏被隐藏，可将鼠标指针指向桌面底部（也可能是指向侧边或顶部），任务栏即可弹出。

2）隐藏任务栏

（1）在任务栏中右击，选择"属性"命令。

（2）在弹出的"任务栏和「开始」菜单属性"对话框中选择"任务栏"选项卡。

（3）勾选"任务栏外观"下的"自动隐藏任务栏"复选框，单击"确定"按钮，如图 2-1-15 所示。

4. 快速显示桌面

单击任务栏最右侧的"显示桌面"按钮可以显示桌面，还可以通过只将鼠标指向"显示桌面"按钮而不是单击，来临时查看或快速查看桌面，如图 2-1-16 所示。

任务总结

通过本任务的实施，应掌握下列知识和技能。

· 了解"开始"菜单的功能。

· 掌握任务栏的构成和显示、隐藏方法。

图 2-1-15 "任务栏和「开始」菜单属性"对话框

图 2-1-16 快速显示桌面

• 掌握创建应用程序快捷方式的方法。

子任务 2.1.3 窗口与对话框的操作

任务描述

窗口是 Windows 7 操作系统的主要工作界面,不管是打开一个文件还是启动一个应用程序，它们都以窗口的形式运行在桌面，用户对系统中各种信息的浏览和处理基本上是在窗口中进行的。本任务将介绍窗口的构成和对话框的操作，为进一步使用 Windows 7 操作系统打下基础。

相关知识

1. 窗口的构成

程序所具备的全部功能都浓缩在窗口的各种组件中，虽然每个窗口的内容各不相同，但大多数窗口都具有相同的基本组件，主要包括标题栏、工具栏、滚动条、边框等。

下面是一个典型的窗口及其所有组成部分（见图 2-1-17）。

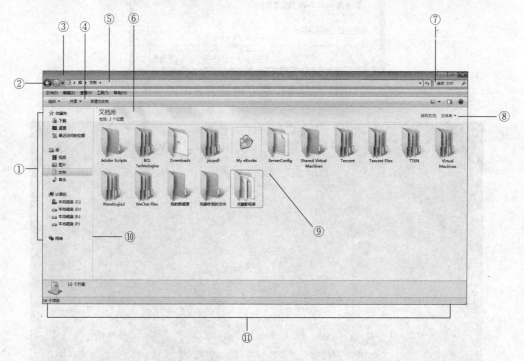

图 2-1-17 "文档"窗口

① 导航窗格；② "后退"和"前进"按钮；③ 标题栏；④ 工具栏；⑤ 地址栏；
⑥ 库窗格；⑦ 搜索框；⑧ 列标题；⑨ 文件列表；⑩ 滚动条；⑪ "详细信息"窗格

下面介绍一下标题栏、工具栏和滚动条。

标题栏：位于窗口的最顶端，主要用于显示文档和程序的名称。其中左侧显示了应用程序的图标和标题，单击该图标可以显示如图 2-1-18 所示的系统菜单，从中可以选择移动、最小化、最大化、关闭等命令。其最右侧有三个按钮：最小化按钮、最大化按钮和关闭按钮，这些按钮分别可以隐藏窗口、放大窗口使其填充整个屏幕以及关闭窗口。

工具栏：一般位于标题栏的下方，它上面的每一个选项都是一个下拉式菜单，每个菜单中都有一些命令（见图 2-1-19）。如果在菜单命令后面有省略号，表示选择该命令会打开对话框;如果在菜单命令后面有一个小三角形,表示该命令还有下一级子菜单;如果某个菜单命令为灰色,表示该命令当前不能使用。一般来说,通过菜单可以访问应用程序的所有命令。

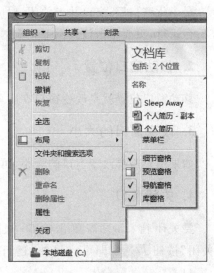

图 2-1-18　程序图标下的系统菜单　　　　　图 2-1-19　菜单栏中的子菜单

滚动条:滚动条包括水平滚动条和垂直滚动条,在当前窗口无法显示文档的全部内容时,通过拖动滚动条可以显示文档的不同部分。

2. 认识对话框

对话框是用户更改程序设置或提交信息的特殊窗口,常用于需要人机对话等进行交互操作的场合。对话框有许多和窗口相似的元素,如标题栏、关闭按钮等。不同的是,通常对话框没有菜单栏,大小固定,不能进行缩放和最大化等操作。

对话框通常包含标题栏、选项卡、复选框、单选按钮、文本框、列表框等。对话框的选项呈黑色表示为可用选项,呈灰色时则表示为不可用选项。图 2-1-20 所示的就是一个 Windows 的对话框。

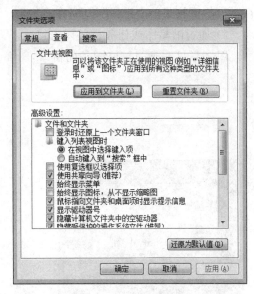

图 2-1-20　对话框

任务实施

1. 最大化、最小化和还原窗口

窗口通常有三种显示方式:一种是占据屏幕的一部分显示;另一种是全屏显示;还有

一种是将窗口隐藏。改变窗口的显示方式需要涉及三种操作，即最大化、还原和最小化窗口。

最小化窗口后，窗口并未关闭，对应的应用程序也未终止运行，只是暂时被隐藏起来在后台运行，只要单击任务栏上相应的程序按钮，即可恢复窗口的显示。

2. 移动窗口位置

移动窗口位置就是改变窗口在屏幕上的位置。

3. 改变窗口的大小

如果用户需要改变窗口的大小，可以对窗口进行缩放操作。

4. 关闭窗口

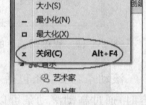

图 2-1-21　单击图标关闭窗口

要关闭窗口，只需单击窗口右上方（标题栏右侧）的"关闭"按钮 ▨ 即可。另外，还可以通过以下方法来关闭窗口。

1）通过标题栏图标关闭窗口

如图 2-1-21 所示，在程序窗口的标题栏左侧图标处单击，在弹出的下拉菜单中选择"关闭"命令。

2）通过缩略图或任务栏关闭窗口

图 2-1-22 是通过缩略图关闭窗口，图 2-1-23 是通过任务栏关闭窗口。

图 2-1-22　在缩略图中关闭窗口

图 2-1-23　右击程序按钮并选择"关闭窗口"命令

3）通过快捷键关闭窗口

按 Alt+F4 组合键，即可快速关闭当前的活动窗口。

技能拓展

1. 使用 Alt＋Tab 组合键进行窗口预览与切换

使用 Alt＋Tab 组合键可以在所有打开的窗口之间进行轮流切换(如按住 Shift＋Alt＋Tab 组合键,则可以从右往左切换),框住的是什么缩略图,在释放 Alt 键时,该程序窗口就会显示在桌面的最上层。

2. 使用 Aero 三维窗口进行窗口预览与切换

Windows 7 还提供了一种 3D 模式的窗口切换方式——Aero 三维窗口切换,它以三维堆栈排列窗口,按"Windows 徽标键＋Tab"组合键可进入 Windows Flip 3D 模式,如图 2-1-24 所示。

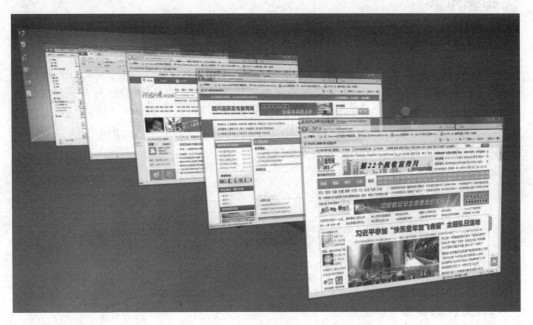

图 2-1-24　窗口切换的 3D 预览界面

任务总结

通过本任务的实施,应掌握下列知识和技能。

- 了解窗口的构成。
- 了解对话框的构成。
- 掌握窗口的菜单操作。
- 熟悉 Windows 7 操作系统下窗口的打开、关闭、最大化、最小化和还原操作。

任务 2.2　管理文件和文件夹

子任务 2.2.1　认识文件和文件夹

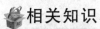任务描述

信息资源的主要表现形式是程序和数据，在 Windows 7 操作系统中，所有的程序和数据都是以文件的形式存储在计算机中。要管理好计算机中的信息资源就要管理好文件和文件夹。本任务将介绍文件和文件夹的基本概念与操作方法，便于大家管理好计算机中的资源。

相关知识

1. 文件的基本概念

文件是指存储在磁盘上的一组相关信息的集合，包含数据、图像、声音、文本、应用程序等，它们是独立存在的。一个文件的外观由文件图标和文件名称组成，用户通过文件名对文件进行管理。文件名由主文件名和扩展名两部分组成，中间用"."隔开，如"龙的传人.mp3""歌词.txt""九寨沟.jpg"等，其中主文件名表示文件的内容，扩展名表示文件的类型。如图 2-2-1 所示是一些常见的文件图标。

图 2-2-1　常见的文件图标

2. 文件的类型

在 Windows 7 操作系统下，文件的类型一般以扩展名来标识，表 2-2-1 列出了常见的扩展名对应的文件类型。

表 2-2-1　常见的扩展名对应的文件类型

扩 展 名	文 件 类 型	扩 展 名	文 件 类 型
.com	命令程序文件	.txt /.doc /.docx	文本文件
.exe	可执行文件	.jpg /.bmp /.gif	图像文件
.bat	批处理文件	.mp3 /.wav /.wma	音频文件
.sys	系统文件	.avi /.rm /.asf /.mov	影视文件
.bak	备份文件	.zip /.rar	压缩文件

3. 文件夹的作用

文件夹是文件的集合,即把相关的文件存储在同一个文件夹中,它是计算机系统组织和管理文件的一种形式。由于对文件进行合理的分类是整理计算机文件系统的重要工作之一,因此文件夹显得十分重要。文件夹也有名称,但是没有扩展名,在文件夹中还可以建立其他文件夹(子文件夹)和文件。默认情况下,文件夹的外观是一个黄色的图标,如图 2-2-2 所示。

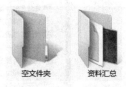

空文件夹　　　资料汇总

图 2-2-2　空文件夹和包含文件的文件夹

任务实施

1. 浏览文件和文件夹

用户查看和管理文件的主要工具是"计算机"窗口,通过"开始"菜单打开"计算机"窗口,可看到窗口中显示了所有连接到计算机的存储设备,如果要浏览某个盘中的文件,只需双击该盘的分区图标即可。

在打开文件夹时,可以更改文件在窗口中的显示方式来进行浏览。操作方法有下面两种。

方法 1:单击窗口工具栏中的"视图"按钮,每单击一次都可以改变文件和文件夹的显示方式,显示方式在五个不同的视图间循环切换,即大图标、列表、详细信息、平铺、内容。

方法 2:单击"视图"按钮右侧的黑色箭头,则有更多的显示方式可供选择。如图 2-2-3 所示,向上或向下移动滑块可以微调文件和文件夹图标的大小,随着滑块的移动,可以改变图标的显示方式。

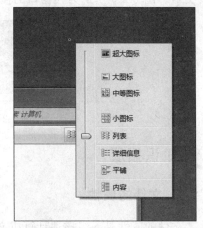

2. 查找文件

如果计算机中的文件信息较多,查找文件可能会浏览众多的文件夹和子文件夹,为了快速查找到所需文件,可以使用搜索框进行查找。

图 2-2-3　"视图"选项

1) 使用"开始"菜单中的搜索框

若要使用"开始"菜单查找文件或程序,如图 2-2-4 和图 2-2-5 所示。

在搜索框中输入内容后，与所输入本文相匹配的项将出现在"开始"菜单上，搜索结果基于文件名中的文本、文件中的文本、标记以及其他文件属性。

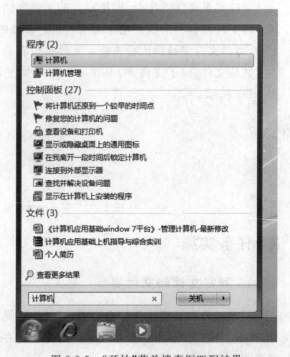

图 2-2-4 "开始"菜单搜索框　　　　　　图 2-2-5 "开始"菜单搜索框匹配结果

2）使用文件夹窗口中的搜索框

搜索框位于窗口的顶部，搜索将查找文件名和内容中的文本，以及标识等文件属性中的文本。图 2-2-6 所示为在窗口的搜索框中查找文件。

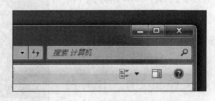

图 2-2-6 "计算机"窗口搜索框

知识拓展

1．文件的属性

文件的属性是一组描述计算机文件或与之相关的元数据，提供了有关文件的详细信息，如作者姓名、标记、创建时间、上次修改文件的日期、大小、类别、只读属性、隐藏属性等。查看文件属性一般有两种操作方法。

方法 1：单击选中文件，在窗口底部的"详细信息"窗格中，会显示出该文件的部分属性,如图 2-2-7 所示。

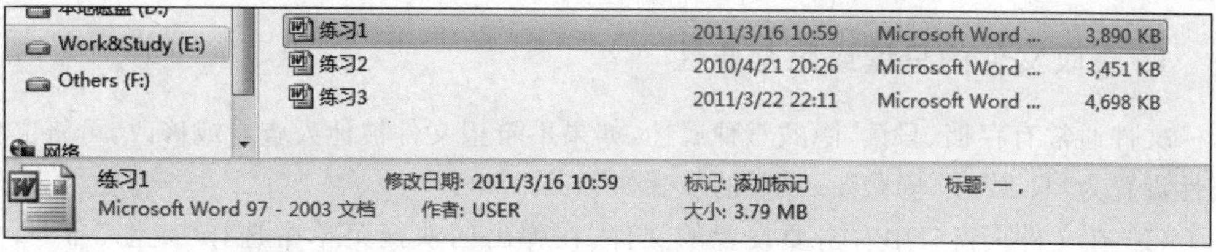

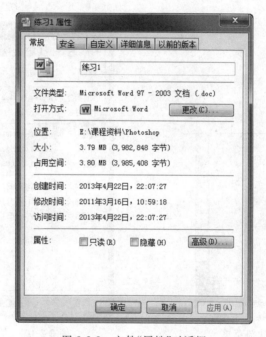

图 2-2-7 窗口的"详细信息"窗格

方法 2:右击文件,在弹出的快捷菜单中选择"属性"命令,也可查看文件属性,如图 2-2-8 所示。

图 2-2-8 文件"属性"对话框

2. 路径

在 Windows 7 中,文件夹是按树形结构来组织和管理的,在文件夹树形结构中,每一个磁盘分区都有唯一的一个根文件夹。在根文件夹下可以建立子文件夹,子文件夹下还可以继续建立子文件夹。从根文件夹开始到任何一个文件或文件夹都有唯一的一条通路,把这条通路成为路径。路径以盘符开始,盘符是用来区分不同的硬盘分区、光盘、移动设备等的字母。一般硬盘分区从字母 C 开始排列。路径上的文件或文件夹用反斜线"\"分隔,盘符后面应带有冒号,如"C:\Windows\System32\cmd.exe",表示 C 盘下 Windows 文件夹中的 System32 文件夹的 cmd.exe 文件。

技能拓展

1. 更改文件的只读或隐藏属性

文件通常有存档、只读、隐藏三种属性，如果不希望文件被他人查看或修改，可将文件属性设置为"只读"或"隐藏"。设置的步骤如下：

（1）在文件夹窗口中右击要设置的文件，在弹出的快捷菜单中选择"属性"命令，如图 2-2-9 所示。

（2）在弹出的文件"属性"对话框中，如图 2-2-10 所示，选中下方的"只读"复选框，然后单击"确定"按钮即可。若选中"隐藏"复选框，则文件变成浅色图标，刷新窗口后，文件即消失而不可见。

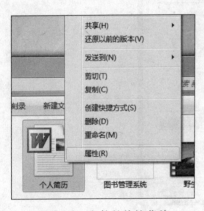

图 2-2-9　文件的快捷菜单

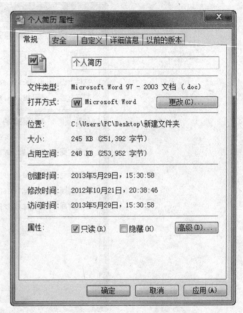

图 2-2-10　选中"只读"属性

如果要取消文件的"只读"或"隐藏"属性，只需按上面的操作方法取消选中"只读"或"隐藏"复选框即可。

2. 显示被隐藏的文件和文件夹

如果需要显示被隐藏的文件，可以按照以下的操作修改文件夹的设置。

（1）在任意文件夹窗口中单击工具栏中的"组织"按钮，在弹出的下拉菜单中选择"文件夹和搜索选项"命令，如图 2-2-11 所示。

（2）在弹出的"文件夹选项"对话框中，切换到"查看"选项卡，在"高级设置"列表框中勾选"显示隐藏的文件、文件夹或驱动器"选项，单击"确定"按钮保存设置，如图 2-2-12 所示。

图 2-2-11　"组织"下拉菜单

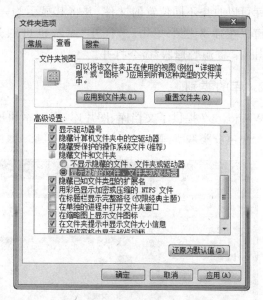

图 2-2-12　"文件夹选项"对话框

　　执行以上操作后，被隐藏的文件将重新以浅色图标显示在窗口中。如果要取消被隐藏的文件，只需重新进入文件"属性"对话框，取消选中"隐藏"复选框即可。

任务总结

　　通过本任务的实施，应掌握下列知识和技能。
- 了解文件和文件夹的概念。
- 了解常见文件类型的分类。
- 掌握搜索文件和文件夹的方法。
- 掌握文件夹选项设置的步骤。

子任务 2.2.2　文件和文件夹的操作

任务描述

　　管理文件和文件夹是日常使用最多的操作之一，除了可以对文件和文件夹进行浏览查看以外，文件和文件夹的基本操作还包括：创建文件(夹)、重命名文件(夹)、复制和移动文件(夹)、删除和恢复文件(夹)等。本次任务就将介绍这些操作的方法，以完成对计算机信息资源的管理。

相关知识

1. 认识 Windows 7 的库

　　库是 Windows 7 提供的新功能，使用库可以更加便捷地查找、使用和管理计算机文

59

件。库可以收集不同位置的文件,并将其显示为一个集合,而无须从其存储位置移动文件。可以在任务栏中单击 📖 打开"库",也可通过"开始"→"所有程序"→"附件"→"Windows 资源管理器"命令打开。

2. 库的类别

Windows 7 提供了文档库、图片库、音乐库和视频库,如图 2-2-13 所示。用户可以对库进行快速分类和管理。

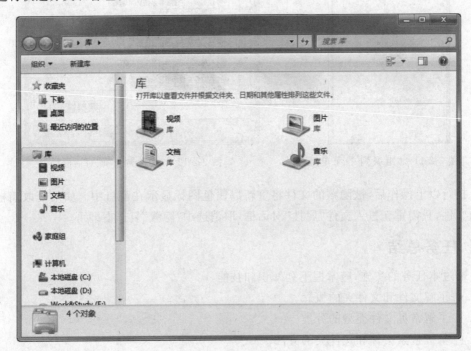

图 2-2-13　Windows 7 的"库"

- 文档库:使用该库可组织和排列文字处理文档、电子表格、演示文稿以及其他与文本有关的文件。默认情况下,移动、复制或保存到文档库的文件都存储在"我的文档"文件夹中。
- 图片库:使用该库可组织和排列数字图片,图片可从照相机、扫描仪或者从其他人的电子邮件中获取。默认情况下,移动、复制或保存到图片库的文件都存储在"我的图片"文件夹中。
- 音乐库:使用该库可组织和排列数字音乐,如从音频 CD 翻录或者从 Internet 下载的歌曲。默认情况下,移动、复制或保存到音乐库的文件都存储在"我的音乐"文件夹中。
- 视频库:使用该库可组织和排列视频,例如,取自数字相机、摄像机的剪辑或者从 Internet 下载的视频文件。默认情况下,移动、复制或保存到视频库的文件都存储在"我的视频"文件夹中。

任务实施

1. 创建文件夹

当对文件进行归类整理时，通常需要创建新文件夹，以便将不同用途或类型的文件分别保存到不同的文件夹中。

用户几乎可以从 Windows 7 的任何地方创建文件夹，Windows 7 将新建的文件夹放在当前位置。创建新文件夹的具体操作步骤如下：

（1）在计算机的驱动器或文件夹中找到要创建文件夹的位置。

（2）在窗口的空白处右击，在打开的快捷菜单中选择"新建"命令，弹出如图 2-2-14 所示的菜单。

（3）在"新建"子菜单中选择"文件夹"命令。

（4）执行完前三步，在窗口中出现一个新的文件夹，并自动以"新建文件夹"命名，名称框呈亮蓝色，如图 2-2-15 所示，用户可以对它的名字进行更改。

图 2-2-14　"新建"子菜单　　　　　　　图 2-2-15　"新建文件夹"图标

（5）输入文件夹的名称，在窗口中的其他位置单击或按 Enter 键即完成了文件夹的建立。

如果当前文件夹窗口中已经有了一个新建文件夹且未改名，则再次新建的文件夹将命名为"新建文件夹(1)"，以此类推。

2. 选定文件和文件夹

在对文件或文件夹进行移动、复制、删除等操作时首先应选定文件或文件夹，也就是说对文件和文件夹的操作都是基于选定操作对象的基础上的。

- 选定单个对象：单击对象即可。
- 选定连续对象：如果要选定一系列连续的对象，可在列表中选定所需的第一个对象后按住 Shift 键，再单击所需的最后一个对象，这样就能将首尾之间的文件全部选中。还可以单击文件列表中的空白处，按住鼠标左键不放，然后拖动鼠标拉出一个大小可变的选框，如图 2-2-16 所示，框中要选取的对象即可。

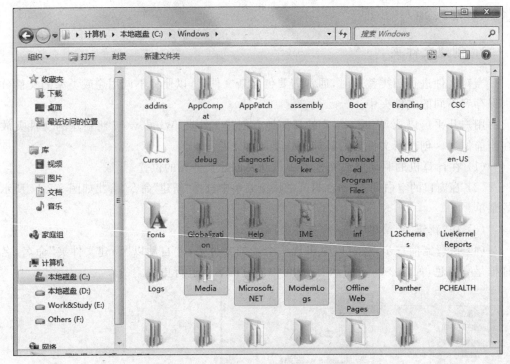

图 2-2-16　拖动鼠标框选文件和文件夹

- 选定多个分散的对象：如果要选定多个不连续的对象，按住 Ctrl 键，然后单击每个所需选择的对象。
- 选定全部对象：如果要选定窗口中的所有对象，选择"组织"→"全选"命令，也可以使用 Ctrl＋A 组合键快速选定所有对象。

将鼠标移动到窗口上任何空白处单击，就可以取消选中的文件或文件夹。

3. 重命名文件和文件夹

在使用计算机的过程中，经常要重新命名文件或文件夹，因此可以给文件或文件夹一个清晰易懂的名字。要重命名文件或文件夹，可以按照下列方法之一进行操作。

方法 1：单击需要重命名的文件或文件夹，停顿片刻（避免双击），再次在名称的位置单击，使之变成可修改状态，输入新名称后按 Enter 键确定。

方法 2：右击需要修改的文件或文件夹，在弹出的快捷菜单中选择"重命名"命令，输入新名称后按 Enter 键确定。

方法 3：单击需要修改的文件或文件夹，再按 F2 键，使其名称变为可修改状态，输入新名称后按 Enter 键确定。

4. Windows 操作系统中的常用组合键

Windows 操作系统中的组合键较多，常用的见表 2-2-2，掌握这些组合键的使用可以更方便、快捷地操作计算机。

表 2-2-2　Windows 操作系统中的常用组合键

快捷键	功　　能	快捷键	功　　能
Ctrl+A	全部选中当前页面的内容	Ctrl+O	打开
Ctrl+F	打开"查找"面板	Ctrl+P	打印
Ctrl+N	新建一个空白窗口	Ctrl+R	刷新当前页面
Ctrl+C	复制当前选中的内容	Ctrl+S	保存
Ctrl+V	粘贴当前剪贴板内的内容	Ctrl+Y	重做
Ctrl+X	剪切当前选中的内容	Ctrl+Z	撤销

知识拓展

1. 剪贴板的概念和特点

剪贴板是内存中的一部分,是 Windows 操作系统用来临时存放数据信息的区域。它好像是数据的中间站,可以在不同的磁盘或文件夹之间做文件(或文件夹)的移动或复制,也可以在不同的应用程序之间交换数据。剪贴板不可见,因此即使使用它来复制和粘贴信息,在执行操作时也是看不到剪贴板的。

剪贴板的特点如下:
- 剪贴板中的信息保存在内存中,关机后信息消失。
- 剪贴板中的信息可以使用多次,但是剪贴板中保存的信息是最近一次的。

2. 回收站

回收站是硬盘内一块区域,主要用来存放用户临时删除的文档资料,存放在回收站的文件可以恢复。

回收站是一个特殊的文件夹,默认在每个硬盘分区根目录下的 RECYCLER 文件夹中,而且是隐藏的。当你将文件删除并移到回收站后,实质上就是把它放到了这个文件夹,仍然占用磁盘的空间。只有在回收站里删除它或清空回收站才能使文件真正删除,使计算机获得更多的磁盘空间。图 2-2-17 所示是回收站的默认图标。

回收站(空)

回收站(满)

图 2-2-17　"回收站"图标

技能拓展

1. 复制和移动文件、文件夹

每个文件和文件夹都有它们的存放位置。复制是将选定的文件或文件夹复制到其他位置,新的位置可以是不同的文件夹、不同的磁盘驱动器。复制包含"复制"与"粘贴"两个操作。复制文件或文件夹后,原位置的文件或文件夹不发生任何变化。

移动是将选定的文件或文件夹移动到其他位置,新的位置可以是不同的文件夹、不同

63

的磁盘驱动器。移动包含"剪切"与"粘贴"两个操作。移动文件或文件夹后，原位置的文件或文件夹被删除。

1）复制操作

用鼠标拖动：选定对象，按住 Ctrl 键的同时拖动鼠标到目标位置。

用组合键：选定对象，先按 Ctrl＋C 组合键，将对象内容存放于剪贴板中。然后切换到目标位置，再按 Ctrl＋V 组合键。

用快捷菜单：选定对象后右击，在弹出的快捷菜单中选择"复制"命令。然后切换到目标位置，右击窗口空白处，在弹出的快捷菜单中选择"粘贴"命令。

用菜单命令：选定对象后，在工具栏中选择"组织"→"复制"命令。然后切换到目标位置，选择"组织"→"粘贴"命令。

2）移动操作

用鼠标拖动：选定对象，按住鼠标左键不放，拖动鼠标到目标位置。

用组合键：选定对象，先按 Ctrl＋X 组合键，将对象内容存放于剪贴板中。然后切换到目标位置，再按 Ctrl＋V 组合键。

用快捷菜单：选定对象后右击，在弹出的快捷菜单中选择"剪切"命令。然后切换到目标位置，右击窗口空白处，在弹出的快捷菜单中选择"粘贴"命令。

用菜单命令：选定对象后，在工具栏中选择"组织"→"剪切"命令。然后切换到目标位置，选择"组织"→"粘贴"命令。

2. 删除和恢复文件、文件夹

在管理文件或文件夹时为了节省磁盘空间，可以将不再使用的文件或文件夹删除。删除方式有两种，一种是逻辑删除；另一种是物理删除。逻辑删除可以恢复；物理删除是永久删除，无法直接恢复。

1）逻辑删除文件或文件夹

（1）在窗口中选定要删除的对象。

（2）选择工具栏中的"组织"→"删除"命令，或者右击并在弹出的快捷菜单中选择"删除"命令，再或者直接按下键盘上的 Delete 键，这时会出现如图 2-2-18 所示的"删除文件"对话框。如果直接拖动要删除对象至桌面回收站图标上也可快速完成删除操作，如图 2-2-19 所示，但不会显示图 2-2-18 所示的对话框。

图 2-2-18　"删除文件"对话框

图 2-2-19　用鼠标拖动至回收站

（3）如果要删除到回收站，可单击"是"按钮，否则单击"否"按钮取消操作。

2）恢复文件或文件夹

恢复被删除文件或文件夹的具体操作步骤如下：

（1）在桌面上双击"回收站"图标，打开"回收站"窗口。

（2）在窗口中选中要恢复的文件或文件夹。

（3）在工具栏中单击"还原此项目"按钮，如图 2-2-20 所示，或者右击并选择"还原"命令，如图 2-2-21 所示，即可将被选中的文件或文件夹恢复到原来的位置上。

 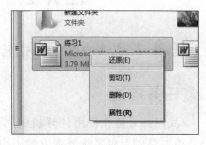

图 2-2-20　在工具栏中单击"还原此项目"按钮　　　　图 2-2-21　利用快捷菜单还原

3）永久删除文件或文件夹

在窗口中选定要删除的文件或文件夹，按 Shift＋Delete 组合键，弹出如图 2-2-22 所示的消息对话框。如果要删除可单击"是"按钮，如果不打算删除则单击"否"按钮取消操作。单击"是"按钮之后不会删除至回收站，无法恢复，因此需要谨慎操作。

永久删除也可以在回收站中进行。其具体操作步骤如下：

（1）在桌面上双击"回收站"图标，打开"回收站"窗口。

（2）在窗口中选中要永久删除的文件或文件夹，右击并选择"删除"命令，如图 2-2-23 所示。

 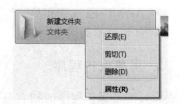

图 2-2-22　"永久删除文件"消息对话框　　　　图 2-2-23　利用快捷菜单永久删除
　　　　　　　　　　　　　　　　　　　　　　　　　　　　　文件或文件夹

（3）弹出类似图 2-2-22 所示的消息对话框，单击"是"按钮确认用户进行永久删除的行为。

任务总结

通过本任务的实施，应掌握下列知识和技能。

- 了解库的概念和运用。
- 了解剪贴板的特点。
- 掌握剪贴板和回收站的功能与使用方法。
- 掌握新建文件（夹）、重命名文件（夹）、移动和复制文件（夹）、删除和恢复文件（夹）的方法。

任务 2.3 Windows 7 设置

子任务 2.3.1 外观和主题设置

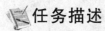 **任务描述**

我们都希望在使用计算机的时候能有轻松自在的感觉，而 Windows 7 操作系统在 XP 版本基础上对系统外观上做了很大的改进，有许多使计算机更有个性、更加便捷和有趣的方式。本任务主要讲述如何设置一个合适且美观的系统外观。

相关知识

1. Aero

Windows Aero 为计算机带来了全新的外观，它的特点是透明的玻璃图案带有精致的窗口动画和新窗口颜色。它包括与众不同的直观样式，将轻型透明的窗口外观与强大的图形高级功能结合在一起，提供更加流畅、更加稳定的桌面体验，让我们可以享受具有视觉冲击力的效果和外观，方便浏览和处理信息。

Aero 包括以下几种特效。

- 透明毛玻璃效果。
- Windows Flip 3D 窗口切换。
- Aero Peek 桌面预览。
- 任务栏缩略图及预览。

2. 屏幕保护程序

设计屏幕保护程序的初衷是为了防止计算机监视器出现荧光粉烧蚀现象。早期的 CRT 监视器在长时间显示同一图像时往往会出现这种问题。虽然显示技术的进步和节能监视器的出现从根本上已经消除了对屏幕保护程序的需要，但我们仍在使用它，主要是因为它能给用户带来一定的娱乐性和安全性等。如设置好带有密码保护的屏保之后，用户可以放心地离开计算机，而不用担心别人在计算机上看到机密信息。

任务实施

1. 更改窗口颜色

Aero 提供了直观的玻璃窗口边框和精致的窗口动画效果,用户可以使用其提供的颜色对窗口着色,或者使用颜色合成器创建自己的自定义颜色。其具体操作步骤如下:

(1) 在桌面空白处右击,在弹出的图 2-3-1 所示快捷菜单中选择"个性化"命令。

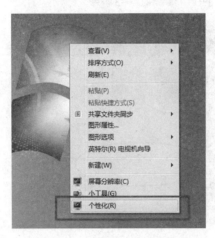

图 2-3-1 桌面右键快捷菜单

(2) 打开"个性化"窗口,单击窗口下方的"窗口颜色"链接,如图 2-3-2 所示。

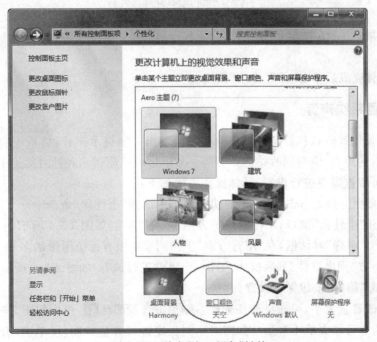

图 2-3-2 单击"窗口颜色"链接

67

（3）弹出"窗口颜色和外观"窗口，在由各种色块组成的列表框中选择一款喜欢的颜色，然后拖动"颜色浓度"滑块调节颜色深浅，在当前窗口中即可预览颜色效果，如图 2-3-3 所示。

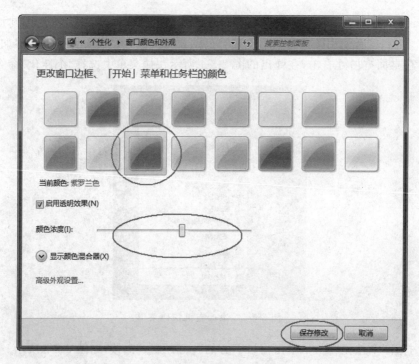

图 2-3-3　"窗口颜色和外观"窗口

（4）如果对 Aero 提供的颜色均不满意，可以单击窗口下方的"显示颜色混合器"按钮。

（5）设置完成后单击"保存修改"按钮。

2. 设置系统声音

当用户使用计算机执行某些操作时往往会发出一些提示声音，如系统启动退出的声音、硬件插入的声音、清空回收站的声音等。Windows 7 附带多种针对常见事件的声音方案，用户也可根据需要进行设置，具体操作方法如下：

（1）在桌面空白处右击，在弹出的快捷菜单中选择"个性化"命令。

（2）打开"个性化"窗口，单击窗口下方的"声音"链接，如图 2-3-4 所示。

（3）弹出"声音"对话框，在"声音方案"下拉列表框中有系统附带的多种方案，任选其一后，可在下方"程序事件"列表框中选择一个事件进行试听，如图 2-3-5 所示。

（4）单击"确定"按钮保存设置。

如要更改音量大小，可在桌面任务栏右侧单击音量图标 🔊，弹出如图 2-3-6 所示的消息框，拖动滑块可增大减小音量。如需对不同程序进行音量控制，可单击"合成器"链接，打开"扬声器"对话框，如图 2-3-7 所示，拖动不同程序下方的滑块即可。

图 2-3-4　单击"声音"链接

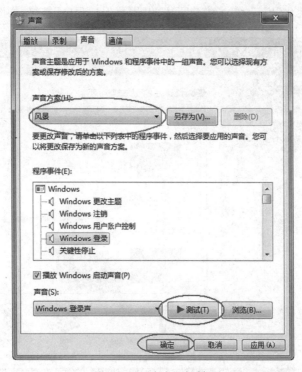

图 2-3-5　"声音"对话框

图 2-3-6 "扬声器"消息框

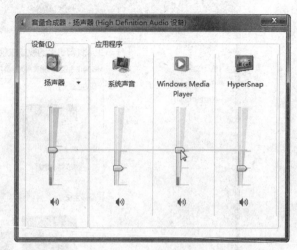

图 2-3-7 "扬声器"对话框

3. 设置屏幕保护程序

用户可以设置屏幕保护程序，以便在一段时间内没有对鼠标和键盘进行任何操作时，自动启动屏幕保护程序，起到美化屏幕和保护计算机的作用。其具体操作步骤如下：

（1）在桌面空白处右击，在弹出的快捷菜单中选择"个性化"命令。

（2）打开"个性化"窗口，单击窗口下方的"屏幕保护程序"链接，如图 2-3-8 所示。

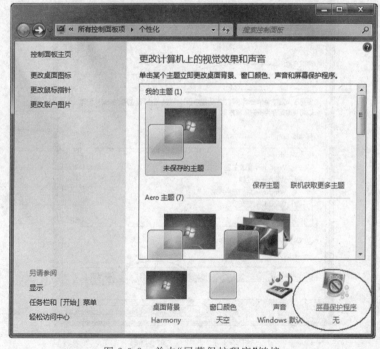

图 2-3-8 单击"屏幕保护程序"链接

（3）弹出"屏幕保护程序设置"对话框，如图 2-3-9 所示，在"屏幕保护程序"下拉列表框中，选择一种方案如"变幻线"，如果选择"三维文字""照片"等，还可单击右侧的"设置"按钮，进行更详细的参数设置。

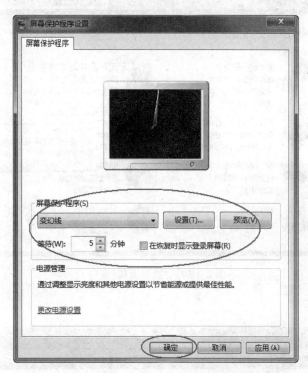

图 2-3-9　"屏幕保护程序设置"对话框

（4）设置等待时间，如需要在退出屏保时输入密码，可选中"在恢复时显示登录屏幕"复选框。

（5）单击"确定"按钮保存设置。

技能拓展

1．设置桌面字体大小

当分辨率过大时，用户会感觉到桌面上的图标文字、任务栏提示文字、窗口标题及菜单文字等很小。为了不影响观看，可以自己设置桌面字体。其具体操作步骤如下：

（1）单击"开始"按钮，打开"开始"菜单。单击"控制面板"命令，弹出"控制面板"窗口。

（2）单击如图 2-3-10 所示"外观和个性化"链接，选择"外观和个性化"窗口。

（3）在如图 2-3-11 所示的"外观和个性化"窗口中单击"放大或缩小文本和其他项目"链接，打开"显示"窗口。

（4）在如图 2-3-12 所示的"显示"窗口中单击"中等"或"较大"。单击"应用"按钮，稍等片刻桌面字体将会更改。

图 2-3-10 "控制面板"窗口

图 2-3-11 "外观和个性化"窗口

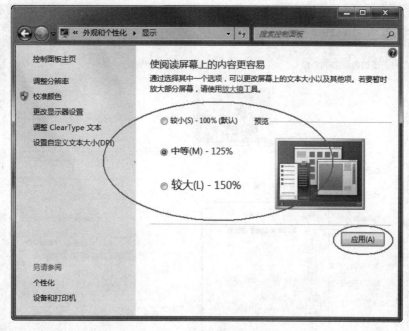

图 2-3-12　"显示"窗口

2. 设置屏幕分辨率

设置屏幕分辨率的具体操作步骤如下：

（1）在桌面空白处右击，在弹出的快捷菜单中选择"屏幕分辨率"命令，如图 2-3-13 所示。

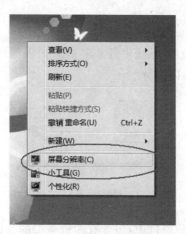

图 2-3-13　选择"屏幕分辨率"命令

（2）在打开的如图 2-3-14 所示的"屏幕分辨率"窗口中，单击"分辨率"下拉列表框，拖动滑块可改变屏幕的分辨率。

（3）单击"确定"按钮保存设置即可。

73

图 2-3-14 "屏幕分辨率"窗口

3. 更改主题

主题是桌面背景、窗口颜色、系统声音和屏幕保护程序的组合,是操作系统视觉效果和声音的组合方案,如图 2-3-15 所示。

| 桌面背景 | 窗口颜色 | 声音 | 屏幕保护程序 |
| Harmony | 天空 | Windows默认 | 变幻线 |

图 2-3-15 Windows 7 主题内容

在"控制面板"的"个性化"窗口中,包含有四种类型的主题。

- 我的主题:用户自定义、保存或下载的主题。在对某个主题进行更改的时候,这些新设置会在此处显示为一个未保存的主题。

- Aero 主题:对计算机进行个性化设置的 Windows 主题。所有的 Aero 主题都包括 Aero 毛玻璃效果,其中的许多主题还包括桌面背景幻灯片放映。

- 已安装的主题：计算机制造商或其他非 Microsoft 提供商创建的主题。
- 基本和高对比度主题：为帮助提高计算机性能或让屏幕上的项目更容易查看而专门设计的主题。基本和高对比度主题不包括 Aero 毛玻璃效果。

如果用 Windows 7 操作系统预置的主题来修改，具体操作步骤如下：

（1）单击"开始"按钮，打开"开始"菜单。选择"控制面板"命令，弹出"控制面板"窗口。

（2）单击"更改主题"链接，或者在桌面空白处右击，在弹出的快捷菜单中选择"个性化"命令，打开"个性化"窗口。

（3）单击选中 Aero 主题中的"建筑"，则会看到桌面背景变成了建筑图片，如图 2-3-16 所示。

图 2-3-16　在"个性化"窗口中更改主题

任务总结

通过本任务的实施，应掌握下列知识和技能。

- 了解 Aero 的特点和运行 Aero 特效的硬件配置要求。
- 了解设置屏幕保护程序的意义。
- 掌握屏幕分辨率和刷新频率的概念。
- 能够进行外观和主题的各种设置。

子任务 2.3.2　其他系统设置

任务描述

在使用 Windows 7 操作系统过程中,经常需要对系统的硬件和软件配置进行适当地修改,这些配置主要由控制面板来完成。本任务讲述通过控制面板可以完成的一系列系统设置。

相关知识

认识控制面板。

控制面板是用户对 Windows 7 操作系统进行硬件和软件配置的主要工具。利用控制面板里的选项可以设置系统的外观和功能,还可以添加删除程序、设置网络连接、管理用户账户、更改辅助功能等。

控制面板有两种视图模式,一种是类别模式;另一种是图标模式,如图 2-3-17 所示。单击窗口右侧的"查看方式"下拉按钮,在弹出的下拉列表中可以选择视图模式。在任何一种模式下,单击图标或链接都能进入相关的设置页面进行设置。

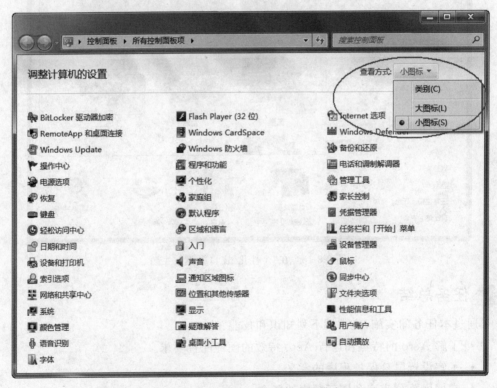

图 2-3-17　"控制面板"窗口图标模式

任务实施

1. 启动控制面板

利用控制面板对系统环境进行设置,需要首先启动控制面板。可以通过多种方法启动控制面板。

方法 1：单击"开始"按钮,在弹出的"开始"菜单中选择"控制面板",即可打开"控制面板"窗口。

方法 2：打开"计算机"窗口,在如图 2-3-18 所示位置单击"打开控制面板"按钮,即可启动控制面板。

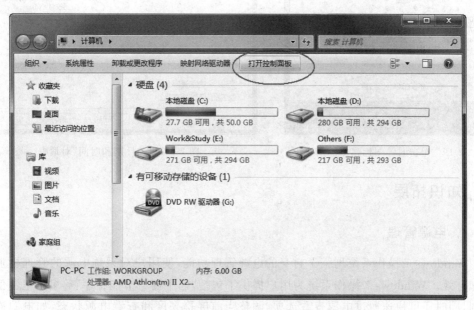

图 2-3-18　"计算机"窗口中的"打开控制面板"按钮

方法 3：在"运行"窗口中输入 control 命令,即可打开"控制面板"窗口。

2. 设置系统日期和时间

在 Windows 7 中,系统会自动为存档文件标上日期和时间,以供用户检索和查询。任务栏右侧显示了当前系统的日期和时间,用户可以更改,具体操作步骤如下：

(1) 单击任务栏右侧的时钟图标,弹出如图 2-3-19 所示消息框,单击"更改日期和时间设置"链接。

(2) 在弹出的"日期和时间"对话框中,单击"更改日期和时间"按钮,如图 2-3-20 所示。

(3) 在"日期和时间"选项卡中,在"日期"栏设置好当前年、月、日,在"时间"栏设置好小时、分、秒。

(4) 连续单击两次"确定"按钮,即可完成系统日期和时间的设置。

图 2-3-19　单击时钟图标弹出的消息框

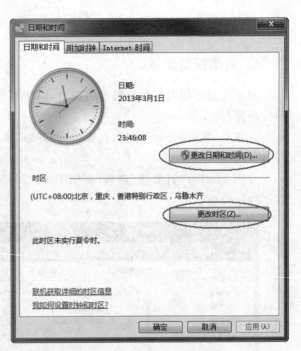

图 2-3-20　"日期和时间"对话框

📎 知识拓展

1. 电源管理

Windows 7 操作系统增强了自身的电源管理功能，使用户对系统电源的管理更加方便和有效。Windows 7 操作系统为用户提供了包括"已平衡""节能程序"等多个电源使用计划，同时还可快速通过电源查看选项，调整当前屏幕亮度和查看电源状态，如电源连接状态、充电状态、续航状态等。

电源计划是控制便携式计算机如何管理电源的硬件和系统设置的集合。Windows 7 有两个默认计划。

（1）已平衡。此模式为默认模式，CPU 会根据当前应用程序的需求动态调节主频，在需要时提供完全性能和显示器亮度，但是在计算机闲置时 CPU 耗电量下降，会节省电能。

（2）节能程序。延长电池寿命的最佳选择，此模式会将 CPU 限制在最低倍频工作，同时其他设备也会应用最低功耗工作策略，电压也低于 CPU 标准工作电压，整台计算机的耗电量和发热量都最低，性能也会更慢。

2. 应用程序的安装

操作系统自带了一些应用软件，我们可以直接使用，例如，画图工具、多媒体播放软件 Windows Media Player、图片浏览工具 Windows 照片查看器等。但这些软件远远不能满足我们的应用需要,因此还需要下载第三方应用程序,对其进行安装、卸载和使用。

要在计算机上安装的程序取决于用户的应用需求,常用的有办公辅助软件、影音播放软件、图片浏览和处理软件、压缩解压缩软件、聊天软件、下载软件、系统安全软件等。

一般情况下,大部分应用软件的安装过程都是大致相同的,安装方式通常有两种,一种是从光盘直接安装;另一种是通过双击相应的安装图标启动安装程序。一般启动安装程序后,会出现安装向导,用户可以按照向导提示一步一步地进行操作,正确设置其中的选项,就能安装成功。在安装成功后,计算机会给出提示,表示安装成功,有些软件在安装成功后需要重启计算机才能生效。如果安装不成功,计算机也会给出提示,用户可以根据提示重新安装。

技能拓展

1. 更改电源设置

Windows 7 提供的电源计划并非不可改变,如果觉得系统默认提供的方案都无法满足要求,可以对其进行详细设置,具体操作步骤如下:

(1)打开"控制面板",在图标模式下单击"电源选项"链接,打开"电源选项"窗口,如图 2-3-21 所示。

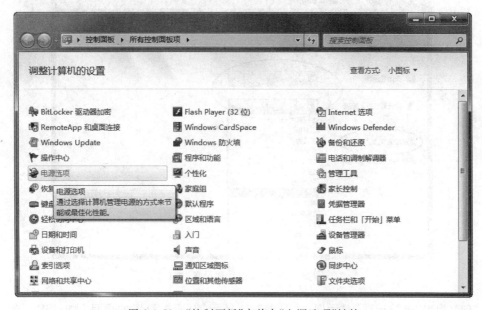

图 2-3-21 "控制面板"中单击"电源选项"链接

(2)选择要设置的电源计划,单击其后的"更改计划设置"链接,如图 2-3-22 所示。

(3)进入"编辑计划设置"窗口,修改关闭显示器的时间和自动进入睡眠状态的时间。如果还需要更详细的设置,则单击"更改高级电源设置"链接,如图 2-3-23 所示。

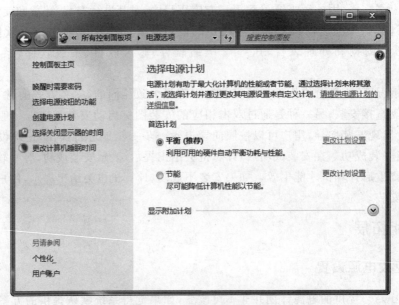

图 2-3-22 "电源选项"窗口

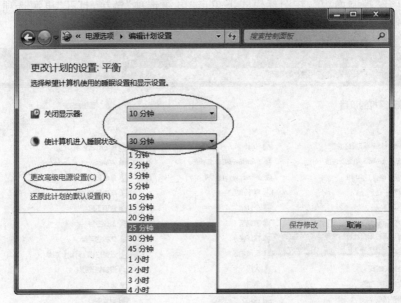

图 2-3-23 "编辑计划设置"窗口

（4）弹出"电源选项"对话框，如图 2-3-24 所示，对所需设置的项目（如 USB 设置等）进行选择即可。

（5）单击"确定"按钮，再回到"编辑计划设置"窗口中单击"保存修改"按钮完成设置。

2. 卸载应用程序

对于不再使用的应用程序可以将其删除（又叫卸载）以释放磁盘空间。当应用程序出

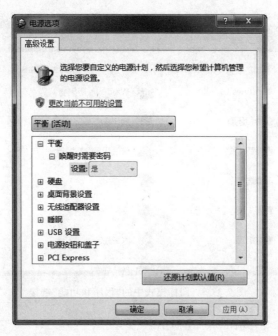

图 2-3-24　"电源选项"对话框

现故障时,也可以将其卸载后重新安装。卸载应用程序的具体操作步骤如下:

(1)打开"控制面板",在类别模式下单击"卸载程序"链接(见图 2-3-25)或在图标模式下单击"程序和功能"链接(见图 2-3-26)。

图 2-3-25　类别模式中的"卸载程序"链接

(2)进入"程序和功能"窗口,此页面显示了系统当前所有已安装的工具软件,从程序列表中单击选中要卸载的程序,单击列表框上方的"卸载"按钮,或者右击,在弹出的快捷

图 2-3-26　图标模式中的"程序和功能"链接

菜单中选择"卸载"命令,如图 2-3-27 所示。

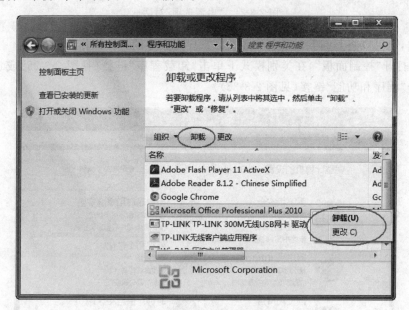

图 2-3-27　"程序和功能"窗口

（3）弹出程序卸载向导对话框,根据提示完成程序的删除。

任务总结

通过本任务的实施,应掌握下列知识和技能。

- 了解控制面板的功能。
- 了解鼠标的操作和电源的管理。

- 掌握更改日期时间,以及安装或卸载程序的方法。
- 能够使用"控制面板"对系统进行各种设置。

子任务 2.3.3　管理用户账户

任务描述

Windows 7 是一个多用户的操作系统,当多个用户使用一台计算机时,可以使用不同的用户账户来保留各自对操作系统的环境设置,以使每一个用户都有一个相对独立的空间。Windows 要求一台计算机上至少有一个管理员账户。本任务介绍用户账户的概念和用户账户的相关操作。

相关知识

1. 什么叫用户账户

用户账户是一个信息集,定义了用户可以在 Windows 操作系统中执行的操作。在独立计算机或作为工作组成员的计算机上,用户账户建立了分配给每个用户的特权。通过用户账户,可以在拥有自己的文件和设置的情况下与多个人共享计算机,每个人都可以使用用户名和密码访问其用户账户。

2. 用户账户的类别

Windows 7 中有三种类型的账户,每种类型为用户提供不同的计算机控制级别。
- 标准账户:适用于日常普遍使用。
- 管理员账户:可以对计算机进行最高级别的控制,但应该只在必要时才使用。
- 来宾账户:主要针对需要临时使用计算机的用户。

任务实施

1. 创建新账户

如在本地计算机中创建一个管理员账户,命名为 LP,具体操作步骤如下:
(1)单击"开始"按钮,在弹出的"开始"菜单中选择"控制面板"命令。
(2)打开"控制面板"窗口,在图标模式下单击"用户账户"链接(见图 2-3-28),进入"用户账户"窗口,单击"管理其他账户"链接(见图 2-3-29),或者在类别模式下单击"添加或删除用户账户"链接。
(3)进入"管理账户"窗口,单击"创建一个新账户"链接,如图 2-3-30 所示。
(4)进入"创建新账户"窗口,输入账户名称,选择账户类型,如图 2-3-31 所示。
(5)单击"创建账户"按钮,返回到"管理账户"窗口,新账户已经被创建成功,如图 2-3-32 所示。

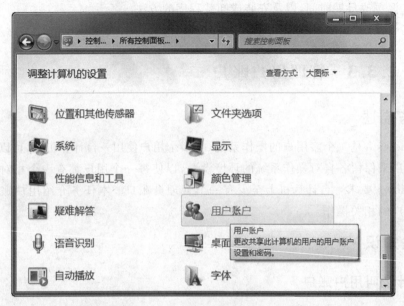

图 2-3-28　"所有控制面板项"窗口

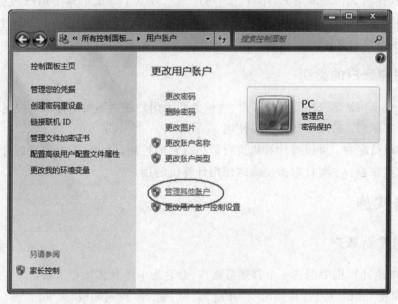

图 2-3-29　"用户账户"窗口

2. 设置用户密码

为了保障账户的安全，为新创建的账户 LP 设置密码。创建用户密码的方法如下：

（1）在图 2-3-32 所示的窗口中，单击 LP 账户的图标，进入到如图 2-3-33 所示的"更改账户"窗口。

84

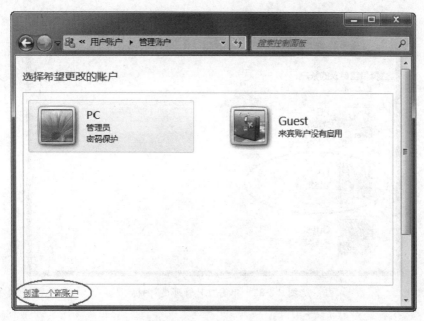

图 2-3-30　"管理账户"窗口

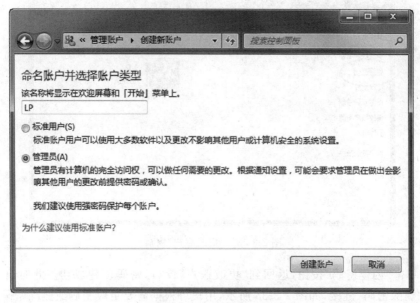

图 2-3-31　"创建新账户"窗口

（2）单击"创建密码"链接，打开"创建密码"窗口，在新密码文本框中输入新设置的密码，在确认新密码文本框中重复输入一次密码，在"输入密码提示"文本框中输入提示信息，避免忘记密码，也可不填写，如图 2-3-34 所示。

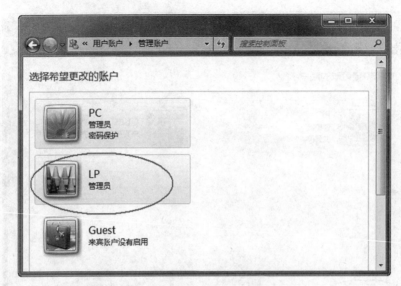

图 2-3-32　单击"LP 管理员"图标

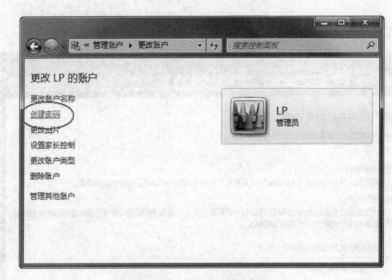

图 2-3-33　"更改账户"窗口

（3）单击"创建密码"按钮，返回到"更改账户"窗口，密码创建成功。此时出现"更改密码"和"删除密码"链接，如图 2-3-35 所示，用户可根据需要更改密码或删除密码。

3. 更改账户头像

为账户 LP 选择一张动物的图片显示在欢迎屏幕和"开始"菜单中。更改账户头像的具体操作步骤如下：

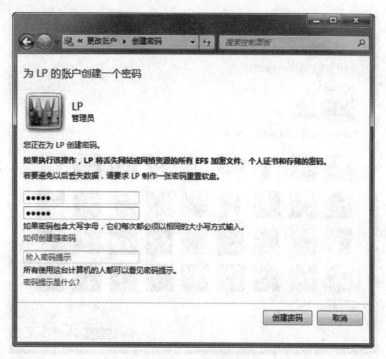

图 2-3-34 "创建密码"窗口

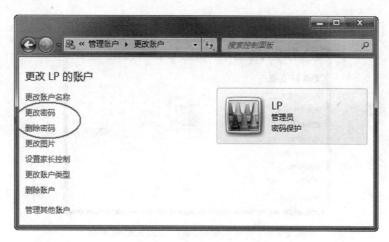

图 2-3-35 更改或删除密码

（1）打开"控制面板"，进入"用户账户"窗口，单击"管理其他账户"链接。

（2）单击 LP 账户图标，打开"更改账户"窗口。

（3）单击"更改图片"链接，进入如图 2-3-36 所示的"选择图片"窗口，在图片列表框中选择喜欢的动物图片，或者单击"浏览更多图片…"按钮，在计算机硬盘中选择喜欢的图片。

（4）单击"更改图片"按钮，返回到"更改账户"窗口，图片已被更换，如图 2-3-37 所示。

图 2-3-36 "选择图片"窗口

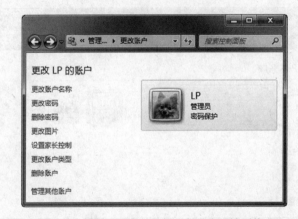

图 2-3-37 "更改账户"窗口中图片已被更换

4. 切换账户

如要从当前账户切换到新创建的 LP 账户，具体操作步骤如下：

（1）单击"开始"按钮，打开"开始"菜单，鼠标指针指向菜单右下方"关机"按钮右侧的箭头。

（2）在箭头上短暂停留后弹出子菜单，如图 2-3-38 所示，选择"切换用户"命令。

（3）系统保持当前账户工作状态不变，返回到"登录"界面，如图 2-3-39 所示，选择 LP 账户，输入密码即可登录。

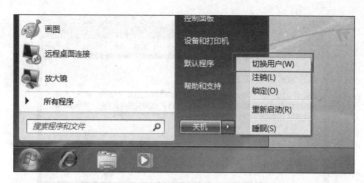

图 2-3-38 "切换用户"命令

图 2-3-39 "登录"界面

5．删除账户

如果要删除账户 LP,则必须使用管理员账户登录系统,并且不能删除当前正在使用的账户。删除账户的具体操作步骤如下:

(1) 确认当前登录的用户是管理员账户,如果不是则切换用户。

(2) 打开"控制面板",进入"用户账户"窗口,单击"管理其他账户"链接。

(3) 单击 LP 账户图标,进入"更改账户"窗口,单击"删除账户"链接。

(4) 打开"删除账户"窗口,如图 2-3-40 所示。若单击"保留文件"按钮,则在删除该账户后将保留该用户的桌面文件、个人文档和收藏夹等信息;若单击"删除文件"按钮,则不保留这些文件。

(5) 进入"确认删除"窗口,如图 2-3-41 所示,单击"删除账户"按钮确认删除,返回到

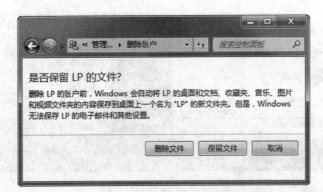

图 2-3-40　"删除账户"窗口

"管理账户"窗口，LP 账户已消失，如图 2-3-42 所示。

图 2-3-41　"确认删除"窗口

图 2-3-42　删除了账户

任务总结

通过本任务的实施,应掌握下列知识和技能。

- 了解 Windows 7 用户账户。
- 了解用户账户控制的方法。
- 掌握账户的创建与删除的方法。
- 掌握账户的配置与管理的方法。

课 后 练 习

1. 操作系统的主要功能是什么?

2. 怎样启动 Windows 7?

3. 切换和注销用户的区别有哪些?

4. 睡眠功能有哪些特点?

5. 任务栏的组成部分有哪些?

6. 在桌面上创建记事本程序的快捷方式。

7. 将任务栏设置为隐藏。

8. 更改桌面背景,图片可以任意选择。

9. 简述窗口的构成。

10. 窗口和对话框的区别有哪些?

11. 使用快捷键在不同窗口之间进行切换。

12. 简述文件和文件夹的区别。

13. 常见的文件类型有哪些?

14. 如何更改文件夹图标?

15. 在 D 盘中搜索所有扩展名为".jpg"的图片文件。

16. 简述更改文件夹选项的步骤。

17. 在 D 盘下创建一个新文件夹"我的学习资料",并在其中建立一个以用户本人名字为文件夹名的文件夹。

18. 在 C 盘中搜索扩展名为".txt"的文件。

19. 将第 2 题中搜索到的文件复制到第 1 题建立的个人姓名命名的文件夹中。

20. 在第 3 题的操作基础上任意选定多个不连续的文件进行逻辑删除。

21. 简述 Aero 的特点。

22. 更改系统声音设置,调整音量大小。

23. 更改屏幕保护程序为"照片",选择计算机中某个图片文件夹的图片显示,设置等待时间为 10 分钟,退出屏保需要输入密码。

24. 自定义主题并保存主题。

25. 安装迅雷软件,然后将其卸载。

26. 修改显示器关闭的时间和自动进入睡眠状态的时间。

27. 为计算机创建一个标准账户,设置密码和图片。

项目 3   文 档 编 辑

任务 3.1   Word 2016 基本操作

Office 2016 是微软公司开发的最新版本的办公自动化软件,是一个功能强大的处理办公事务的软件包,包括用于文档编辑和排版的 Word 组件,用于数据计算、数据分析、数据处理的电子表格 Excel 组件,用于制作演示文稿的 PowerPoint 等组件。其中,Word 是Office 办公组件中非常重要的一个组件。本书通过几个大的任务依次介绍 Word 2016 操作界面的认识、文本的输入与编辑、文档的设置、表格处理以及文档的图文混排等功能的使用。

子任务 3.1.1   认识 Word 2016 操作界面

📓任务描述

小钟需要撰写一个对 Word 文字处理软件简单介绍的资料,需为他创建一个 Word文档以便其输入介绍的内容。通过此任务的实现,让大家掌握 Word 2016 文字处理软件的启动方法,熟悉 Word 的操作界面,为后续完成 Word 的基本操作打下基础。

🗂相关知识

1. Word 2016 的启动

要在 Word 文档中输入文本,必须先启动 Word。Word 的启动方式有多种,常用方法如下:

(1) 通过屏幕左下方的"开始"菜单,选择"所有程序"→Microsoft Office→Microsoft Word 2016 选项,便可启动 Word。

(2) 如果 Office 2016 安装时在桌面创建了快捷方式,可以直接双击快捷图标 ,也可以启动 Word。

(3) 通过双击一个现有的 Word 文件,可以启动 Word。

用前两种方法启动 Word 2016 后,系统会自动生成一个名为"文档 1. docx"的空白文档,Word 2016 创建的文档默认的扩展名为"docx"。

2．Word 2016 的操作界面

当 Word 启动后，就可以进入 Word 的操作界面，Word 2016 的操作界面由快速访问工具栏、标题栏、功能选项卡、功能区、文档编辑区等组成，其窗口组成如图 3-1-1 所示。

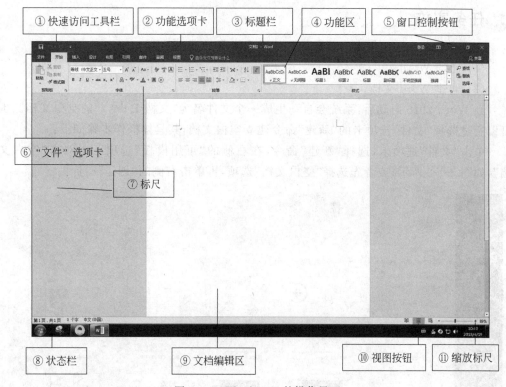

图 3-1-1　Word 2016 的操作界面

Word 窗口各组成部分功能如下。

① 快速访问工具栏：位于整个操作窗口的左上方，用于放置一些常用工具按钮，用户可以根据需要添加。

② 功能选项卡：用于切换功能区，单击功能选项卡的选项卡，便能完成功能选项卡的切换，如由"开始"选项卡切换到"插入"选项卡。

③ 标题栏：用于显示当前正在编辑的文档名称。

④ 功能区：用于放置编辑文档时所需的功能按钮。

⑤ 窗口控制按钮：此组按钮包括"最小化""最大化""关闭"三个按钮。

⑥ "文件"选项卡：用于打开"文件"面板，"文件"面板包括"保存""打开""关闭""新建""打印"等针对文件的操作命令。

⑦ 标尺：标尺包括水平标尺和垂直标尺，用于显示或定位文本所在的位置。

⑧ 状态栏：用于显示当前文档的页数、字数、拼写和语法状态、使用语言、输入状态等信息。

⑨ 文档编辑区：显示或编辑文档内容的工作区域，用于输入文本内容和插入各种对象。

⑩ 视图按钮：用于切换文档的视图方式，单击相应选项卡，便可切换到相应视图。

⑪ 缩放标尺：用于对文档编辑区的显示比例和缩放尺寸进行调整，用鼠标拖动缩放滑块后，标尺左侧会显示缩放的具体数值。

任务实施

完成子任务 3.1.1 提出的任务的具体操作步骤如下：

(1) 启动 Word。

(2) 创建 Word 文档。

当 Word 2016 启动后，系统会自动生成一个文件名为"文档 1. docx"的空白文档。也可以通过选择"文件"选项卡的"新建"命令建立空白文档，其具体操作步骤如下：

单击"文件"选项卡，选择"新建"命令，在右侧的"可用模板"选项区中双击"空白文档"，如图 3-1-2 所示；或者先选择"空白文档"选项，再单击右侧的"创建"图标。

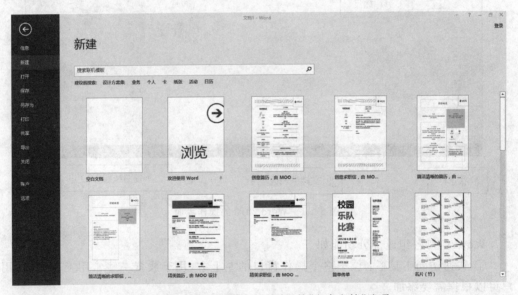

图 3-1-2　选择"可用模板"选项区的"空白文档"选项

知识拓展

1. 熟悉 Word 2016 的"文件"选项卡

在 Word 窗口的左上角单击"文件"选项卡，便会出现"文件"选项卡所包含的关于文件的相关操作，如图 3-1-3 所示。对文件的"保存""另存为""打开""关闭"等操作命令都包含其中。

图 3-1-3 "文件"选项卡窗口

2. 认识"开始"选项卡各功能区

Word 2016"功能选项卡"中的"开始"选项卡中包含了关于 Word 的基本操作功能区，其界面如图 3-1-4 所示。

图 3-1-4 "开始"选项卡的功能区

（1）在"剪贴板"组中，包括了对文档内容的剪切、复制、粘贴、格式刷设置等操作功能。

（2）在"字体"组中，提供了对文档的字体、字号、文字颜色、文字加粗设置等操作功能。

（3）在"段落"组中，提供了文字的对齐方式、文字边框、段落间距设置等操作功能。

（4）在"样式"组中，提供了对文字标题样式、正文样式的设置操作功能。

（5）在"编辑"组中，提供了对文字的查找、替换、选择设置等操作功能。

任务总结

通过本任务的实施，应掌握下列知识和技能。

- 掌握 Word 2016 启动的方法。
- 掌握 Word 2016 操作界面的组成。
- 了解 Word 2016 的"文件""开始"选项卡的组成及功能。
- 掌握 Word 文档的新建方法。

子任务 3.1.2 Word 2016 的文档操作

任务描述

文档创建好后，小钟同学在 Word 的文档编辑区输入了以下样文，并将输入的内容以文件名"W3-1-1.doc x"保存在"E：\Word 文档编辑实例"目录中。通过此任务的完成，让大家熟悉 Word 2016 文档的保存、关闭等基本操作。

提示：Word 是 Microsoft 公司的一个文字处理器应用程序。它最初是由 Richard Brodie 为了运行 DOS 的 IBM 计算机而在 1983 年编写的。随后的版本可运行于 Apple Macintosh（1984 年）、SCO UNIX 和 Microsoft Windows（1989 年），并成为 Microsoft Office 的一部分。

相关知识

1. 文件的保存

当文档中输入的内容需要保留时，需要对文档执行"保存"操作。文件的保存有两种方式，一是直接保存新文档；二是使用"另存为"命令保存文档。

1）直接保存新文档

在新文档中完成编辑操作后，需要对新文档进行保存。Word 2016 提供了三种文档的保存方法。

（1）单击快捷访问工具栏中的"保存"按钮 📊。

（2）单击"文件"按钮，选择其中的"保存"命令。

（3）使用 Ctrl＋S 组合键，可以实现保存功能。

当文档首次保存，选择"保存"命令时，会弹出一个文件保存对话框，如图 3-1-5 所示。

当设定好保存路径、文件名及保存类型后，单击右下方的"保存"按钮，系统即执行保存操作。

图 3-1-5 "另存为"对话框

2）使用"另存为"命令保存文档

在保存编辑的文档时，如果要将当前文档以新名字和格式保存到其他位置时，可以使用"另存为"命令保存，这样的操作形成一个当前文档的副本，可以防止覆盖原始文档，防止文档丢失。其具体操作方法如下：

（1）单击"文件"选项卡，在弹出的"文件"面板中选择"另存为"命令，弹出"另存为"对话框，如图 3-1-5 所示。

（2）在"另存为"对话框中，可为文件选择不同的保存位置，或输入不同的文件名，单击"保存"按钮。原文档被关闭，取而代之的是在原文档基础上以新地址/新文件名打开的文档。

2. 文档的关闭、退出

文档编辑完成后，就可关闭文档。Word 可以关闭单个文档，也可以直接退出 Word 程序关闭所有文档。

（1）单个文档的关闭。关闭单个文档有四种方法。

- 单击文档窗口右上角"窗口控制按钮区"的"关闭"按钮▣。
- 单击"文件"选项卡，选择"关闭"命令 ▭关闭。
- 按 Alt＋F4 组合键。
- 双击屏幕左上角的控制图标▥。

（2）多个文档的关闭。退出 Word 程序将关闭所有打开的 Word 文档，方法如下：单击"文件"按钮，选择"关闭"命令，如图 3-1-3 所示。

任务实施

完成子任务 3.1.2 提出的任务的具体操作步骤如下：

（1）输入文档内容。

按照样文输入汉字、英文单词和标点符号。

（2）保存文档。

在快速访问工具栏中单击"保存"按钮 ，在"另存为"对话框的"保存位置"列表框中选择文档的保存位置"E：\Word 文档编辑实例"，在"文件名"文本框中输入新建文档的文件名 W3-1-1.docx（扩展文件名". docx"可省略，系统将按照"保存类型"中指定的文件类型自动为文件加上扩展名），单击"保存"按钮。

文档保存后，Word 窗口的标题栏显示用户输入的文件名 W3-1-1.docx。

（3）关闭文档。

在窗口中单击"关闭"按钮或选择"文件"→"关闭"命令，便可关闭当前的文档。如果当前文档在编辑后没有保存，关闭前会弹出提示框，询问是否保存对文档的修改，如图 3-1-6 所示。

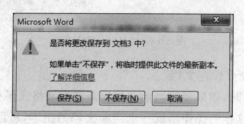

图 3-1-6　"保存"系统提示框

单击"保存"按钮进行保存；单击"不保存"按钮放弃保存；单击"取消"按钮不关闭当前文档，继续编辑。

知识拓展

Word 2016 提供了页面视图、阅读版式视图、Web 版式视图、大纲视图以及草稿视图，这五种视图能以不同角度、不同方式显示文档。

页面视图是最常用的视图，它的浏览效果和打印效果完全一样，即"所见即所得"。页面视图用于编辑页眉/页脚、调整页边距、处理分栏和插入各种图形对象。

注：密码是区分大小写的。

任务总结

通过本任务的实施，应掌握下列知识和技能。

* 熟悉文字输入法的切换、中英文输入法的切换。
* 掌握 Word 2016 保存文件的操作，学会设置文档的打开密码和编辑密码。
* 掌握文档的自动保存时间间隔的设置方法。

任务 3.2　输入与编辑文档

Word 软件具有强大的文字排版、表格处理、数据统计、图文混排功能。用户对文档进行复杂的排版前,必须掌握对文档最基本的操作,如文本的输入、选择、复制、粘贴、移动、查找、替换等操作。本节通过四个子任务介绍文本的基本操作。

子任务 3.2.1　输入文本

任务描述

某学院请了知名教授来学院讲学。请为该学院制作一份讲学通知,通知样文如下所示。通过完成此任务应掌握文字、标点符号、英文字母和数字、符号等文本的输入方法,掌握空格键和 Enter 键的应用。请按照以下样文输入文字,以文件名"W3-2-1.docx"保存在"E:\Word 文档编辑实例"文件夹下。

※※※重要通知※※※

全体师生请注意:

　　通过本学院的邀请,新生态创始人张正先生应邀参加我校新春知识讲座,现将讲座相关通知下发,届时欢迎感兴趣的师生参加。

　　具体安排如下。

　　题目:新时代新生态

　　主讲人:张正先生

　　时间:2017-03-06　09:00—11:00

　　地点:学院报告厅三楼

学院办公室

2017 年 1 月 29 日

相关知识

1. 符号的插入

为了美化文档,可在需要的位置插入 Word 提供的符号。单击 Word 功能卡中的"插入"选项卡,在"插入"面板中的"符号"组单击"符号"选项,如图 3-2-1 中箭头所指。

单击"其他符号(M)…"按钮,进入"符号"对话框,如图 3-2-2 所示,在"字体"列表中选择需要的字体,再在符号选择区中单击需要的符号,单击"插入"按钮即可。

图 3-2-1 "插入"面板的"符号"组

图 3-2-2 "符号"对话框

2. 段落的产生

Word 操作系统对于段的定义以回车符" ↵ "为单位,一个回车符表示一段文本。当一个自然段文本输入完毕时,按 Enter 键,文档插入点处便自动插入一个段落标记" ↵ ",表示换段。

在输入文本时,输入的文字到达右边界时不能使用 Enter 键换行,Word 会根据纸张的大小和左右缩进量自动换行。

如果在一行内容没有输入满时需要强制另起一行,则可按 Shift+Enter 组合键,此时产生一个向下的箭头符" ↓ ",这样新起行的内容与上行的内容将会保持一个段落属性。

3. 插入日期和时间

如果文档中需要输入当前的日期或时间,可以单击"插入"选项卡,选择插入"文本"组的"日期和时间"选项,如图 3-2-3 所示。

选择"日期和时间"选项,弹出"日期和时间"对话框。从中选择合格的显示方式,单击"确定"按钮即可。

图 3-2-3 "插入"选项卡的"文本"组 1

任务实施

完成子任务 3.2.1 提出的任务的具体操作步骤如下：

（1）新建 Word 文档。

在打开的 Word 软件中，按 Ctrl＋N 组合键，新建一个文档。

（2）输入空格。

在打开的文档编辑区中，将文本输入的位置定位在文档编辑区的左上角，出现不停闪烁的插入点"|"后，连续按四次 Space 键。

（3）插入符号。

单击"插入"选项，在"插入"面板的"符号"组中选择"符号"→"其他符号（M）..."命令，出现"符号"选择对话框。选择字体为 Wingdings，在符号选择区选择第 8 行第 7 列的符号"※"，单击对话框的"插入"按钮，连续插入三次。

（4）输入文本。

① 按 Ctrl＋Enter 组合键，切换到合适的中文输入法，如"极品五笔输入法"。

② 按照样文输入文字。

（5）插入日期和时间。

单击"插入"选项卡，在"文本"组选择"日期和时间"选项，进入"日期和时间"对话框，如图 3-2-4 所示。选择某一种格式，便可插入当前的日期。

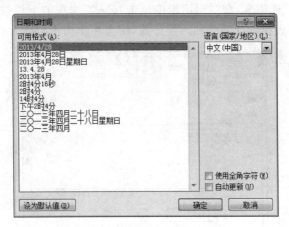

图 3-2-4　"日期和时间"对话框

在"日期和时间"对话框中如果选中了"自动更新"复选框，则在每次打开该文档时，插入的时间都会按当前的时间进行更新显示。

技能拓展

1. 快速输入重复性文字

Word 2016 提供了随时记忆功能，当用户在编辑文档时，有些内容需要反复输入，便可使用 F4 功能键快速输入已经输入过的内容。

2. 插入状态和改写状态的切换

在编辑文档时，有时需要在插入点插入文本，此时文本的输入状态应为"插入"状态。若是要修改部分文本，则将插入点定位到需要修改的文本前，将文本的输入状态设置为"改写"状态。改变输入状态有两种方法。

（1）按键盘上的插入键 Insert，可以在"插入"状态和"改写"状态间进行切换。

（2）用鼠标单击 Word 窗口状态栏中的"插入"按钮，可以实现"插入"状态和"改写"状态的切换，如图 3-2-5 所示。

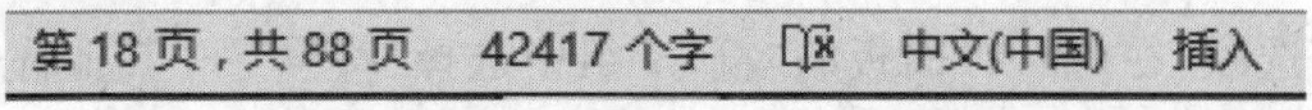

第18页，共88页　　42417 个字　　□🖉　　中文(中国)　　插入

图 3-2-5　状态栏中的"插入"按钮

3. 在文档中输入公式

在文档中，有的文档需要输入各种公式。公式的输入有两种方式。

1）插入 Word 内置的公式

Word 2016 提供了一个新颖的工具，内置了一些常用的公式，如果需要，直接插入需要的公式即可，具体操作步骤如下：

（1）单击"插入"选项卡，在"符号"组中单击"公式"选项的下拉按钮，如图 3-2-6 中箭头所指，在弹出的列表中选择需要的内置公式，便会在文档中的插入点创建一个公式。

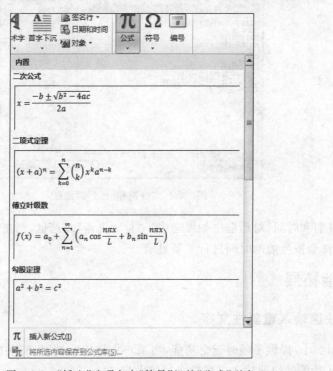

图 3-2-6　"插入"选项卡中"符号"组的"公式"列表

（2）如果内置公式中没有需要的公式，可在图 3-2-6 所示的列表中选择"插入新公式"命令，此时文档会插入一个小窗口，用户在其中输入公式，通过"公式工具"的"设计"选项卡内的各种工具可以输入公式，如图 3-2-7 所示。

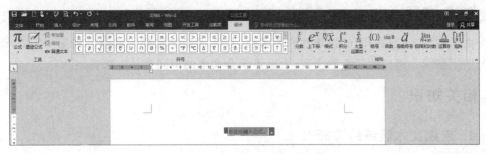

图 3-2-7　"公式工具"的"设计"选项卡

2）使用公式编辑器

Word 2016 依然自带有公式编辑器，使用公式编辑器输入公式，具体操作步骤如下：

（1）在文档中将插入点定位到输入公式的位置，选择"插入"选项卡，在"文本"组中单击"对象"选项，如图 3-2-8 所示，会弹出"对象"对话框。

（2）在"对象"对话框中，选择"对象类型"列表框中的"Microsoft 公式 3.0"选项，如图 3-2-9 所示。

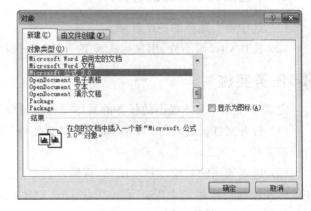

图 3-2-8　"插入"选项卡的"文本"组 2　　　　图 3-2-9　"对象"对话框

（3）单击"确定"按钮，启动公式编辑器。

任务总结

通过本任务的实施，应掌握下列知识和技能。

- 中/英文输入法的切换方法。
- 理解段落的含义。
- 掌握文本的输入方法以及符号的插入方法。
- 会在文档中插入公式。

子任务 3.2.2 选择文本

任务描述

为了体现"讲座通知"的正规性和严肃性，长江理工学院要求将通知的第一行花哨的符号"※"删除。通过此任务的实现，大家可学会文本的不同选择方法。

相关知识

1. 连续文本区域的选择

1）鼠标选择方式

将插入点移动到需要选择的文本区的第一个字符/文字前，按住鼠标左键不放，拖动鼠标到文本的最后一个字符后，即可选定这片连续的区域。

2）键盘选择方式

将插入点移动到需要选择的文本区的第一个字符/文字前，按住 Shift 键不放，移动向上的方向键，可选择一片连续文本。

2. 非连续文本区域的选择

（1）选中需要选择的一个区域。

（2）按住 Ctrl 键不放，用鼠标选择下一个需要选择的区域。

任务实施

完成子任务 3.2.2 提出的任务的具体操作步骤如下：

（1）打开文件。进入"E：\Word 文档编辑实例"文件夹下，双击文档 W3-2-1.docx，打开该文档。

（2）选定删除的对象。移动鼠标，将插入点定位到需要删除的对象"※※※"之前，按住鼠标左键拖动至第三个"※"后。按住 Ctrl 键不放，以同样的方式选择后面的"※※※"，如图 3-2-10 所示。

3. 删除对象

按下 Delete 键，删除前面的"※※※"和后面的"※※※"。

知识拓展

1. 一行文本的选择

若要选择一行文本，将鼠标光标移动到要选择的文本行左侧的空白位置，当鼠标指针由 I 变成 ⟋ 时，单击，即可选择整行文本，如图 3-2-11 所示。

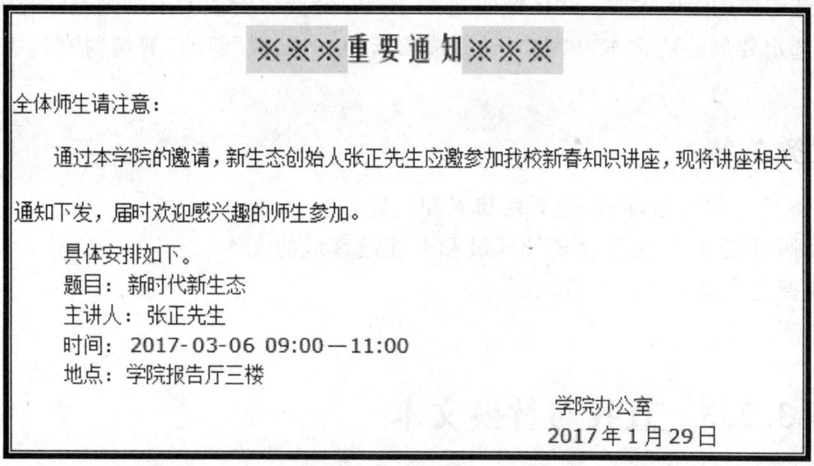
※※※重要通知※※※

全体师生请注意：

通过本学院的邀请，新生态创始人张正先生应邀参加我校新春知识讲座，现将讲座相关通知下发，届时欢迎感兴趣的师生参加。

具体安排如下。

题目：新时代新生态

主讲人：张正先生

时间：2017-03-06 09:00—11:00

地点：学院报告厅三楼

学院办公室

2017年1月29日

图 3-2-10　删除对象的选择

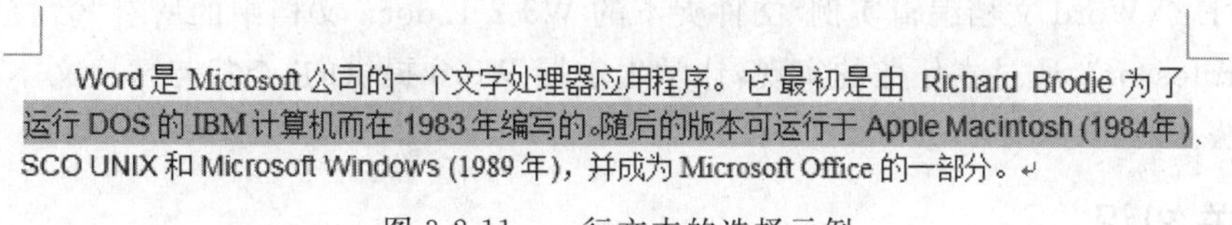
Word 是 Microsoft 公司的一个文字处理器应用程序。它最初是由 Richard Brodie 为了运行 DOS 的 IBM 计算机而在 1983 年编写的。随后的版本可运行于 Apple Macintosh (1984年)、SCO UNIX 和 Microsoft Windows (1989 年)，并成为 Microsoft Office 的一部分。↵

图 3-2-11　一行文本的选择示例

2. 一段文本的选择

选择一段文本，将鼠标指针移动到所要选择的段落左侧空白区，当鼠标指针由I变成↗时，双击鼠标左键，即可选择指针所指向的整个段落，如图 3-2-12 所示。

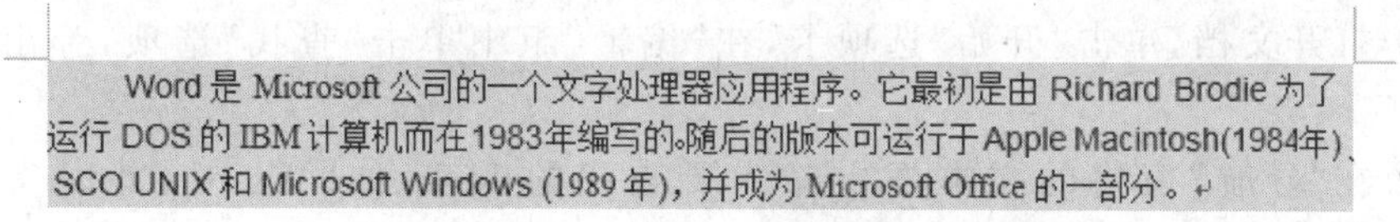
Word 是 Microsoft 公司的一个文字处理器应用程序。它最初是由 Richard Brodie 为了运行 DOS 的 IBM 计算机而在1983年编写的。随后的版本可运行于Apple Macintosh(1984年)、SCO UNIX 和 Microsoft Windows (1989 年)，并成为 Microsoft Office 的一部分。↵

图 3-2-12　一段文本的选择示例

3. 整个文档内容的选择

选择整个文档内容，将鼠标指针移动到所要选择的文档的左边界，当鼠标指针由I变成↗时，三击鼠标左键，即可选择指针所指向的整个文档。

技能拓展

下面介绍文本的删除方法。

对于文本中不需要的文本对象，需要将其删除。删除文本的常用方法有以下几种。

(1) 按 BackSpace 键可以删除插入点之前的文本。

(2) 按 Delete 键可以删除插入点之后的文本。

（3）选中要删除的大段一片区域的文本，按 BackSpace 键或 Delete 键删除选中的文本。

（4）选定要删除的文本，单击"开始"选项卡的"剪贴板"组的"剪切"按钮，也可以删除文本。

任务总结

通过本任务的实施，应掌握下列知识和技能。

- 会通过键盘、鼠标选择连续区域和非连续区域的文本。
- 掌握文本的几种插入方法。
- 会删除文本。

子任务 3.2.3　查找与替换文本

任务描述

将"E：\Word 文档编辑实例"文件夹下的 W3-2-1.docx 文档中的所有"教授"字样修改为"Professor"，通过本任务的实现，让学生掌握 Word 提供的"查找与替换文本"工具的使用方法。

相关知识

1. 查找

Word 2016 增强了查找功能，用户在文档中查找不同类型的内容时更方便，可以使用查找功能找到长文档中指定的文本并定位该文本，还可以将查找到的文本突出出来。查找步骤如下：

（1）打开文档，单击"开始"选项卡，在"编辑"组中单击"查找"选项，弹出"导航"窗格。

（2）在"导航"窗格的文本框中输入要查找的内容，如"Word"，此时文档中的"Word"字样将在文档窗口中呈黄色突出显示，"导航"窗格及查找结果如图 3-2-13 所示。

2. 替换

当在长文本中修改大量文本时，可以使用 Word 的替换功能，文本的替换与查找内容的操作相似，因为替换内容之前需要到指定的被替换内容，再设置替换内容，然后进行替换。具体操作步骤如下：

（1）打开文档，单击"开始"选项卡，在"编辑"组中单击"替换"选项，弹出"查找和替换"对话框，如图 3-2-14 所示。

（2）在"查找和替换"对话框中，在"查找内容"文本框中输入要查找的文本，在"替换为"文本框中输入要替换的文本，单击"全部替换"按钮，弹出替换提示框，如图 3-2-15 所示。

106

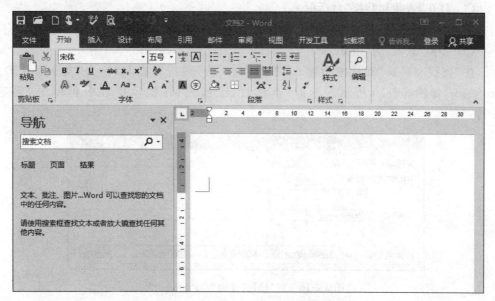

图 3-2-13 文本查找"导航"窗格

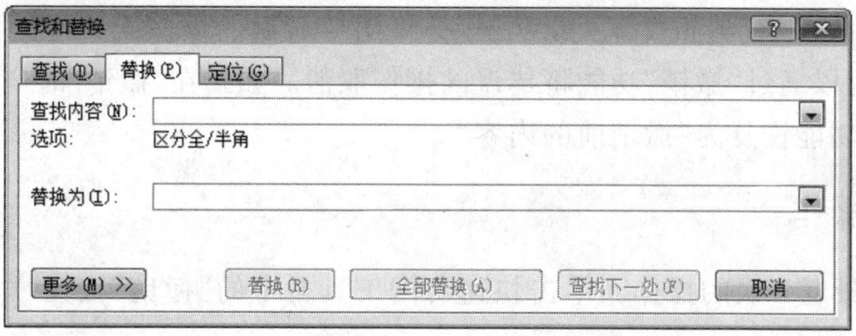

图 3-2-14 文本的"查找和替换"对话框

图 3-2-15 替换提示框

如果要有选择地替换文档中的内容,则单击"替换"按钮,系统在每一次替换前,都将要替换的内容以淡蓝色背景突出显示。如果不替换当前的内容,则单击"查找下一处"按钮。

任务实施

完成子任务 3.2.3 提出的任务的具体操作步骤如下:

(1) 打开文档。

进入"E:\Word 文档编辑实例"文件夹,双击文档 W3-2-1.docx,打开文档。

（2）打开"查找和替换"对话框。

单击"开始"选项卡，在"编辑"组中单击"替换"选项，弹出"查找和替换"对话框。

（3）替换"教授"为"Professor"。

在"查找和替换"对话框中输入"查找内容"为"教授"，在"替换为"文本框中输入Professor，如图 3-2-16 所示。单击"全部替换"按钮，在提示窗口中再单击"确定"按钮。

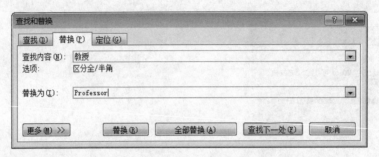

图 3-2-16　将"教授"替换为"Professor"

知识拓展

用户在输入文本、编辑文本时，Word 会将用户所做的操作记录下来，如果用户出现错误的操作，可以通过"撤销"功能将错误的操作取消。如果在"撤销"时产生了错误，则可以利用"恢复"功能恢复为"撤销前的内容"。

1. 撤销操作

（1）撤销最近一次的操作。单击快速访问工具栏中的"撤销"按钮 ，可撤销最近一次的操作。

（2）撤销多步操作。单击"撤销"按钮旁的下拉按钮 ，在弹出的列表中选择需要撤销到的某一步操作，移动鼠标光标到需要恢复的内容前，单击。

2. 恢复操作

恢复操作可恢复上一步的撤销操作，每执行一次恢复操作只能恢复一次。如果要恢复多次操作，就需要多次执行恢复操作。只有执行了"撤销"操作后，"恢复"功能才能生效。

（1）鼠标方式的恢复操作。单击快速访问工具栏中的"恢复"按钮 ，可恢复上一次的操作。多次单击"恢复"按钮，可恢复多步操作。

（2）键盘方式的恢复操作。也可以按 Ctrl＋Z 组合键以撤销最近一次操作。连续按多次 Ctrl＋Z 组合键，也可恢复多次操作。

技能拓展

下面介绍 Word 2016 的查找与替换技巧。

（1）按下 Ctrl＋H 组合键，可以快速启动"查找和替换"对话框。

（2）将查找出来的文本突出显示。按下 Ctrl＋H 组合键，启动"查找和替换"对话框。单击"更多"按钮，再按左下角的"格式（O）"按钮，显示窗口如图 3-2-17 所示。

任务总结

通过本任务的实施，应掌握下列知识和技能。

- 掌握文本的查找操作。
- 掌握文本的替换操作。

图 3-2-17　查找对象的格式设置选择窗口

- 掌握文本的撤销和恢复操作。
- 了解查找与替换的操作技巧。

子任务 3.2.4　复制与移动文本

任务描述

文本的复制、粘贴、剪切、移动是文本编辑最常用的操作，通过这些操作，可以修改输入内容的错误位置，可以节约输入时间，从而提高输入速度。通过下列任务的完成，大家可掌握文本编辑中最常用的文本的复制、粘贴、移动等常用操作。

打开"E：\Word 文档编辑实例"文件夹下的文档 W3-2-2.docx，文档内容如图 3-2-18 所示。请将第 3 段文本复制到第 1 段文本之前。

　　信息与计算科学专业是以信息领域为背景，数学与计算机信息管理相结合的交叉学科专业。

　　信息与计算科学专业（Information and Computing Science，原名为"计算数学"，1987 年更名为计算数学及其应用软件，1998 年教育部将其更名为信息与计算科学）是以信息领域为背景，是数学与信息、计算机管理相结合的计算机科学与技术类专业。

　　该专业培养的学生具有良好的数学基础，能熟练地使用计算机，初步具备在信息与计算机科学领域的某个方向上从事科学研究，解决实际问题，设计开发有关计算机软件的能力。

图 3-2-18　文档 W3-2-2.docx 的内容

相关知识

1. 文本的复制

当文档中需要输入已存在的内容或者将前文中的内容移动到当前位置时，可以使用文本的复制与剪切功能。复制是指把文档中的一部分"拷贝"一份，然后放到其他位置，而被"复制"的内容仍按原样保留在原位置。文本的复制及粘贴步骤如下：

（1）选择文本。

（2）复制。

文本的复制有以下几种实现方法。

① 使用快捷键方式：选择复制的文本，按 Ctrl＋C 组合键。

② 选择需要复制的文本，右击，在弹出的快捷菜单中选择"复制"命令。

③ 在"开始"功能卡面板，单击"剪贴板"组的"复制"按钮 🖹 复制 。

（3）定位文本插入的位置。

（4）粘贴。

粘贴操作的实现方法如下：

① 在"开始"功能卡面板，单击"剪贴板"组的"粘贴"按钮。

② 右击，选择快捷菜单中的"粘贴选项"选项，如图 3-2-19 所示，可根据需要选择不同的粘贴模式。

③ 按 Ctrl＋V 组合键。

图 3-2-19 快捷菜单中的"粘贴选项"

2. 文本的移动

1）利用剪贴板移动文本

利用剪贴板移动文本的操作有三步。

（1）剪切文本：选择要剪切的文本，按 Ctrl＋X 组合键，或右击并在弹出的快捷菜单中选择"剪切"命令。

（2）移动鼠标，将插入点定位到移动的目标位置。

（3）粘贴（1）中所剪切的文本。

2）鼠标拖动方式

将鼠标光标放在选定文本上，同时按住鼠标左键将其拖动到目标位置，松开鼠标左键，在此过程中鼠标指针右下方带一方框。

🍀 任务实施

完成子任务 3.2.4 提出的任务的具体操作步骤如下：

（1）选择第 3 段文本。

将光标移动到第 3 段左侧空白区，当鼠标指针由 I 变成 ⬧ 时，双击鼠标左键，选择第 3 段文本。

（2）定位插文本的复制位置。

移动鼠标光标至第 1 段文本之前，将插入点定位在文本"信息"之前。

（3）粘贴文本。

按 Ctrl＋V 组合键，第 3 段文本便复制到第 1 段文本之前。

（4）移动文本。

选中"（Information and Computing Science……计算科学）"这段文本，按住鼠标左键不放，拖动文本到"信息与计算科学专业"之后，"是以信息领域为背景……"之前，松开鼠标左键，完成文本的移动。

知识拓展

1. Word 2016 剪贴板

Word 2016 剪贴板用来临时存放交换信息。通过剪贴板,用户可以方便地在各个文档中传递和共享信息,它最多可以存放 24 项内容。如果继续复制,复制的内容会添加至剪贴板最后一项并清除第一项内容。

若把在输入某文档时常用到的词组复制到"剪贴板"上,就可大大提高输入速度。

2. 鼠标拖动实现文本复制/粘贴

1) 左键拖动

将鼠标指针置于选定文本上,按住 Ctrl 键,同时按鼠标左键将其拖动到目标位置,在此过程中鼠标指针右下方带一"＋"号。

2) 右键拖动

将鼠标指针置于选定文本上,按住右键向目标位置拖动,到达目标位置后松开右键,在快捷菜单中选择"复制到此位置"命令。

技能拓展

当通过复制/粘贴方式输入文本时,如果直接粘贴文本,有时会出现不希望的格式,如文本带有边框。如果不需要这些格式,可以通过"选择性粘贴"功能将文字粘贴为无格式文本。方法如下:

(1) 将需要的内容复制到粘贴板上,单击"开始"选项卡。

(2) 在"剪贴板"工具组中单击"粘贴选项"的下拉按钮,选择"选择性粘贴"选项。

(3) 在弹出的列表中选择"只保留文本"选项。

任务总结

通过本任务的实施,应掌握下列知识和技能。

- 掌握文本复制的三种方法。
- 掌握文本粘贴的三种方法。
- 掌握文本移动的方法。

任务 3.3　文档格式的设置

文档格式的设置包括设置字符格式、段落格式以及页面格式等内容。在 Word 中设置文档格式通常要用到"字体"组和"段落"组、"字体"和"段落"对话框以及"页面布局"选项卡中的"页面设置"工具,以便使文档变得更加规范和美观。

子任务 3.3.1 设置字符格式

任务描述

李晓华是北京一家 IT 科技公司的总经理，他要求制作一张个人名片，名片正面和反面内容如图 3-3-1 所示。输入文本并设置字符格式，以文件名"W3-3-1.docx"将其保存在"E：\Word 文档编辑实例"文件夹下。通过本任务的完成，学生可掌握文本字体、字号、字体颜色等有关字符格式的设置操作。

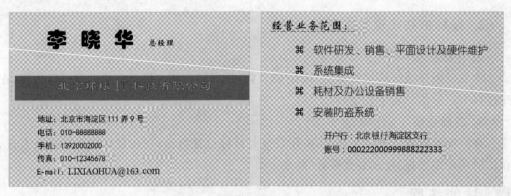

图 3-3-1　已制作好的名片正反面图

相关知识

字符格式的设置包括文本的字体、字形、字号、字体颜色、下划线等内容的设置，Word 提供了两种对文本格式的设置方式。

1. 工具组方式

（1）选定需要设置格式的文本。

（2）单击"开始"选项卡，可用其中的"字体"组提供的功能按钮设置文本格式，如图 3-3-2 所示。

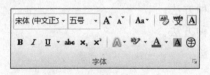

图 3-3-2　"字体"组

① 设置字体。单击"字体"组"字体"选项右侧的下拉按钮 宋体(中文正) ，弹出"字体"列表框，如图 3-3-3 所示。

② 设置字号。单击"字体"组"字号"选项右侧的下拉按钮 五号 ，弹出"字号"列表框，如图 3-3-4 所示。

图 3-3-3 "字体"列表框   图 3-3-4 "字号"列表框

③ 设置字体颜色。单击"字体"组的颜色设置按钮 **A** ▾旁的下拉按钮,在弹出的"颜色"列表框中选择合适的颜色(见图 3-3-5)。若列表框中没有需要的颜色,可单击"其他颜色"按钮,再选择合适的颜色。

④ 设置下划线。设置字体的下划线,单击"字体"组的下划线按钮 **U** ▾旁的下拉按钮,在弹出的"下划线线型"列表框中选择需要的"点-短线下划线"(见图 3-3-6)。还可单击"下划线颜色"按钮,设置下划线的颜色。

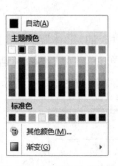

图 3-3-5 "颜色"列表框   图 3-3-6 "下划线线型"列表框

2. 对话框方式

在"开始"选项卡的"字体"组中,可以设置字符底纹 **A**,也可以设置文字效果 **A** ▾等字符的格式,如图 3-3-7 所示。

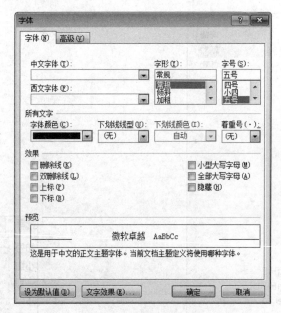

图 3-3-7　"字体"对话框

3. 以快捷菜单方式打开"字体"对话框

选中需要设置格式的文本，右击，在弹出的快捷菜单中选择"字体"命令，也可启动如图 3-3-7 所示的"字体"对话框。

任务实施

完成子任务 3.3.1 提出的任务的具体操作步骤如下：

（1）输入文本。

新建一个文档，然后输入相应的文本内容。

（2）设置名片正面的字符格式。

① 选择名片正面第 1 行的"李晓华"，在"开始"选项卡的"字体"组中单击 宋体(中文正↓，选择字体为"华文琥珀"；单击 五号 ，设置字号为"小一"；单击"字体"组的对话框启动器，启动"字体"对话框；单击"高级"选项卡，将字符间距加宽 8 磅，如图 3-3-8 所示。

图 3-3-8　设置字符间距

② 选择文本"总经理",字体设置为"华文新魏",字号为"五号"。

③ 选择第 2 行文本"北京环球 IT 科技有限公司",字体设置为"隶书",字号为"三号",字体颜色设置为"绿色"。

④ 选择第 3~7 行文本,字体设置为"黑体",字号为"小五号"。

（3）设置名片反面的字符格式。

① 选择第 1 行文本,单击 ，弹出"字体"对话框,字体设置为"华文新魏",字号为"四号"。单击下划线按钮 $\underline{\text{U}}$ ▾右侧的下拉按钮,选择列表中第 6 种下划线,即"虚线下划线"。

② 选择第 2~5 行文本,字体设置为"幼圆",字号为"小四号"。

③ 选择第 6、7 行文本,字体设置为"微软雅黑",字号为"小五号"。

（4）保存文档。

单击快速访问工具栏中的"保存"按钮,将文档命名为"W3-3-1.docx",保存路径是"E：\Word 文档编辑实例"。

知识拓展

下面介绍文字格式的清除方法。

如果对设置的文字格式和效果不满意,可以清除格式重新进行设置。格式的清除操作方法如下：

选中要清除格式的文字,单击"开始"选项卡,单击"字体"组中的"清除格式"按钮，即可清除所选文本的格式。

技能拓展

1. 设置带圈字符

带圈字符一般用于将一些标注性的文字圈起来,其设置方法如下：

（1）在文档中选择要设置带圈字符的文本,单击"开始"选项卡,在"字体"组中单击带圈字符按钮。如要将文字"龙"设置为带圈字符,则需要先选择文本"龙",再单击按钮。

（2）在弹出的"带圈字符"对话框中,在"文字"文本框中输入需要设置的文字"龙",设置"样式"为"缩小文字",再单击"圈号"列表框中的○选项,如图 3-3-9 所示,单击"确定"按钮,得到带圈字符。

图 3-3-9　"带圈字符"对话框

2. 设置文字上/下标

为了区分标记和文字处理,通常设置文字的上下标,它将标记的位置设置在文字的右上方或右下方。如"x^3",其设置方法如下：

（1）选择要设置为上标的文字,如数字"3",单击"开始"选项卡"字体"组的上标按钮

$\mathbf{x}^2$，则将数字"3"设置成了上标。

（2）若需将文本设置为下标，如其操作方式基本与（1）相同，不同之处在于选定文本后要单击下标按钮 $\mathbf{x}_2$，则将数字"3"设置成了下标。

（3）选择设置上/下标的文字，右击，弹出"字体"对话框，在"效果"栏中选中"上标"或"下标"复选框，单击"确定"按钮，也可设置文字的上/下标。

任务总结

通过本任务的实施，应掌握下列知识和技能。

- 了解字符设置的内容。
- 掌握字符格式设置的途径："开始"选项卡的"字体"组方式、对话框方式。
- 能够设置文本的字体、字号、效果、字体颜色、字间距、字符底纹等格式。
- 学会"清除文本格式"操作。
- 学会设置带圈字符、文字的上/下标。

子任务 3.3.2 设置段落格式

任务描述

将文档 W3-3-1.docx 中的所有段落，设置成与图 3-3-1 样文相同的段落格式，通过此任务的实现，大家应能掌握段落中文本的对齐方式、段落的缩进、段落底纹、行和段间距、边框和底纹等有关段落格式的设置。通过段落格式的设置可以使文档的层次分明。

相关知识

段落格式的设置包括段落文本的对齐方式、段间距、段缩进、边框和底纹的设置等内容。在"开始"选项卡的"段落"组中（见图 3-3-10），可通过相应的功能按钮设置段落格式。

图 3-3-10 "段落"组

1. 文本对齐方式的设置

Word 段落的对齐方式有五种：左对齐、居中对齐、右对齐、两端对齐以及分散对齐。Word 的默认文本对齐方式是两端对齐。用户可以根据需要为文本设置对齐方式。如设置某一段落的文本对齐方式为左对齐，具体操作步骤如下：

（1）选定需要设置格式的段落。

（2）单击"段落"组的"左对齐"按钮 ，则可将段落设置为"左对齐"。

2. 底纹的设置

（1）选中需要设置底纹的段落或文本。

（2）单击"段落"组的"底纹"按钮右侧的下拉按钮 ，在弹出的颜色选择列表中选择需要的颜色,如图 3-3-11 所示。

3. 行和段间距的设置

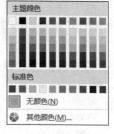

行间距是指每行文本之间的距离。段间距是指段落
与段落之间的间距,包括本段与上一段之间的段前间距、
本段与下一段之间的段后间距。它们的设置可以通过
"段落"对话框来设置,也可以通过"段落"组来设置。

1)设置行间距

(1)选择需要设置行间距的段落。

(2)单击"行和段落间距"按钮右侧的下拉按钮↕☰▾。

图 3-3-11 "底纹颜色"选择列表

(3)在弹出的下拉列表框(见图 3-3-12)中选择合适的行间距。

若没有合适的行间距值可选,选择"行距"选项,则会打开"段落"对话框,如图 3-3-13
所示,在"间距"栏可设置行间距。

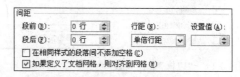

图 3-3-12 "行和段落间距"下拉列表框　　图 3-3-13 "段落"对话框的"间距"栏

2)设置段间距

(1)单击"段落"组的按钮。

(2)在"间距"栏的"段前""段后"文本框中输入距离。

4. 段落缩进的设置

段落缩进包括首行缩进、左缩进、右缩进及悬挂缩进。设置段落缩进可以使段落区别
于前面的段落,使段落层次分明。

段落缩进可以借助标尺来设置,也可以利用"段落"对话框准确地设置缩进值,如将文
档的第 1 段设置为"左缩进,2 字符"。其具体操作步骤如下:

(1)选中文档中第一段文本。

(2)右击,在弹出的快捷菜单中选择"段落"选项,或直接单击"段落"组的"对话框启
动器"按钮,启动"段落"对话框。在"缩进"栏的"左侧"文本框中输入"2 字符"。

5. 边框和底纹的设置

通过设置文本/段落的边框和底纹,能够让所设置的对象突出显示。设置方法
如下:

117

1）边框的设置

（1）选中需要设置边框的文本或段落。

（2）单击"段落"组的"边框"  旁的下拉按钮，启动"边框"下拉列表，如图 3-3-14 所示。

（3）若要设置边框颜色，可选择列表框中的"边框和底纹"选项，启动"边框和底纹"对话框，如图 3-3-15 所示。

图 3-3-14 "边框"下拉列表　　　　图 3-3-15 "边框和底纹"对话框

（4）"样式"下拉列表框可设置边框的线条，"颜色"下拉列表框可设置线条颜色，"宽度"下拉列表框可设置线条的粗细。

（5）在"应用于"下拉列表框中设置边框和底纹所起作用的范围，单击"确定"按钮。

2）底纹设置

选择"边框和底纹"对话框的"底纹"选项卡，单击"填充"下拉按钮，弹出类似于图 3-3-11 所示的"底纹颜色"选择列表。选择填充的颜色，单击"确定"按钮。

6. 设置项目符号

项目符号是添加在段落前面的符号，可以是字符、符号，也可以是图片。添加项目符号可以让项目内容显示更清晰。项目符号的插入方法如下：

（1）选择需要添加项目符号的段落。

（2）在"开始"选项卡的"段落"组中单击"项目符号"按钮 旁的下拉按钮，启动"项目符号库"列表框，如图 3-3-16 所示。

若项目符号库中没有需要的项目符号，则单击"定义新项目符号"按钮，从中可选择需要的项目

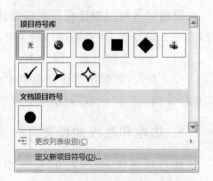

图 3-3-16 "项目符号库"列表框

符号。

任务实施

完成子任务 3.3.2 提出的任务的具体操作步骤如下：

（1）打开文档。

打开"E：\Word 文档编辑实例"文件夹，双击 W3-3-1.docx 文档。

（2）设置名片正面的段落格式。

① 选择名片正面的第 1 行。单击"段落"组的"对话框启动器"按钮，其设置内容如下：左缩进 3 字符，段前、段后 0.5 行，如图 3-3-17 所示，单击"确定"按钮。

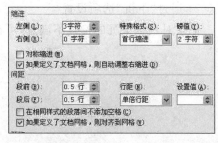

图 3-3-17 名片正面第 1 行段落格式的设置

② 选择第 2 行文本，单击"段落"组的居中对齐按钮，单击"段落"组的"对话框启动器"按钮，将"段落"对话框中的"行距"设置为 1.5 倍行距，单击"确定"按钮。

③ 选择第 3～7 行文本，右击并选择"段落"命令，启动"段落"对话框，在"缩进"栏设置"左侧"为 2 字符，"行距"设置为固定值 15 磅。

④ 选择第 3 行，启动"段落"对话框，设置"间距"的"段前"取值为 0.5 行。

⑤ 设置第 2 行的边框。选择第 2 行，单击"段落"组的"边框" 旁的下拉按钮，启动边框选择列表框，打开"边框和底纹"对话框，再选择"底纹"选项卡，在"颜色"栏选择"红色"底纹。选择"边框"选项卡，"样式"中选择从上往下的第 10 种线条，"颜色"设置为"蓝色"，"应用于"选项中选择"段落"命令，单击"确定"按钮。

（3）设置名片反面的段落格式。

① 选择第 1 行文本，启动"段落"对话框，设置左缩进 4 字符，"段前"1 行。

② 选择第 2～5 行文本，启动"段落"对话框，设置左缩进 4.5 字符，1.5 倍行距。

③ 选择第 6、7 行文本，在"段落"对话框中设置左缩进 6 字符。

④ 选择第 6 行，设置"间距"为"段前"0.5 行。

⑤ 设置项目符号：选择第 2～5 行文本，单击"段落"组中"项目符号"按钮 旁的下拉按钮。在"项目符号库"中单击"定义新项目符号"按钮，弹出"定义新项目符号"对话框，单击"符号"按钮，选择示例图中的符号。连续两次单击"确定"按钮。

（4）保存文档。

单击快速访问工具栏中的"保存"按钮，保存文档。

技能拓展

1. 设置首字下沉

首字下沉是指文档或段落的第一个字符下沉几行或悬挂，使文档更醒目，容易明确文档的起始部分。首字下沉的设置有以下两种方式。

1）直接设置首字下沉

首字下沉有两种模式，一种模式是直接下沉；另一种模式是悬挂下沉。直接下沉的设置如下：

（1）将插入点定位到要设置首字下沉的段落。

（2）单击"插入"选项卡。

（3）在"文本"组中单击"首字下沉"按钮。

（4）在弹出的列表框中选择"下沉"选项，如图 3-3-18 所示。

2）通过"下沉"选项设置

如果对直接下沉的格式不满意，可在图 3-3-19 中选择"下沉"选项。

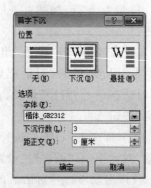

图 3-3-18　直接设置首字下沉　　　　图 3-3-19　"首字下沉"对话框

在"首字下沉"对话框中，设置下沉文字的字体、下沉行数和下沉文字距离正文的距离，单击"确定"按钮，则设置生效。

2. 格式刷的使用

在编辑文档时，如果文档中有多处需要设置相同的格式，不需要多次设置重复的格式，可以使用格式刷来复制格式。具体操作方法如下：

（1）选中已设置格式的文本或段落。

（2）单击"开始"选项卡，在"剪贴板"工具组中单击"格式刷"按钮 ❤格式刷 ；如果需多次复制相同格式，则双击"格式刷"按钮 ❤格式刷 。

（3）当鼠标指针变为刷子形状时，按住鼠标左键选中要应用格式的段落或文本。松开鼠标左键，完成格式复制。

（4）如果不再需要复制格式，单击"格式刷"按钮 ❤格式刷 ，取消格式复制。

📎 任务总结

通过本任务的实施，应掌握下列知识和技能。

- 掌握设置段缩进的方法。
- 掌握设置段间距、行间距的方法。
- 掌握设置边框和底纹的方法。
- 掌握项目符号、项目编号的插入方法。

- 掌握设置首字下沉的方法。
- 掌握使用格式刷复制段落格式的方法。

子任务 3.3.3　设置页面格式

任务描述

Word 默认的纸张大小远远大于生活中所使用的名片大小,请对文档 W3-3-1. docx 中的页面进行修改,将纸张大小设置成高 7cm、宽 10cm,并修改其上、下、左、右页边距为 0。通过此任务的实现,大家应能掌握页边距的设置,纸张大小的选择、插入分隔符等有关页面的设置,通过知识扩展和技能扩展部分,大家应能学会页面背景设置、页面边框和页面水印设置等页面格式设置的内容。

相关知识

文档格式不仅包括字符格式和段落格式,还包括页面格式。页面格式的设置内容包括页面背景设置、页面布局等。页面设置是对页面布局进行排版的一种重要操作。

1. 插入分隔符

分隔符包括分页符和分节符两种。

1) 分页符

"分页符"在当前位置强行插入新的一页,它只是分页,前后还是同一节,用来标记一页终止并开始下一页的点。如文档中包括多个页面时,可通过插入分页符的方式来增加页面。

2) 分节符

"分节符"是分节,在同一页中可以有不同节,也可以在分节的同时进入下一页。分节数有下一页、连续、偶数页、奇数页四种。

3) 插入分隔符

选择"页面布局"选项卡,在"页面设置"组中单击"分隔符"按钮 分隔符 ▾ ,根据需要单击其中的"分页符"或"分节符"按钮。

2. 页面设置

页面设置包括纸张大小、纸张方向、页边距设置等内容。

1) 纸张大小的设置

Word 2016 为用户提供了常用纸型,用户可以从预设的纸型列表中选择合适的纸型。

(1) 在 Word 中选择"页面布局"选项卡。

(2) 在"页面设置"组中单击"纸张大小"按钮,弹出纸张列表,如图 3-3-20 所示。

(3) 如果列表框中没有合适的纸型,可以自定义纸张的大小,如图 3-3-21 所示。

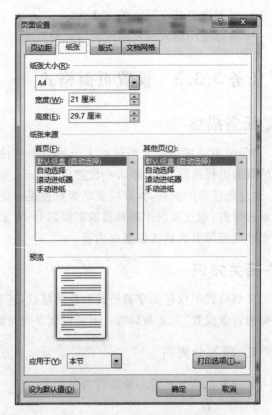

图 3-3-20　纸型选择列表框

图 3-3-21　"页面设置"对话框

2）纸张方向的设置

Word 中的纸张有两个使用方向，一是纵向；二是横向。默认情况下纸张是纵向，但有些特殊文档则需要使用横向纸张。

3）页边距的设置

页边距是文本区到页边界的距离。它的设置有两种方法，一是通过选择预设的页边距；二是通过"页面设置"对话框设置。

（1）预设页边距：选择"页面布局"选项卡，在"页面设置"组中单击"页边距"按钮，在弹出的页边距预设列表中单击需要的页边距。

（2）利用对话框设置：若列表框中没合适的选项，可单击列表框下面的"自定义边距"选项，弹出"页面设置"对话框（见图 3-3-22），修改上、下、左、右的页边距值，再单击"确定"按钮。

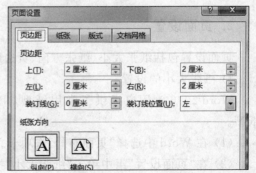

3.　页面背景的设置

Word 2016 默认的工作区是纯白色

图 3-3-22　页边距纸张方向选择列表

的,用户可以通过给文档添加背景效果,使页面变得更生动。页面背景的设置包括设置水印、设置页面的背景颜色、设置页面边框等内容。

1)添加水印

水印是在页面内容后面插入虚影文字,通常表示要将文档特殊对待。设置方法如下:

(1)选择"设计"选项卡。

(2)在"页面背景"组中选择"水印"选项,弹出水印选择列表,可从中选择预设的水印,然后单击。

(3)若预设水印中没有需要的内容,可在列表中选择"自定义水印"选项,弹出"水印"对话框,如图 3-3-23 所示。

(4)可选择"图片水印"或"文字水印"单选按钮,从而选定水印的形式。

2)页面颜色的设置

背景颜色有单色背景和图片填充背景两种,可通过如图 3-3-24 所示的"填充效果"对话框进行更详细的设置,从而改变文档界面的显示效果。

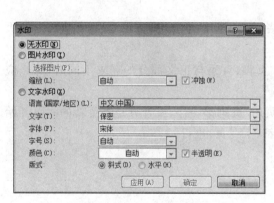

图 3-3-23　"水印"对话框

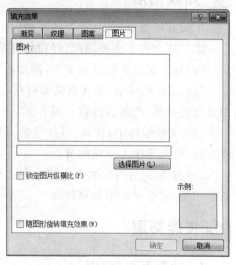

图 3-3-24　"填充效果"对话框

3)页面边框的设置

为页面添加边框后,边框效果的运用范围可以是整个文档,也可以是本节的所有页面,或者只用于本节的首页或除首页外的所有页面。

任务实施

完成子任务 3.3.3 提出的任务的具体操作步骤如下:

(1)打开文档。

打开"E:\Word 文档编辑实例"文件夹,双击 W3-3-1.docx 文档。

(2)插入分页符。

移动鼠标,将插入点定位到"经营"之前。在 Word 中选择"布局"选项卡,在"页面设置"组中单击"分隔符"按钮，在下拉列表中单击"分页符"按钮。

（3）设置纸张大小。

单击"页面设置"组中的"页边距"按钮，单击"自定义边距"按钮，启动"页面设置"对话框，将上、下、左、右的页边距全部设置为 0，单击"确定"按钮。

（4）添加水印。

① 选择"设计"选项卡，在"页面背景"组中单击页面颜色按钮，弹出"背景设置"下拉列表。

② 在下拉列表中单击"填充效果"按钮，启动"填充效果"对话框。

③ 在"填充效果"对话框中选择"图案"选项卡，在图案列表中选择左上角的第二种图案，"前景颜色"设置为"淡绿色"。

④ 单击"确定"按钮。

（5）保存文档。

单击快速访问工具栏中的"保存"按钮，保存文档。

📖 知识拓展

下面介绍分节符、分页符的区别。

除了概念的区别外，分节符和分页符两者最大的区别主要体现在用法上，特别用于页眉/页脚与页面设置时区别更大，例如：

（1）文档编排中，某几页需要横排，或者需要不同的纸张、页边距等，那么应将这几页单独设为一节，与前后内容不同节。

（2）文档编排中，首页、目录等的页眉/页脚、页码与正文部分的需求不同时，那么应将首页、目录等作为单独的节。

（3）如果前后内容的页面编排方式与页眉/页脚都一样，或者只是需要新的一页开始新的一章，那么一般用分页符即可，用分节符（下一页）也行。

⚙️ 技能拓展

1．设置页眉/页脚

页眉/页脚通常显示文档的附加信息，常用来插入时间、日期、页码、单位名称等。其中，页眉在页面的顶部，页脚在页面的底部。通常页眉也可以添加文档注释等内容。

Word 2016 提供了页眉/页脚样式库，用户通过样式库可以快速地制作出精美的页眉/页脚。其具体操作方法如下：

1）插入页眉/页脚

（1）打开文档，选择"插入"选项卡。

（2）在"页眉和页脚"组中单击"页眉"按钮。

（3）在弹出的下拉列表中选择一种页眉的类型，如怀旧型，如图 3-3-25 所示。

2）编辑页眉/页脚

若要在页眉区显示文字，在页脚区显示页码，具体操作方法如下：

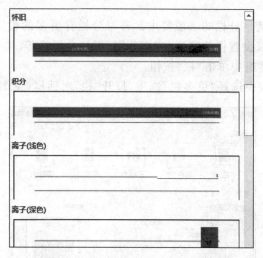

图 3-3-25　选择一种页眉的类型

（1）进入页眉编辑区，在"输入文字"框中输入页眉文字。

（2）选择"插入"选项卡，在"页眉和页脚"组中单击"页脚"按钮。

（3）将插入点定位到页脚区，单击"页眉和页脚"组中的"页码"按钮，弹出页码位置选择列表，如图 3-3-26 所示。

（4）在下一级列表中单击页码格式。页眉/页脚设置完毕后，单击"关闭页眉页脚"按钮，退出编辑状态。

2. 分栏

Word 文档默认只有一栏，使用分栏功能可将文档版面纵向划分成多个组成部分，增强文档的可读性。分栏功能可以借助"页面设置"组提供的功能按钮实现，也可通过"分栏"对话框实现。

1）工具组方式

（1）选择要分栏的内容。

（2）选择"布局"选项卡，在"页面设置"组中单击"栏"按钮。

（3）在弹出的下拉列表中单击分栏的栏数（见图 3-3-27），如"两栏"，则分栏完成。

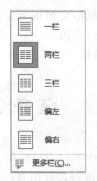

图 3-3-26　页码位置选择列表　　　图 3-3-27　分栏选择列表

2）对话框方式

工具组方式只能满足分栏的一般要求。若对分栏有更多的设置，则需使用"栏"对话框，通过该对话框，可以设置栏的宽度、应用范围、添加分隔线等。

（1）在"页面设置"组中单击"栏"按钮。

（2）在弹出的列表中选择"更多栏"选项，打开"栏"对话框（见图 3-3-28）。

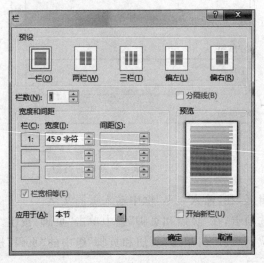

图 3-3-28 "栏"对话框

（3）在"预设"选项区中单击图标选择栏数。

（4）选中"分隔线"复选框。

（5）再设置栏的"宽度和间距"，单击"确定"按钮，则分栏完成。

任务总结

通过本任务的实施，应掌握下列知识和技能。

· 了解页面设置的内容。

· 会设置纸张大小、纸张方向、页边距。

· 掌握页面背景设置的内容。

· 会设置页面边框、页面水印、页面颜色。

· 理解分节符与分页符的区别。

· 会插入分隔符，会根据需要选择分隔符的类型。

· 会设置页眉/页脚。

· 会对文档分栏。

任务 3.4 制 作 表 格

用户在 Word 中不仅可以编辑文本，还提供了表格插入、表格编辑、表格计算等功能。借助这些功能用户可以设计出自己满意的各种表格。本节通过制作一张学生信息表和一张学生成绩表,让大家掌握表格的插入、编辑、格式设置以及数据计算等操作。

子任务 3.4.1 创建表格

任务描述

某职业学校教师需要统计学生的成绩,将学生的各科成绩记录下来,并在其中做相应的运算,请为其制作一张学生成绩表,成绩表内容如表 3-4-1 所示,创建表格,输入文本内容,以文件名"W3-4-1.docx"将其保存在"E:\Word 文档编辑实例"文件夹下。通过本任务的完成,学生可掌握表格的创建操作。

表 3-4-1　汽车维修专业 20 班学生成绩表

学　号	姓　名	性别	语文	数学	英语	体育	计算机	平均成绩	总分
2015001111	张　三	男	78	67	65	71	62		
2015001112	陈薇薇	女	87	78	97	83	98		
2015001113	李小花	男	79	97	92	97	80		
2015001114	白　安	女	98	92	98	92	97		
2015001115	陈扎根	男	97	98	80	98	56		
2015001116	吴国生	男	92	80	97	80	76		
2015001117	章志直	男	98	97	64	97	98		
2015001118	彭书娅	女	80	65	82	65	80		
2015001119	曾书明	男	97	98	65	75	97		

相关知识

一张表格由若干行和若干列构成,单元格是表格的最小组成单位。如果表格中每一行的列数以及每一列的行数都相同,则是规则表格,否则就是不规则表格。在处理表格之前,需要事先创建表格。Word 提供了自动插入表格和手动绘制表格两种表格创建方法,规则表格的创建一般采用自动插入表格方式,不规则表格的创建采用手动绘制表格方式。

1. 自动插入表格

如果插入的表格少于 8 行 10 列,可采用自动插入表格的拖动行列数的方式创建表格,方法如下:

1)拖动行列数插入鼠标

(1)移动鼠标将插入点定位到插入表格的位置,选择"插入"选项卡。

(2)在"表格"组中单击"表格"按钮。弹出列表预设的表格列表,如图 3-4-1 所示。

(3)在预设的方格内按住鼠标左键拖动鼠标,到所需要的行数列数时松开鼠标左键,则完成表格的插入。

2)利用"插入表格"对话框创建表格

如果创建的表格超过了 8 行 10 列,方法 1)则无法实现表格的创建,此时可启动"插入表格"对话框。

（1）移动鼠标将插入点定位到插入表格的位置，选择"插入"选项卡。

（2）在"表格"组中单击"表格"按钮，弹出如图 3-4-1 所示的列表，选择"插入表格"选项。启动"插入表格"对话框，如图 3-4-2 所示。

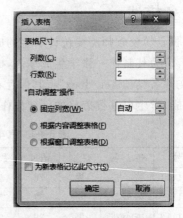

图 3-4-1　Word 预设的表格列表　　　　图 3-4-2　"插入表格"对话框

（3）输入表格尺寸数，即行数和列数，"'自动调整'操作"选项区默认选中"固定列宽"单选按钮，再单击"确定"按钮。

2．手动绘制表格

上述方法比较适合在文档中插入规则表格。但在实际工作中，有时需要创建不规则表格，这可以通过"手动绘制表格"功能来完成。

任务实施

完成子任务 3.4.1 提出的任务的具体操作步骤如下：

（1）创建新文档。

启动 Word 2016 或在打开文档的基础上按 Ctrl＋N 组合键，创建新文档。

（2）定位表格插入点。

输入第 1 行文字"汽车维修专业 20 班学生成绩表"，按 Enter 键。

（3）利用"插入表格"对话框创建表格。

① 单击"插入"选项卡，在"表格"组中单击"表格"按钮。

② 在弹出的列表中选择"插入表格"命令，启动"插入表格"对话框。

③ 输入表格尺寸，"行数"为 10 行，"列数"为 10 列。

④ 单击"确定"按钮。

（4）输入表格的内容。

移动鼠标，依次将插入点定位到需要输入内容的单元格中，以便输入内容。

（5）保存文档。

按 Ctrl＋S 组合键，在"另存为"对话框中指定保存路径为"E：\Word 文档编辑实例",文件名为"W3-4-1.docx",单击"保存"按钮。

知识拓展

1. "插入表格"对话框的"'自动调整'操作"选项

1）固定列宽

在"自动调整"操作选项区中单击"固定列宽",在右侧的微调框内设置表格列宽的数值。其中的"自动"选项表示在设置的左右页面边缘之间插入相同宽度的表格列。

2）根据内容调整表格

系统会根据表格的填充内容调整表格的列宽。

3）根据窗口调整表格

Word 根据当前文档的宽度自动调整表格的列宽。

2. "表格工具"选项卡的使用

绘制出表格后再选中表格,功能区将显示"表格工具"选项卡,可对绘制的表格进行后期处理。

1）继续绘制表格

选择"布局"选项卡中"绘图"组的"绘制表格"按钮 ，可继续绘制表格。

2）擦除表格线条

选择"布局"选项卡中"绘图"组的"橡皮擦"按钮 ，鼠标指针变成"橡皮擦"形态,移动鼠标到需要删除的线条上并单击,可删除对应线条。

3）修改绘制表格的线型、宽度

在"设计"组的"边框"选项卡中和"边框"下拉列表中可以分别设置表格的线型与边框线的粗细。

4）修改绘制表格的线条颜色

单击"线条边框"组中的"笔颜色"按钮 ，选择合适的线条颜色,再单击需要改变颜色的线条,所选线条颜色即会改变。

5）退出表格的绘制状态

在绘制状态下单击"绘图边框"组中的"绘制表格"按钮,可退出表格的绘制状态。或按 Esc 键退出绘制。

任务总结

通过本任务的实施,应掌握下列知识和技能。

- 学会根据不同的需要选择不同的表格绘制方式。
- 学会使用自动插入表格工具创建表格。
- 掌握手动绘制表格的操作方法。
- 理解表格列宽的"自动调整"各选项的作用。

• 学会在 Word 中插入 Excel 电子表格。

子任务 3.4.2　编辑表格

任务描述

　　请为同学制作一张个人简历表，登记卡内容如图 3-4-3 所示。先创建表格，再输入文本内容，以文件名"W3-4-2.docx"将其保存在"E：\Word 文档编辑实例"文件夹下。通过本任务的练习，大家可掌握添加表格的行与列、删除表格、合并表格、调整表格的大小等对表格进行的编辑操作。

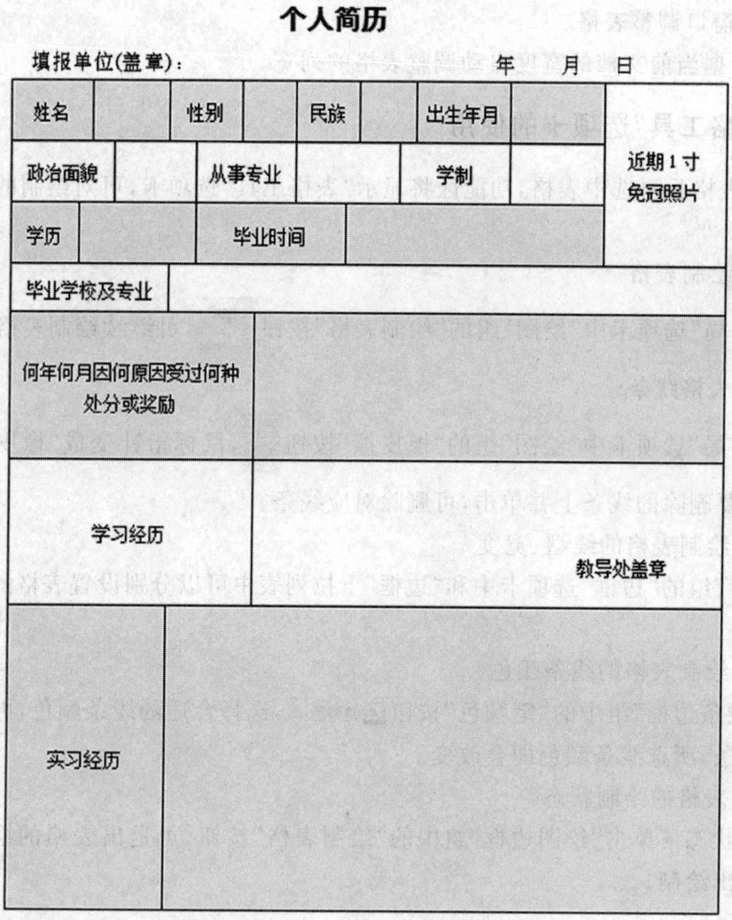

图 3-4-3　制作好的个人简历

相关知识

1. 选择表格

　　对表格进行编辑前，首先要选择编辑的对象，表格的选择包括整张表格的选择、行/列

130

的选择以及单元格的选择。表格的选择和文本的选择方法类似。

1）选择整张表格

选择整张表格的方式有以下两种。

（1）将鼠标光标定位到表格中，当表格的左上方出现 ⊞ 标记时，单击选中整张表格。

（2）将鼠标光标定位到表格左上角的第一个单元格，按住鼠标左键拖动到表格右下角的单元格，松开鼠标左键，选择整张表格。

2）选择表格中的一行

将鼠标光标移动到所要选择的行左侧空白区，当鼠标指针由 I 变成 ⇗ 时，单击即可选择指针所指向的一行表格。

3）选择表格中的一列

移动鼠标光标到需要选择列的上方，当鼠标光标由 I 变成 ↓ 时，单击可选择整列。

4）连续单元格与非连续单元格的选择

连续单元格与非连续单元格的选择与文本的选择类似。

2. 添加/删除单元格

如果在插入表格时没有规划好，一次性插入的单元格不符合要求，则需要在已经插入的表格中添加或删除单元格。

1）添加单元格

（1）插入点定位到需要添加单元格的位置。

（2）右击，在弹出的快捷菜单中选择"插入"选项，弹出插入表格选项，如图 3-4-4 所示。若需插入一行或一列，可在列表中根据需要单击其中一项即可。

（3）若只插入一个单元格，则单击"插入单元格"选项，弹出如图 3-4-5 所示的"插入单元格"对话框。

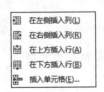

图 3-4-4　插入表格选项　　　　图 3-4-5　"插入单元格"对话框

（4）在对话框中根据需要单击对应选项前的单选按钮，单击"确定"按钮。

2）删除单元格

将插入点定位到需要删除的单元格，右击，在弹出的快捷菜单中选择"删除单元格"命令，弹出"删除单元格"对话框，选择一种删除方式，单击"确定"按钮。

3. 合并/拆分单元格

编辑不规则表格时，常常要用到单元格的合并与拆分，可制作复杂的表格或者样式丰富的表格。

1）单元格的合并

合并单元格是在不改变表格大小的情况下将两个以上的多个单元格合并为一个单元格，其方法如下：

（1）选择需要合并的单元格，右击，弹出快捷菜单。

（2）在快捷菜单中选择"合并单元格"选项，如图 3-4-6 所示，完成单元格的合并。

2）单元格的拆分

（1）选择需要拆分的单元格，右击，弹出快捷菜单。

（2）在快捷菜单中选择"拆分单元格"选项，弹出"拆分单元格"对话框（见图 3-4-7），输入需要拆分的行列数，单击"确定"按钮。

图 3-4-6　快捷菜单的"合并单元格"选项　　图 3-4-7　"拆分单元格"对话框

鼠标光标定位到需要编辑的表格中，窗体出现"表格工具"，选择"布局"选项，选择需要编辑的单元格，在"合并"组中单击"合并单元格"或"拆分单元格"按钮，也可完成表格的合并或拆分，如图 3-4-8 所示。

4. 调整单元格的大小

当表格中单元格内的文本与表格大小不匹配时，则需要对单元格的列宽和行高进行调整。

图 3-4-8　"合并"组

1）调整列宽

移动鼠标光标到表格区的竖线上，当鼠标指针变成 ⟷ 时，按住鼠标左键向左右方向拖动，可改变列宽。

2）调整行高

移动鼠标光标到表格区的横线上，当鼠标指针变成 ↕ 时，按住鼠标左键向上下方向拖动，可改变行高。

任务实施

完成子任务 3.4.2 提出的任务的具体操作步骤如下：

（1）创建新文档。

启动 Word 2016 或在打开的文档的基础上按 Ctrl＋N 组合键，创建新文档。

（2）定位表格插入点。

输入第 1 行文字"个人简历"，按 Enter 键。

（3）创建表格。

① 在"插入"选项卡的"表格"组中单击"表格"按钮，弹出相应的列表。

② 选择"插入表格"选项，启动"插入表格"对话框。

③ 在"行数"文本框中输入数值 7，在"列数"文本框中输入数值 9。"自动调整"操作选项区中选择"根据内容调整表格"单选按钮，单击"确定"按钮。

（4）合并单元格。

① 选中表格前三行的最后一列，右击。

② 在弹出的快捷菜单中选择"合并单元格"选项。

③ 其他需要合并的单元格依此方法合并。

（5）调整表格的大小。

移动鼠标光标到第 1 行右上方的单元格左边线上，当鼠标指针变成 ╋ 时，按住鼠标左键往左拖动到适当位置，松开鼠标。

（6）输入文本。

在表格中按要求输入文本内容。

（7）保存文档。

按 Ctrl＋S 组合键，在"另存为"对话框中指定保存路径为"E：\Word 文档编辑实例"，文件名为"W3-4-2.docx"，单击"保存"按钮。

知识拓展

1．用 F4 键快速删除和添加行/列

在表格中选择多行或多列后，再选择"插入"/"删除"命令，那么所添加和删除的行/列数目将与选定的行/列数目相同。用户在选择"插入"/"删除"命令后，按 F4 键以重复操作，可以提高工作效率。

2．利用"表格工具"添加和删除行/列

1）添加行/列

（1）将插入点定位到需要添加单元格的相邻单元格中。

（2）在表格工具中选择"布局"选项卡，在"行和列"组（见图 3-4-9）中，根据需要单击其中的一种插入方式，则完成一行表格的插入。

图 3-4-9　"行和列"组

- 在上方插入：在选择行的上面插入新行。
- 在下方插入：在选择行的下面插入新行。
- 在左侧插入：在所选列的左边插入新列。

133

• 在右侧插入：在所选列的右边插入新列。

2）删除行/列

（1）将插入点定位到需要删除的单元格中。

（2）在"行和列"组中单击"删除"按钮，弹出"删除单元格"对话框，根据需要选择其中一种删除方式，单击"确定"按钮。

技能拓展

下面介绍如何精确调整表格的大小。

1）对话框方式

（1）选择需要调整表格大小的单元格，右击，弹出快捷菜单。

（2）在快捷菜单中选择"表格属性"命令，启动"表格属性"对话框，如图 3-4-10 所示。

（3）分别选择对话框中的"行"和"列"选项卡，在"指定宽度""指定高度"文本框中输入要调整的数值，单击"确定"按钮。

2）工具组方式

（1）选择需要调整表格大小的单元格，启动"表格工具"窗体。

（2）单击"布局"选项卡，在"单元格大小"组（见图 3-4-11）中的对应"高度""宽度"文本框输入要设置的行高值和列宽值，即可调整表格大小。

图 3-4-10 "表格属性"对话框

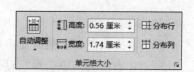

图 3-4-11 "单元格大小"组

任务总结

通过本任务的实施，应掌握下列知识和技能。

• 会改变单元格的大小。

- 会通过多种方式拆分和合并单元格。
- 会添加和删除单元格。

子任务 3.4.3　表格格式设置

任务描述

通过本任务的实现,让大家学会表格边框和底纹的设置方法,并能更改表格中文字的方向、设置文字的对齐方式等。

相关知识

1. 设置表格的边框和底纹

1) 设置边框

Word 默认的表格边框为黑色细实线,用户可根据需要修改边框的线条和颜色。

(1) 选择表格,选择"设计"选项卡。

(2) 在"表格样式"组中单击"边框"下拉按钮,在列表中选择"边框和底纹"选项。

2) 设置底纹

默认情况下,Word 表格中的单元格没有底纹颜色,添加了底纹的表格的显示会更突出。

(1) 选择要设置底纹的单元格。

(2) 单击"表格样式"组的"底纹"下拉按钮,弹出"颜色"下拉列表。

2. 设置文字在表格中的对齐方式

表格中的文字也可设置文字的对齐方式。Word 提供了九种对齐方式。设置方法如下:

(1) 选择需要设置文字对齐方式的单元格。

(2) 选择"布局"选项卡。

(3) 在"对齐方式"组(见图 3-4-12)中选择合适的对齐方式,再单击。

3. 设置文字的方向

图 3-4-12　"对齐方式"组

(1) 选择需要设置文字方向的单元格。

(2) 选择"布局"选项卡,在"对齐方式"组中单击"文字方向"按钮。

(3) 可将当前单元格的横排显示的文字以竖排方式显示。再次单击,则可将竖排文字以横排方式显示。

任务实施

完成子任务 3.4.3 提出的任务的具体操作步骤如下:

（1）打开文档。

打开名称为 W3-4-2.docx 的文档。

（2）设置文档外边框。

① 选中整张表格，选择"设计"选项卡。

② 在"边框"组中单击"边框"按钮的下拉按钮，在打开的列表中选择"边框和底纹"选项，弹出"边框和底纹"对话框。

③ 在对话框中设置边框的样式、颜色、粗细等，再应用于"表格"，如图 3-4-13 所示，单击"确定"按钮。

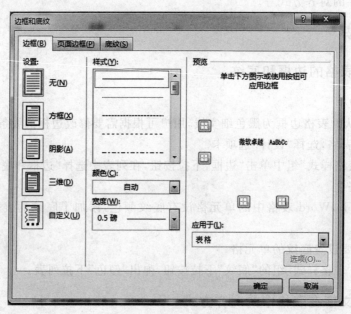

图 3-4-13　边框和底纹的设置

（3）根据样稿设置底纹及文字的方向。

（4）保存文档。

📖 知识拓展

1. 快速缩放表格

将鼠标指针移动到表格内任意一处，稍等片刻便会在表格右下角看到一个尺寸控制点□，将光标移动到该尺寸控制点上，此时光标会变成↖，按住鼠标左键向左上角或右下角拖动，就可实现表格的整体缩放。

2. 将两张表格合并为一张表格

若需将两张表格合并为一张表格，则将两张表格一上一下进行放置，中间不能有文字或其他内容，按 Delete 键删除两张表格之间的所有回车符，两张表格则会自动合并为一张表格。

136

技能拓展

快速应用表格格式。

Word 2016 提供了丰富的表格样式库，可以快速地设置表格格式。其具体操作方式如下：

（1）将插入点定位于表格内容，或选中表格，再选择"表格工具"的"设计"选项卡。

（2）单击"表格样式"（见图 3-4-14）组中的下拉按钮，在弹出的样式列表中选择一种，单击，该样式即可运用于当前表格。

图 3-4-14　"表格样式"组

任务总结

通过本任务的实施，应掌握下列知识和技能。

- 会设置表格的边框和底纹。
- 会设置文字在表格中的对齐方式。
- 会设置表格中文字的方向。
- 会利用预设的表格格式美化当前的表格。

任务 3.5　图 文 混 排

Word 文档不仅可以包括文本、表格等内容，还可以包括图片、艺术字、文本框等内容，插入的图片、艺术字等不仅可增强文档的美观性，还可让读者通过图文对应更明确文档要表达的意思。本节通过四个子任务让大家掌握图片、艺术字、文本框、SmartArt 图形对象的插入和编辑方法。

子任务 3.5.1　插入图片对象

任务描述

某中学需要制作一份科普知识简报，其中一篇是关于"蝴蝶效应"的文章，要求输入下列文字并在文档中插入一张蝴蝶图片，让文档显得更生动，插入图片后的效果如图 3-5-1 所示，以文件名"W3-5-1.docx"将其保存在"E：\Word 文档编辑实例"文件夹下。通过本任务，大家可掌握不同图片的插入操作。

气象学家Lorenz提出一篇论文，名叫《一只蝴蝶拍一下翅膀会不会在Texas州引起龙卷风？》论述某系统如果初期条件差一点点，结果会很不稳定，他把这种现象戏称作"蝴蝶效应"。就像我们掷骰子两次，无论我们如何去投掷骰子，两次的表现形式和投出的点数也不一定是相同的。Lorenz为何要写这篇论文呢？

该故事发生在1961年的某个冬天，他如往常一样在办公室操作气象电脑。平时，他只需将温度、湿度、压力等气象数据输入，电脑就会依据三个内建的微分方程式，计算出下一刻可能的气象数据，由此模拟出气象变化图。

这一天，Lorenz想更进一步了解某段记录的后续变化，他把某时刻的气象数据重新输入电脑，让电脑计算出更多的后续结果。当时，电脑处理数据资料的速度不快，在结果出来之前，足够他喝杯咖啡并和友人闲聊一阵。在一个小时后，结果出来了，不过令他目瞪口呆。结果和原信息相比较，初期数据还差不多，越到后期，数据相差就越大了，就像是不同的两条信息。而问题并不出在电脑，问题是他输入的数据差了0.000127，而这细微的差异却造成天壤之别。所以长期准确预测天气是不可能的。

图 3-5-1　图例效果

相关知识

在 Word 中可以插入图片以增强文档的可读性。Word 能够支持的图片格式有 WMF、JPG、GIF、BMP 等多种格式。Word 中可以插入系统内部自带的图片，也可以插入外部图片，还可以插入屏幕截图。

1. 插入联机图片

插入联机图片步骤如下：

（1）将插入点定位到需要插入联机图片的位置，选择"插入"选项卡。

（2）单击"插图"组中的"联机图片"按钮，如图 3-5-2 所示。

（3）选择"必应图片搜索"选项，在搜索框中输入搜索词，查看来自必应的图片。

（4）选择图片，然后单击"插入"按钮。

图 3-5-2　"插图"组

2. 插入外部图片

所谓外部图片，是指除系统自带的剪贴画外，保存在本机文件夹下的图片。

（1）将插入点定位到插入图片的位置，选择"插入"选项卡。

（2）在"插图"组中单击"图片"按钮，弹出"插入图片"对话框（见图 3-5-3）。

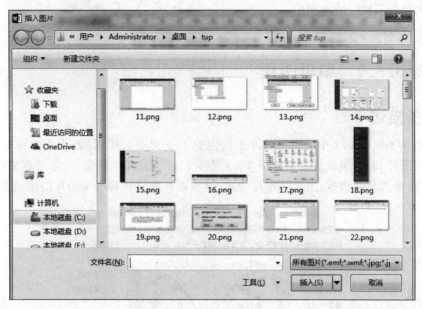

图 3-5-3 "插入图片"对话框

（3）在"查找范围"中选择图片所在的位置，在列表框中选择图片，单击"插入"按钮。

任务实施

完成子任务 3.5.1 提出的任务的具体操作步骤如下：

（1）创建 Word 文档。

启动 Word，创建一个新文档。

（2）输入文本信息。

按照样文，输入文本信息。再将所有文本选中，设置文本为"宋体""小四号"，"段后"为 0.5 行。

（3）分栏。

选择第 3 段文本，单击"页面布局"按钮，在"页面设置"组中单击"分栏"按钮，单击分成"两栏"的按钮。

（4）插入图片。

将插入点定位到第 2 段的起始处，单击"插入"选项卡中的"图片"按钮，在"插入图片"对话框中，在"查找范围"中选择图片存放的位置为"E：\Word 文档编辑实例"，然后选中图片"蝴蝶.jpg"，单击"插入"按钮。

（5）保存文档。

按 Ctrl＋S 组合键，在"另存为"对话框中指定保存路径为"E：\Word 文档编辑实例"，文件名为"W3-5-1.docx"，单击"保存"按钮。

任务总结

通过本任务的实施，应掌握下列知识和技能。

（1）会在文档中插入图片。

（2）会进行图文混排。

子任务 3.5.2 编辑图片

任务描述

文档 W3-5-1.docx 中的蝴蝶图片不仅占据了正文中大幅版面，图片也很单调，因此需编辑该图片，要求编辑后效果如图 3-5-4 所示。通过完成本任务，大家可掌握图片大小的调整、设置图片的边框、图片的布局方式、调整图片的效果等有关图片的编辑操作。

气象学家 Lorenz 提出一篇论文，名叫《一只蝴蝶拍一下翅膀会不会在 Texas 州引起龙卷风？》论述某系统如果初期条件差一点点，结果会很不稳定，他把这种现象戏称作"蝴蝶效应"。就像我们掷骰子两次，无论我们如何去投掷骰子，两次的表现的点数也不的．Lorenz 篇论文呢？

形式和投出一定是相同为何要写这

该故事 1961 年的某如往常一样作气象电脑，需将温度、

发生在个冬天，他在办公室操平时，他只湿度、压力

等气象数据输入，电脑就会依据三个内建的微分方程式，计算出下一刻可能的气象数据，由此模拟出气象变化图。

这一天，Lorenz 想更进一步了解某段记录的后续变化，他把某时刻的气象数据重新输入电脑，让电脑计算出更多的后续结果。当时，电脑处理数据资料的速度不快，在结果出来之前，足够他喝杯咖啡并和友人闲聊一阵。在一个小时后，结果出来了，不

过令他目瞪口呆。结果和原信息相比较，初期数据还差不多，越到后期，数据相差就越大了，就像是不同的两条信息。而问题并不出在电脑，问题是他输入的数据差了 0.000127，而这细微的差异却造成天壤之别。所以长期准确预测天气是不可能的。

图 3-5-4 编辑后的图片效果

相关知识

虽然插入的图片能够增强文档的可读性和美观效果，但有时插入的图片不够完美，不太符合排版要求，这就需要对图片进行修改和编辑才能达到更好的排版效果。Word 2016 提供的"图片工具"可以方便地对插入的图片进行编辑。

1. 调整图片的大小

图片大小的调整有两种方式，一是拖动鼠标调整；二是精确设置数据来调整。

1）拖动鼠标来调整图片的大小

（1）单击鼠标光标选中要调整的图片，图片周围会出现八个白色的调整控制点，如图 3-5-5 所示。

（2）移动鼠标光标至这八个控制点之一上，当鼠标指针变成双向箭头时，按住鼠标左键拖动到合适的位置，松开鼠标，完成图片大小的调整。

2）精确设置数据来调整图片的大小

选择图片，在"图片工具"的"格式"选项卡中的"大小"组（见图3-5-6）中输入图片的高度和宽度，完成图片大小的精确设置。

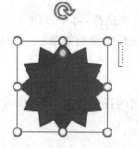

图3-5-5　调整图片的控制点　　　　　　图3-5-6　"大小"组

2. 设置图片的布局

当文档中插入图片后，通常需要在文档中合理调整文档中图片与文字的位置、设置多张图片的叠放顺序，这便是图片的布局。

1）设置文字的环绕方式

（1）选中图片，选择"图片工具"中的"格式"选项，单击"排列"组中的"环绕文字"按钮。

（2）在弹出的布局方式列表中（见图3-5-7），选择一种文字环绕方式并单击。

2）设置图片的排列顺序

如果文档中插入了多张图片，需要设置图片的排列顺序，图片的排列顺序有置于顶层、上移一层、下移一层、浮于文字上方、浮于文字下方等。图片的排列顺序设置如下：

（1）选中要排列的图片，在"格式"选项卡的"排列"组（见图3-5-8）中单击"前移一层"或"后移一层"按钮。

（2）在弹出的列表中（见图3-5-9）单击图片的位置，如"后移一层"。

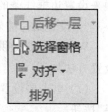

图3-5-7　图片的布局列表　　　　图3-5-8　"排列"组　　　　图3-5-9　"后移一层"列表

141

3）设置图片在文档中的位置

如果需要调整文档在图片中的位置，可以通过"图片工具"提供的位置模板快速调整。方法如下：

（1）选择要调整位置的图片，在"格式"选项卡的"排列"组中单击"位置"按钮。

（2）在弹出的位置列表中（见图 3-5-10）选择一种合适的位置方式，单击，即可快速调整图片在文档中的位置。

（3）如果系统提供的位置模板没有合适的可供选择，可单击图 3-5-10 中的"其他布局选项"按钮，在弹出的"布局"对话框中精确设置图片的排列效果。

3. 设置图片样式

同一张照片采用不同的样式可以显示出不同的视觉效果，可为图片添加边框、添加阴影等，可以增加图片的观赏性。

1）利用样式模板设置图片样式

（1）单击要设置样式的图片，选择"图片工具"的"格式"选项卡。

（2）在"图片样式"组（见图 3-5-11）中选择一种合适的样式，单击，所选样式便运用于当前图片。

图 3-5-10　位置列表

图 3-5-11　"图片样式"组

2）设置图片的边框

（1）单击要添加边框的图片，在"格式"选项卡中单击"图片样式"选项组中的"图片边框"按钮。

（2）在弹出的列表框中，单击"主题颜色"来设置边框的颜色，选择列表中的"粗细"选项来设置边框线条的粗细，选择"虚线"选项设置边框线条的样式。

3）设置图片的效果

Word 2016 提供了预设、阴影、映像、发光、柔化边缘、棱台、三维旋转七种图片效果。设置方法如下：

（1）单击要设置效果的图片，在"格式"选项卡中单击"图片样式"选项组中的"图片效果"按钮。

（2）在弹出的图片效果选项列表（见图 3-5-12）中单击其中的某个选项，弹出对应效果的二级列表。

（3）移动鼠标光标到不同的效果上进行预览，选择合适的效果单击，便可完成效果的添加。

4）设置图片版式

将所选图片转换为 SmartArt 图形，可以快速地调整图片的大小，并为图片添加标题。

（1）选择图片，单击“图片样式”组中的“图片版式”按钮。

（2）在弹出的列表中选择图片版式并单击。

（3）编辑文本的内容。

图 3-5-12 图片效果选项列表

任务实施

完成子任务 3.5.2 提出的任务的具体操作步骤如下：

（1）打开文档。

双击打开文档 W3-5-1.docx。

（2）设置图片的布局。

① 单击选中“蝴蝶”图片，单击“格式”按钮。

② 在“排列”组中单击“环绕文字”按钮，在下拉列表中单击“紧密型环绕”。

（3）设置图片的大小。

① 单击图片，出现白色控制点。

② 移动鼠标光标到右下角的控制点上，当鼠标光标变成↖形状时，按住鼠标左键向右下角方向拖动，适当增大图片。

（4）设置图片的边框。

① 单击图片，选择“格式”选项卡。

② 在“图片样式”组中单击“图片边框”按钮，在列表区的“主题颜色”中单击“浅蓝”颜色；在“图片边框”下拉列表中选择“粗细”选项，在下级列表中选择“3 磅”；在“图片边框”的下拉列表中选择“虚线”选项，在下级列表中选择“短划线”选项。

（5）设置图片的效果。

① 单击图片，在“图片样式”组中单击“图片效果”按钮。

② 在弹出的列表中选择“发光”选项，在下级列表中选择第 4 行第 2 列的发光效果。

③ 在“图片效果”列表中选择“棱台”选项，在下级列表中选择第 2 行第 4 列的棱台效果。

（6）保存文档。

按 Ctrl＋S 组合键保存文档。

知识拓展

1．文字环绕方式的常见类型

（1）四周型环绕：文字在对象四周环绕，形成一个矩形区域。

（2）紧密型环绕：文字在对象四周环绕，以对象的边框形状为准形成环绕区。

（3）嵌入型环绕：文字围绕在图片的上下方，图片所在行中没有文字出现。

（4）衬于文字下方：图片作为文字的背景。

（5）衬于文字上方：图片挡住图片区域的文字。

（6）上下型环绕：文字环绕在图片的上部和下部。

（7）穿越型环绕：常用于空心的图片，文字穿过空心部分，在图片周围环绕。

2. 图片叠放的顺序

（1）置于顶层：所选中的图片放置于所有图片的最上方。

（2）置于底层：所选中的图片放置于所有图片的最下方。

（3）前移一层：将图片向前移一层。

（4）后移一层：将图片向后移一层。

（5）浮于文字上方：文字位置不变，图片位于文字上方，遮挡了图片区的文字。

（6）浮于文字下方：文字位置不变，图片位于文字下方，文字显示出来。

技能拓展

1. 图片的裁剪

图片的裁剪是一个很有用的功能，利用它可以剪掉文档中图片的多余部分，图片的裁剪可以通过鼠标拖动的方式任意裁剪。

（1）选择图片，在"大小"组中单击"裁剪"按钮。

（2）图片的控制点将变成形如⊥、¬L等的裁剪标记，将鼠标指针放到裁剪位置的图片控制点上，此时鼠标指针将变成裁剪状态。

（3）按住鼠标左键拖动，图片显示裁剪后的虚框，拖动到目标位置后松开鼠标，完成图片的裁剪。

2. 插入形状

Word 2016中自带的形状就是旧版本中的自选图形，是用绘图工具绘制的矢量图形，如矩形、圆形、流程图符号、星形等形状。形状的插入操作如下：

（1）选择"插入"选项卡，在"插图"组中单击"形状"按钮，弹出形状样式列表，如图3-5-13所示。

（2）在形状样式列表中单击需要使用的形状。

（3）将鼠标光标移动到文档编辑区中，当鼠标指针变成十字形时，拖动鼠标便可绘制出需要的图形。

（4）对形状的编辑处理与对图片的编辑处理一样，也可使用相同的方式设置图形的线条，并填充颜色等。

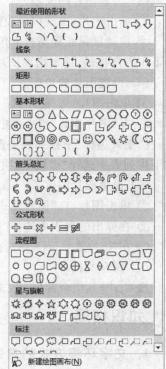

图 3-5-13　形状样式列表

144

（5）绘制的多个形状"组合"在一起,便构成了一幅图片。选择所有需要组合的形状,右击,在弹出的快捷菜单中选择"组合"选项,在下级列表中选择"组合"命令,便可将多个形状组合成一张矢量图片。

3. 文本框的插入和文本框内文本的简单编辑

文本框在文档中既可以当图形处理,也可以当文本处理,如果将需要特殊排版的部分文本置于文本框中,则文本框内的文字可像图片一样具有独立排版的功能。

（1）定位文本框的插入点。

（2）选择"插入"选项卡,在"文本"组中单击"文本框"按钮。

（3）在弹出的"文本框"列表中单击绘制文本框。

（4）鼠标指针变成十字形时,按住左键拖动,文档窗口显示出插入后的文本框。拖动鼠标到合适的位置松开。至此完成文本框的插入。

（5）文本框的设置与图文框的设置方法一致。

（6）文本框内文字的字体、段落间距、段缩进的设置与文档中文本格式的设置一致。

（7）选中文本框,在"格式"选项卡的"文本"组中单击"文字方向"按钮,可设置文字的方向。

任务总结

通过本任务的实施,应掌握下列知识和技能。

- 会设置图片的大小。
- 会利用系统自带的图片样式模板设置图片样式。
- 会设置图片边框、图片效果。
- 会插入形状、设置矢量图形的图片样式。
- 会设置图片的布局。

子任务 3.5.3　插入艺术字

任务描述

艺术字是具有装饰效果的特殊文字,请在文档 W3-5-1.docx 中,为文档增加视觉效果很突出的标题——蝴蝶效应。将此标题设置成如图 3-5-14 所示。通过本任务的实现,让大家掌握艺术字的插入、设置艺术字填充效果、文本轮廓设置等操作。

相关知识

1. 插入艺术字

（1）定位插入点,选择"插入"选项卡,单击"文本"组中的"艺术字"按钮。

（2）在弹出的艺术字样式列表（见图 3-5-15）中选择需要的样式,单击。

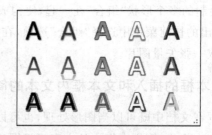

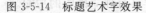

图 3-5-14　标题艺术字效果　　　　图 3-5-15　艺术字样式列表

（3）在插入的艺术字文本框中输入要设置成艺术字的文字。

2．设置艺术字的填充效果

（1）选择艺术字，单击"格式"中的"调整"组里的"艺术效果"按钮。

（2）在弹出的列表中选择和图例一致的效果即可。

3．设置艺术字的文本效果

用户可以利用系统提供的文本效果模板来快速更改艺术字的形状，方法如下：

（1）双击艺术字，在窗口右边弹出的列表中设置文本效果格式，单击合适的效果进行设置。

（2）在窗口中对应有设置文本填充和边框的功能，艺术字会显示对应的文本效果，从而完成文本效果的设置。

任务实施

完成子任务 3.5.3 提出的任务的具体操作步骤如下：

（1）打开文档。

双击打开文档 W3-5-1.docx。

（2）插入艺术字。

① 定位插入点，选择"插入"选项卡，单击"文本"组中的"艺术字"按钮。

② 在弹出的艺术字样式列表中单击图例的样式。

③ 在插入的艺术字文本框中输入"蝴蝶效应"四个字，设置为"宋体""小初号"。

（3）设置文本轮廓。

① 单击"调整"组中的"艺术效果"按钮并选择所需样式。

② 单击"调整"组中的"颜色"按钮，从列表中选择颜色。

（4）设置填充效果。

① 选择艺术字"蝴蝶效应"，单击"设置图片格式"里的"文本填充"按钮。

② 在弹出的列表中，在"主题颜色"中选择填充"黄色"。

（5）设置文本效果。

① 选择艺术字"蝴蝶效应"，单击"设置图片格式"里的"文本填充"按钮。

② 选择"映像"选项，在"预设"下级列表中单击"第 1 行第 2 列"的效果。

（6）保存文档。

按 Ctrl＋S 组合键保存文档。

知识拓展

下面介绍如何将普通文字设置成艺术字。

（1）选择要设置成艺术字的文字,选择"插入"选项卡。

（2）单击"文本"组中的"艺术字"按钮。

（3）在弹出的设置图片效果格式列表中选择一种样式并单击。

技能拓展

下面介绍如何建立文本框的链接。

文本框的链接是将两个以上的文本框链接在一起。在同一个文档中,文字在前一个文本框中排满,字符会自动转移到后面的文本框中去。

（1）创建文本框,选中第一个有内容的文本框,选择"格式"选项卡。

（2）在"文本"组中单击"创建链接"按钮,此时鼠标指针变成🖾。

（3）移动鼠标光标到下一个空文本框,当鼠标指针变成🖾时单击,完成链接的创建。如果还想链接其他文本框,还可继续依次单击其余的空文本框。不再链接时,按 Esc 键可退出链接。

任务总结

通过本任务的实施,应掌握下列知识和技能。

- 掌握艺术字的插入方法。
- 会将普通文本转换为艺术字。
- 会设置艺术字的填充效果。
- 会设置艺术字的文本效果。

子任务 3.5.4　插入 SmartArt 图形

任务描述

大山学校需要举办运动会,现将运动会组织结构图上传到学校网站,以便学校各个班级对运动会后勤服务组织有一个清晰的了解。该运动会组织结构图如图 3-5-16 所示,以文件名"W3-5-2.docx"保存在"E：\Word 文档编辑实例"文件夹下。

通过本任务的实现,大家可掌握 SmartArt 图形的插入、形状的添加/删除、设置 SmartArt 图形的样式等操作。

相关知识

SmartArt 图形是用一些特定的图形效果样式来显示文本信息。SmartArt 图形具有多种样式,如列表、淤积、循环、层次结构、矩阵、关系和棱锥图等。不同的样式可以表达不

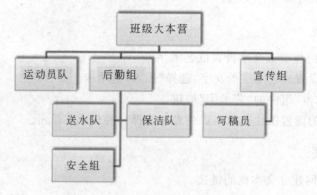

图 3-5-16　大山学校运动会组织结构图

同的意思，用户可以根据需要选择合适自己的 SmartArt 图形。

1. SmartArt 图形的插入

（1）选择"插入"选项卡，在"插图"组中单击 SmartArt 按钮。

（2）在弹出的"选择 SmartArt 图形"对话框（见图 3-5-17）中选择一种图形样式，如"层次结构"。

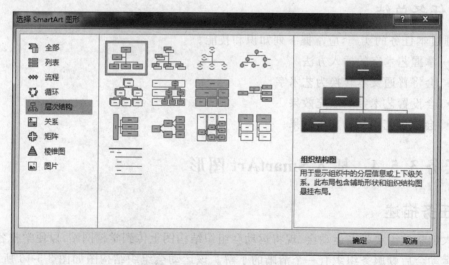

图 3-5-17　"选择 SmartArt 图形"对话框

（3）在右侧的列表中选择一种合适的结构图并单击，如"组织结构图"，再单击"确定"按钮。

2. 添加/删除形状

通常，插入的 SmartArt 图形形状都不能完全符合需要，当形状不够时需要添加，当形状多余时需要删除。

1）形状的添加

（1）单击要向其添加外框的 SmartArt 图形；单击最靠近要添加的新框的现有框。

（2）在"SmartArt 工具"下的"设计"选项卡上，单击"创建图形"组中的"添加形状"下拉按钮，如图 3-5-18 所示。

（3）然后执行下列操作之一：

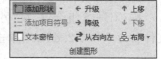

图 3-5-18　"创建图形"组

- 若要于所选框所在的同一级别上插入一个框，但要将新框置于所选框后面，单击"在后面添加形状"按钮。

- 若要于所选框所在的同一级别上插入一个框，但要将新框置于所选框前面，单击"在前面添加形状"按钮。

- 若要在所选框的上一级别插入一个框，单击"在上方添加形状"按钮。新框将占据所选框的位置，而所选框及直接位于其下的所有框均降一级。

- 若要在所选框的下一级别插入一个框，单击"在下方添加形状"按钮。

2）删除形状

若要删除形状，单击要删除的形状的边框，然后按 Delete 键。

3. 设置 SmartArt 图形样式

插入的 SmartArt 自带有一定的格式，用户也可以通过系统提供的图形样式快速修改当前 SmartArt 图形的样式。方法如下：

（1）选择 SmartArt 图形，在"SmartArt 样式"组的样式列表框中单击所需的样式。

（2）选择 SmartArt 图形，单击"SmartArt 样式"组中的"更改颜色"按钮，在弹出的"主题颜色"列表中单击一种颜色方案。

任务实施

完成子任务 3.5.4 提出的任务的具体操作步骤如下：

（1）创建文档。

启动 Word 2016，创建新文档。

（2）输入文本。

输入文本"大山学校运动会组织结构图"，设置为"华文隶书""小一""紫色"。按 Enter 键，另起一段。

（3）插入 SmartArt 图形。

① 选择"插入"选项卡，在"插图"组中单击 SmartArt 按钮。

② 在弹出的"选择 SmartArt 图形"对话框中选择"层次结构"，在右侧列表中单击第 2 行第 1 列的"层次结构"按钮，单击"确定"按钮。

（4）添加形状。

① 单击"创建图形"组中的"添加形状"下拉按钮，在列表中单击"在后面（前面）添加形状"或者单击"在上方（下方）添加形状"按钮，完成样图的形状设置。

② 按照图 3-5-16，在各层形状中输入对应的文本信息。

（5）设置 SmartArt 样式。

选择插入的 SmartArt 图形，在"设计"中的"SmartArt 样式"组样式列表框中单击样式"中等效果"按钮。同时，根据图调整"更改颜色"中的色彩效果，并与图例一致。

（6）保存文档。

按 Ctrl＋S 组合键，在"另存为"对话框中指定保存路径为"E:\Word 文档编辑实例"，文件名为"W3-5-2.docx"，单击"保存"按钮。

📖 知识拓展

下面介绍 SmartArt 图形的类型和功能。

（1）列表：用于创建并显示无序信息的图示。

（2）流程：用于创建在流程或时间线中显示步骤的图示。

（3）循环：用于创建显示持续循环过程的图示。

（4）层次结构：用于创建组织结构图，以便反映各种层次关系。

（5）关系：用于创建对连接进行图解的图示。

（6）矩阵：用于创建显示各部分如何与整体建立关系的图示。

（7）棱锥图：用于创建并显示与顶部或底部最大一部分之间的比例关系的图示。

📷 技能拓展

下面介绍如何设置 SmartArt 图形的布局。

（1）选择 SmartArt 图形，选择"设计"选项卡。

（2）在"布局"工具组的样式列表中单击需要的布局样式。

📋 任务总结

通过本任务的实施，应掌握下列知识和技能。

- 掌握 SmartArt 图形的插入方法。
- 掌握 SmartArt 形状的添加和删除方法。
- 掌握 SmartArt 图形样式的设置方法。
- 会设置 SmartArt 图形的布局。

课 后 练 习

一、选择题

1. Word 2016 文档使用的默认扩展名为（　　）。

    A. wps   B. txt   C. docx   D. dotp

2. 在 Word 2016 中，若要将某个段落的格式复制到另一段，可采用（　　）。

    A. 字符样式   B. 拖动   C. 格式刷   D. 剪切

3. 在 Word 2016 中的（　　）视图方式下，可以显示页眉/页脚。

A. 页面　　　　　B. 阅读版式　　　　C. Web 版式　　　　D. 大纲

4. 在 Word 中,与打印预览基本相同的视图方式是(　　)。

A. 阅读版式视图　　　　　　　　B. 大纲视图

C. 页面视图　　　　　　　　　　D. Web 版式视图

5. 在 Word 中,(　　)不能够通过选择"插入"→"图片"命令插入,以及通过控制点调整大小。

A. 剪贴画　　　　B. 艺术字　　　　C. 组织结构图　　　　D. 视频

6. 在 Word 编辑状态下,当前编辑文档中的字体是宋体,选择了一段文字使之反显,先设定为楷体,又设定为黑体,则(　　)。

A. 文档全文都是楷体　　　　　　B. 被选择的内容仍是宋体

C. 被选择的内容变成了黑体　　　D. 文档全部文字的字体不变

7. 打开一个 Word 文档,通常指的是(　　)。

A. 把文档的内容从内存中读入,并显示出来

B. 把文档的内容从磁盘中调入内存,并显示出来

C. 为指定文件开设一个空的文档窗口

D. 显示并打印出指定文档的内容

8. 下列 Word 的段落对齐方式中,能使段落中每一行(包括未输满的行)都能保持首尾对齐的是(　　)。

A. 左对齐　　　　B. 两端对齐　　　　C. 居中对齐　　　　D. 分散对齐

9. Word 文档编辑中,文字下面有红色波浪线表示(　　)。

A. 对输入的确认　　　　　　　　B. 可能有语法错误

C. 可能有拼写错误　　　　　　　D. 已修改过的文档

10. Office 应用程序一般都提供许多模板,以下关于模板叙述,错误的是(　　)。

A. 模板可以被多次使用

B. 模板中往往提供一些特定数据和格式

C. 模板可以被修改

D. 模板是 Office 提供的,用户不能创建新模板

11. 在 Word 工作过程中,当光标位于文中某处,输入字符,通常都有(　　)两种工作状态。

A. 插入与改写　　B. 插入与移动　　C. 改写与复制　　D. 复制与移动

12. 打开 Word 文档,计算机进行处理的实质是(　　)。

A. 为指定的文档打开一个空白窗口

B. 将指定文档从内存中读入,并显示出来

C. 显示并打印指定文档的内容

D. 将指定文档从外存调入内存,并显示出来

13. 在 Word 中操作,要想使所编辑的文件保存后不被他人查看,可以在安全性的"选项"中设置(　　)。

    A. 修改权限口令   B. 建议只读方式打开

    C. 打开权限口令   D. 快速保存

14. 使用 Word 制表时，在"布局"选项卡的（" "）组中可以调整行高和列宽。

    A. 单元格大小   B. 表   C. 行和列   D. 数据

15. 关于 Word 中的文本框，下列说法不正确的是（ ）。

    A. 文本框可以作出冲蚀效果

    B. 文本框可以作出三维效果

    C. 文本框只能存放文本，不能放置图片

    D. 文本框可以设置底纹

16. 在 Word 的"字体"对话框中，不可设定文字的（ ）。

    A. 字间距   B. 字号   C. 删除线   D. 行距

17. 下列关于 Word 中样式叙述，正确的是（ ）。

    A. 样式就是字体、段落、制表位、图文框、语言、边框、编号等格式的集合

    B. 用户不可以自定义样式

    C. 用户可以删除系统定义的样式

    D. 已使用的样式不可以通过格式刷进行复制

18. Word 中（格式刷）按钮的作用是（ ）。

    A. 复制文本   B. 复制图形

    C. 复制文本和格式   D. 复制格式

19. 关于 Word 的功能区，下面说法正确的是（ ）。

    A. 不包括文档的建立   B. 不包括打印预览

    C. 不包括自动滚动   D. 不能设置字体

20. 在 Word 中查找和替换正文时，若操作错误，则（ ）。

    A. 可用"撤销"来恢复   B. 必须手动恢复

    C. 无可挽回   D. 有时可恢复，有时就无可挽回

21. 在 Word 中，（ ）用于控制文档在屏幕上的显示大小。

    A. 全屏显示   B. 显示比例   C. 缩放显示   D. 页面显示

22. Word 在正常启动之后会自动打开一个名为（ ）的文档。

    A. 1. DOC   B. 1. TXT   C. DOC1. DOC   D. 文档 1

二、简答题

1. 新建文档有几种实现方式？

2. Word 2016 撤销和恢复操作有哪几种实现方式？

3. 文本复制/粘贴的实现方法有哪些？

4. 什么是选择性粘贴？什么时候要用到选择性粘贴？

5. 用"格式刷"复制段落格式与复制文字格式有什么不同？

6. 采用自动插入表格方式，绘制 8 行 10 列以上和 8 行 10 列以下的表格，绘制方法
有几种？

三、操作题

1. 创建一个文档，按样文输入内容，对文档的操作要求如下：

(1) 在文档中加上标题“量子计算机”和正文之间空两行。标题设为“黑体”“三号字”，字体格式为“楷体”“加粗”“居中”。

(2) 全文各段落左缩进 2cm，右缩进 2cm，首行缩进 1cm。

(3) 将文本内容以文件名“Word 基本操作. docx”保存在“D：\Word 作业”文件夹下，内容如题图 3-1 所示，设置文档的打开密码为“study”。设置文档的自动保存时间为 10s。

量子计算机是一类遵循量子力学规律进行高速数学和逻辑运算、存储及处理量子信息的物理装置。当某个装置处理和计算的是量子信息，运行的是量子算法时，它就是量子计算机。量子计算机的概念源于对可逆计算机的研究。研究可逆计算机的目的是为了解决计算机中的能耗问题。迄今为止，世界上还没有真正意义上的量子计算机。但是，世界各地的许多实验室正在以巨大的热情追寻着这个梦想。如何实现量子计算，方案并不少，问题是在实验上实现对微观量子态的操纵确实太困难了。

题图 3-1　文本内容

2. 新建一文档，根据图片内容输入样文，按以下要求排版(见题图 3-2)。

缩略时代

最新一期英国《经济学家》周刊载文预测，随着手持电脑、电视机机顶盒、智能移动电话、网络电脑等新一代操作简易、可靠性高的计算装置的迅速兴起，在未来五年中，个人电脑在计算机产业中的比重将不断下降，计算机发展史上个人电脑占主导地位的时代行将结束。

该杂志引用国际数据公司最近发表的一份预测报告称，虽然目前新一代计算装置的销量与个人电脑相比还微不足道，但其销售速度在今后几年内将迅猛增长，在2002年左右其销量就会与个人电脑基本持平，此后还将进一步上升。以此为转折点，个人电脑的主导时代将走向衰落。

《经济学家》分析认为，个人电脑统治地位的岌岌可危与个人电脑的发展现状有很大关系。对一般并不具备多少电脑知识的个人用户来说，现在的个人电脑操作显得过于复杂；而对很多企业用户来说，个人电脑单一的功能也无法满足迅速发展的网络电子商务对计算功能专门化、细分化的要求。另外，在很多大企业中，现在常常采用个人电脑与功能强大的中央电脑相连的工作模式，在很多时候也造成不便和混乱。

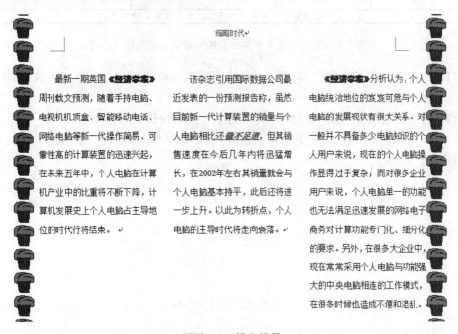

题图 3-2　样文效果

(1) 将全文中的所有《经济学家》设为加粗体、华文琥珀、深蓝色。

(2) 将正文各段的行间距设置为 1.5 倍行距。

(3) 设置文档分成三栏，为每个自然段添加分栏符。

（4）在正文的最后一段的"在很多大企业中，现在……"这一句前插入"另外，"。

（5）将第二段中的"微不足道"的字体设置为红色、加粗、斜体、加下划线的宋体。

（6）设置页眉，内容为"缩略时代"。

（7）每段首行缩进 2 字符。

（8）设置页面的左右边框为如题图 3-2 所示的艺术型边框。

3. 在 Word 中创建一张表格，输入题图 3-3 中的内容，并进行如下操作。

2012年上半年南方集团公司员工销售情况一览表								
职工编号	姓名	分部门	1月	2月	3月	4月	5月	6月	上半年销售合计
9011	王静	二部	3.1	8.6	7.1	8.3	7.3	5.6	
9012	李菲菲	二部	5.2	5.1	9.0	5.3	9.1	8.2	
9002	王成	二部	3.1	4.6	8.7	8.3	7.3	5.6	
9014	高思	三部	6.2	8.2	4.8	5.1	9.2	8.2	
9003	赵丽	三部	5.2	5.1	3.7	6.8	8.6	7.5	
9005	付晋芳	三部	6.2	3.6	4.8	9.2	5.6	6.8	
9006	王海珍	三部	4.5	5.1	6.8	3.9	4.0	7.5	
9060	张胜利	三部	5.2	4.6	8.5	5.1	4.8	9.5	
9010	陈湛	一部	4.5	5.1	9.0	3.9	6.2	7.5	
9001	陈依然	一部	4.5	5.0	6.8	4.2	3.9	6.6	
9013	杨建军	一部	8.6	6.9	5.5	3.6	6.9	7.8	
9004	曲玉华	一部	8.8	6.9	5.5	4.5	6.9	7.8	
9059	王洋	一部	6.9	7.2	8.1	8.6	5.9	8.1	
平均值								
注：表中销售数据单位为"万元"，奖金数据单位为"元"								

题图 3-3　2012 年上半年南方集团公司员工销售情况一览表

（1）表格间用实线边框、2 磅、黑色；表格中用双实线边框、红色；底纹：绿色；字符对齐方式：居中对齐。

（2）将表标题设置为隶书、20 号，其余文字与数值均设置为仿宋体、10 号。

（3）利用 Word 函数计算"上半年销售合计"以及每个人的销售"平均值"，并按"上半年销售合计"排序。

项目 4　制作电子表格

Excel 2016 是 Office 2016 中的电子表格处理软件，用户可使用它来制作表格、处理数据、分析数据、创建图表等。一直以来，Excel 因具有强大的数据分析处理与可视化功能而被广泛地应用于管理、统计、财经、金融等众多领域。与以往的 Excel 软件相比，Excel 2016 新增了更多数据分析和可视化功能，如增加获取和转换（查询）功能、一键式预测功能、增添三维地图等。为用户分析处理数据、协同办公带来了便利。

任务 4.1　新建 Excel 2016 文件

子任务 4.1.1　认识 Excel 2016 操作界面

任务描述

临近毕业，小张在启航集团子公司麒麟电器有限公司的销售管理部门获得了一份实习生的岗位，为了让小张了解本部门员工的基本情况，主管要求小张把本部门员工基本信息进行整理并做成电子表格，小张使用 Excel 2016 软件很快就完成了主管布置的任务。现在，让我们与小张一起来了解 Excel 2016 软件的基本知识与工作界面，方便我们以后熟练使用该软件。

相关知识

1. Excel 2016 的基本界面

Excel 2016 的基本界面如图 4-1-1 所示。

（1）标题栏：显示工作表名称，默认名称为"工作簿 1-Excel"。

（2）快速访问工具栏：包括对 Excel 工作表的常用操作，如"保存""撤销""恢复"等操作。用户也可以根据实际需要自定义快速访问工具栏的常用操作命令。

（3）"文件"菜单：包括对 Excel 工作表的基本操作，如"新建""打开""另存为""打印"和"关闭"等。

（4）功能区：位于 Excel 工作界面上方，通过单击各功能区名称，就能实现功能区的切换，这与其他软件的菜单相似。

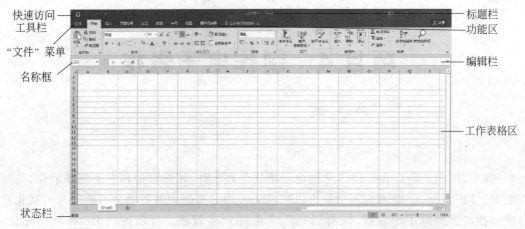

快速访问工具栏

"文件"菜单

名称框

标题栏

功能区

编辑栏

工作表格区

状态栏

图 4-1-1　Excel 2016 的基本界面

（5）名称框：位于功能区的下方，名称框中显示的内容为被选中的单元格地址或者选定单元格的名字、范围或对象。

（6）编辑栏：位于名称框的右侧，编辑栏中显示的内容为选中单元格中的数据、公式或函数，用户也可直接在编辑栏中输入数据、公式或函数。

（7）工作表格区：位于 Excel 工作界面的中间位置，是编辑工作表的主要工作区域。用户对 Excel 表格的绝大部分操作都在此进行，包括全选按钮、列标、行号、水平/垂直滚动条、工作表标签。

（8）状态栏：位于 Excel 工作界面的下方，主要用于显示用户操作过程中的一些状态信息，包括窗口缩放比例、工作表的视图方式等。

2. 工作簿

工作簿是指 Excel 软件中用来保存并处理数据的文件。一个工作簿通常由一张或多张工作表组成。关于工作簿与工作表之间的关系，我们可以这样理解：工作簿相当于一本书，而工作表则为这本书中的某页内容。通常情况下，一个 Excel 文件就是一个工作簿，Excel 2016 工作簿文件默认的后缀名为.xlsx。

3. 启动 Excel 2016

当 Office 2016 软件在操作系统里成功安装后，安装程序会在桌面和"开始"菜单中自动生成软件图标，Excel 2016 的启动与退出方法与 Word 2016 相同。

任务实施

按要求完成子任务 4.1.1，该任务的具体操作步骤如下：

1. 启动 Excel 2016

在计算机桌面左下方的"开始"菜单中依次选择"所有程序"→Microsoft Office→

Microsoft Excel 2016 选项，启动 Excel 2016 程序。

2. 新建 Excel 文件

用户成功启动 Excel 2016 后，系统将新建一个文件名称为"工作簿 1. xlsx"空白文档。用户也可以通过选择"文件"选项卡的"新建"命令建立空白工作簿，其具体操作步骤如下：

依次选择"文件"→"新建"命令，在右侧由系统提供的模板中单击"空白工作簿"，如图 4-1-2 所示。

图 4-1-2　新建 Excel 2016 工作簿

技能拓展

1. 隐藏与显示功能区

用户在使用软件的过程中，如果认为功能区占用的面积过大，可根据需要将其隐藏与显示。隐藏与显示功能区的方法如下：

（1）在功能区的任意一个按钮区域上右击，选择快捷菜单中的"折叠功能区"命令，如图 4-1-3 所示。

（2）Excel 为快速实现功能区最小化提供了一个"功能区最小化"按钮，单击该按钮能够将功能区快速最小化，如图 4-1-4 所示。

（3）按 Ctrl＋F1 组合键可以隐藏功能区，再次按 Ctrl＋F1 组合键将重新显示被隐藏的功能区。

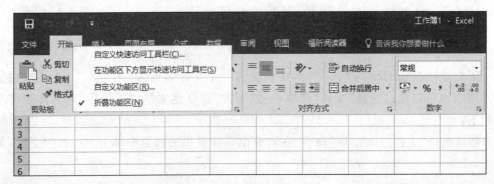

图 4-1-3　选择"折叠功能区"命令

图 4-1-4　单击"功能区最小化"按钮隐藏功能区

2. 工具按钮

用户如果要了解 Excel 2016 功能区的工具按钮包含的功能及作用，只需将鼠标光标悬停在相应的工具按钮上约 2 秒，系统将会自动弹出相应提示，包括工具按钮的名称及作用等。

任务总结

通过学习本任务，大家应能够对 Excel 2016 的基本工作界面有所了解，知道 Excel 工作簿的后缀名为.xlsx，了解工作簿与工作表两者之间的关系，并通过启动 Excel 2016 程序与新建 Excel 2016 文件，初步掌握该软件的基本操作方法。

子任务 4.1.2 工作表的基本操作

任务描述

在 Excel 2016 中,一个工作簿就是一个 Excel 文件,它可由若干工作表组成。Excel 2016 默认包含的工作表数量与其他版本的 Excel 软件有所不同,一个工作簿只包含了一张工作表,这张工作表的名称为 Sheet1。用户可通过"文件"→"选项"→"常规"选项卡设置工作簿默认包含的工作表数量。为便于公司信息化管理,公司要求小张将 Sheet1 名字修改为"销售人员基本信息表",并做好备份。通过此任务,可以熟练掌握工作表文件的常用操作方法。

相关知识

1. 工作表的概念

工作表由若干单元格组成,是用户操作 Excel 软件的基本单位,工作表能够帮助用户实现对数据的组织和分析。每张工作表的内容相对独立,也可以同时在多张工作表上输入并编辑数据,分析汇总计算不同工作表里的数据。工作表由交叉的行和列即单元格组成,列是垂直的,以字母命名,编号从左到右为 A、B、C、…、XFD;行是水平的,以数字命名,编号由上到下为 1、2、3、…、1048576。工作表的新建、移动、删除等操作都是通过工作表标签(见图 4-1-5)来完成的。

图 4-1-5 工作表标签

2. 工作表的常用操作

1) 选定工作表

选定工作表后才能对工作表进行操作。Excel 2016 默认包含的工作表数量与其他版本的 Excel 软件有所不同,一个工作簿默认只包含了一张工作表,这张工作表的名称为 Sheet1。用户可通过"文件"→"选项"→"常规"选项卡设置工作簿默认包含的工作表数量。

2) 新建工作表

单击最后一个工作表标签右侧的"新建"按钮或 ⊕(组合键为 Shift+F11),可以新建一张工作表;也可以通过"开始"选项卡"单元格"组"插入"按钮下的"插入工作表"命令新建工作表;还可以右击任意一个工作表标签,在弹出的快捷菜单中单击"插入(I)…"按钮实现新工作表的插入。

3) 删除工作表

右击需要删除的工作表,从弹出的快捷菜单中选择"删除"命令即可;也可以通过"开始"选项卡的"单元格"组中"删除"按钮下的"删除工作表"命令实现。

4）重命名工作表

对工作表进行命名，能让用户迅速区分或找到工作表。右击需要重命名的工作表，从弹出的快捷菜单中选择"重命名"命令，输入新名称即可。

5）移动或复制工作表

选定工作表后，按住鼠标左键不放，将工作表拖动到目标位置，松开鼠标即可完成工作表的移动。若在拖动工作表的同时按住 Ctrl 键不放，则完成工作表的复制；或用鼠标右击需要移动或复制的工作表，从弹出的快捷菜单中选择"移动或复制"命令，在弹出的对话框中可以选择目标位置，选中"建立副本"选项则进行复制操作，不选中该选项则是移动操作。

任务实施

（1）打开文件。

打开"E：\工作资料"目录下的"销售人员基本信息表.xlsx"。

（2）打开快捷菜单。

右击 Sheet1 工作表标签，在弹出的快捷菜单中选择"重命名"命令（也可用鼠标双击标签），如图 4-1-6 所示。

（3）重命名工作表。

当 Sheet1 变成黑底白字时，直接输入新工作表名字"销售人员基本信息表"。

（4）复制工作簿。

按住 Ctrl 键及鼠标左键不放，拖动"销售人员基本信息表"，便能复制一份"销售人员基本信息表"。复制后的工作表名称为"销售人员基本信息表（2）"，该表的内容与"销售人员基本信息表"完全相同。

图 4-1-6　重命名工作表

（5）删除"销售人员基本信息表（2）"。

在"销售人员基本信息表（2）"处右击，在弹出的快捷菜单中选择"删除"命令，即可删除"销售人员基本信息表（2）"工作表。

（6）保存并退出。

按 Ctrl+S 组合键或单击窗口左上角的 ■ 按钮，可保存修改的文件。

技能拓展

1．拆分和冻结工作表

通过拆分工作表能够比较直观地分析与对比工作表中的数据。Excel 软件允许将工作表最多拆分成四个窗口。其具体操作步骤如下：

（1）将鼠标光标指向垂直滚动条顶端的拆分框或水平滚动条右端的拆分框。

（2）当指针变为拆分指针时，将拆分框向下或向左拖至所需的位置。

（3）要取消拆分，双击分隔窗格拆分条的任何部分即可，如图 4-1-7 所示。

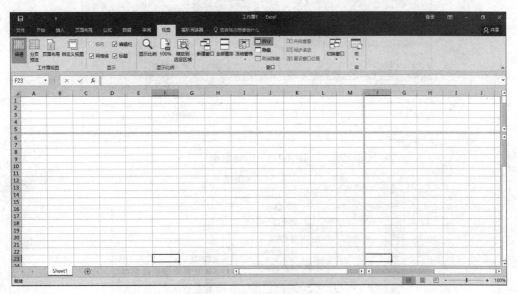

图 4-1-7 拆分和冻结工作表

一般情况下，滚动工作表时行（列）标题会逐渐移出窗口，这会对数据的输入造成不便，Excel 提供了冻结窗口功能，将标题固定在窗口中。其具体操作步骤如下：

（1）选中表格中除行（列）标题外的第一个单元格，在"视图"选项卡的"窗口"组中单击"冻结窗格"下拉按钮，再选择"冻结拆分窗格"命令。

（2）此时，工作表的行（列）标题单元格被冻结，拖动垂直滚动条和水平滚动条浏览数据时，被冻结的行和列不会移动。

（3）要取消冻结，在"视图"选项卡的"窗口"组中单击"冻结窗格"下拉按钮，再选择"取消冻结拆分窗格"命令。

（4）若只冻结标题行（列），则选中该行（列）的下一行（列），选择"冻结拆分窗格"命令。

（5）若要冻结首行或首列，可以在"视图"→"冻结窗格"下拉列表中选择"冻结首行"或"冻结首列"命令，如图 4-1-8 所示。

2. 设置工作表标签颜色

在工作中经常需要区别内容的重要程度或分组，我们可以通过设置工作表标签颜色来实现。用鼠标右击工作表名称，选择工作表标签颜色命令即可，如图 4-1-9 所示。

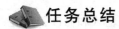 任务总结

通过本任务的实施，大家应能够掌握工作表的常用操作。

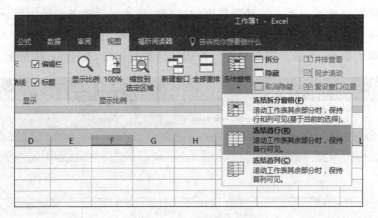

图 4-1-8　冻结窗格

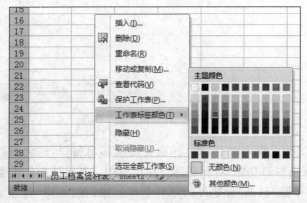

图 4-1-9　设置工作表标签颜色

任务 4.2　工作表的编辑

子任务 4.2.1　输入与编辑数据

📝任务描述

完成前面的新建任务后，小张将把员工的基本信息，包括编号、姓名、性别、出生年月、学历、联系电话等输入表格中。通过本任务的学习，将掌握不同的数据格式的输入方法。

📦相关知识

1. 单元格

单元格是 Excel 工作簿的基本对象核心和最小组成单位。数据的输入和修改都是在单元格中进行的，一个单元格可以记录多达 32 767 个字符的信息。单元格的长度、宽度

162

及单元格内字符中的类型等,都可以根据用户的需要进行改变。

每一个单元格均有对应的地址,以便标识和引用。单元格所在列的列标字母和所在行的行号数字,连接在一起就是该单元格的地址标识,如 A1、C8 等。

2. Excel 不同格式数据的输入

Excel 接受的数据主要有文本、数值、日期和时间、货币等类型,下面分别介绍其输入方法。

(1)输入文本。选中单元格后,输入文本内容,按 Enter 键确认;或选中单元格,在"编辑栏"中输入内容,再单击表示输入的"√"确认。

若选中已经输入内容的单元格,直接输入的新内容将替换掉原有内容。若需要输入或编辑数字类型的文本内容(如输入 001、身份证号码等),则应在数字前加英文状态下的单引号或设置单元格格式为文本格式。

(2)输入数值。数值的输入方法与文本类似,默认对齐方式为右对齐。

(3)输入日期和时间。日期可以按"年/月/日"或"年.月.日"等格式输入,时间可以按"时数:分数:秒数"等格式输入。如输入"2015/1/1"或"2015-01-01"都表示 2015 年 1 月 1 日;输入"15:30:55""3:30:55 PM"或"15 时 30 分 55 秒"都表示下午 3 点 30 分 55 秒。

直接输入系统日期的快捷方法为 Ctrl+;,直接输入系统时间的快捷方法为 Ctrl+Shift+;。

日期和时间的默认对齐方式为右对齐。

(4)输入货币。货币格式在表格中使用频繁,可以在数值前单独输入货币符号,也可以先直接输入数值,然后设置单元格格式为货币,输入的数字会自动在数据前加上货币符号。常用的货币符号为¥(人民币)和$(美元)。

3. 编辑数据

(1)修改单元格数据。选中并双击已经输入内容的单元格,可进入编辑状态对单元格内容进行修改,按 Enter 键确认。

(2)删除单元格。选中并右击单元格或区域,在弹出的快捷菜单中选择"删除"命令,弹出"删除单元格"对话框,再根据需要选择。

(3)复制或移动单元格。选中单元格并右击,在弹出的快捷菜单中选择"复制"(Ctrl+C)或"剪切"(Ctrl+X)命令,然后选中并右击目标单元格,在弹出的快捷菜单中选择"粘贴"(Ctrl+V)命令。

(4)自动填充数据序列。序列数据是一种按某种规律变化的数据,如星期、月份、年份、等差数列和等比数列等。

任务实施

(1)输入标题。启动 Excel 2016,在 A1 单元格内输入标题文字"麒麟电器有限公司销售人员基本信息表"。

(2) 输入编号。首先输入两个有规律的编号,然后拖动填充柄快速填充,见图 4-2-1。

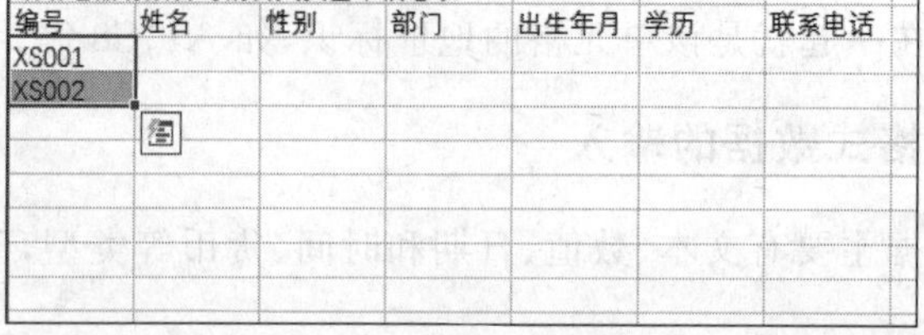

麒麟电器有限公司销售人员基本信息表						
编号	姓名	性别	部门	出生年月	学历	联系电话
XS001						
XS002						

图 4-2-1　Excel 中编辑数据

(3) 输入姓名、性别等信息。在输入性别时,可先按下 Ctrl 键并单击来选中同一性别的员工。输入性别后,按 Ctrl+Enter 组合键,即可完成多个单元格的输入,如图 4-2-2 所示。

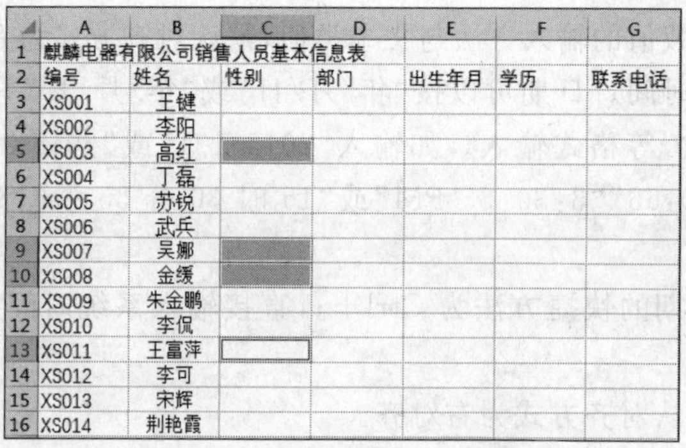

	A	B	C	D	E	F	G
1	麒麟电器有限公司销售人员基本信息表						
2	编号	姓名	性别	部门	出生年月	学历	联系电话
3	XS001	王键					
4	XS002	李阳					
5	XS003	高红					
6	XS004	丁磊					
7	XS005	苏锐					
8	XS006	武兵					
9	XS007	吴娜					
10	XS008	金瑗					
11	XS009	朱金鹏					
12	XS010	李侃					
13	XS011	王富萍					
14	XS012	李可					
15	XS013	宋辉					
16	XS014	荆艳霞					

图 4-2-2　输入姓名、性别等信息

(4) 输入出生年月。这一列数据是日期类型,格式为“＊年＊月＊日”。在列标题 E 处单击,即可选中整列。在选中的地方右击并选择“设置单元格格式”命令,在“设置单元格格式”对话框中选择日期格式,如图 4-2-3 所示。

在输入日期格式时,年、月、日需用“/”或“.”隔开,如 1989.12.19。

(5) 输入联系电话。将电话号码设置为文本格式,如图 4-2-4 所示。

(6) 完成所有信息输入后,保存文件,如图 4-2-5 所示。

知识拓展

(1) 快捷键的使用。单击某个单元格,然后在该单元格中输入数据,按 Enter 或 Tab 键移到下一个单元格。若要在单元格中另起一行输入数据,可按 Alt+Enter 组合键输入一个换行符。

(2) 在粘贴时,还可通过右键菜单选择“选择性粘贴”命令,只粘贴出已复制区域里的“公式”“数值”“格式”“批注”等,甚至可以进行“运算”“跳过空单元”“转至”等操作。

(3) 当需要把输入的数字作为文本内容显示时,可以先输入一个英文状态下的标点符号“'”,然后输入数字,数字即转换成文本格式。特别是输入的数字以“0”开头,如 01、02 等。

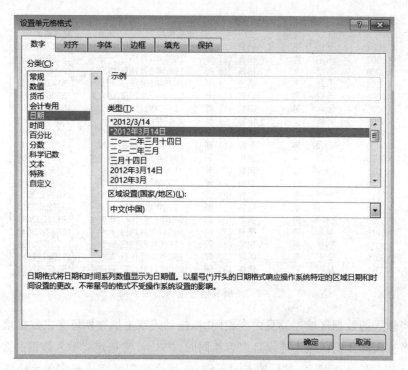

图 4-2-3　输入出生年月

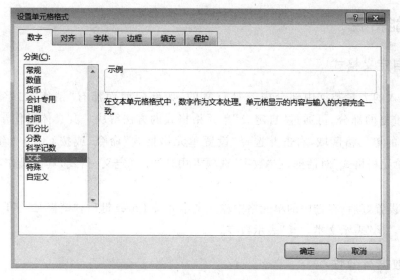

图 4-2-4　将数字转换为文本

（4）快速输入数据的几种方法。

① 当输入的数据有规律时，可以使用拖动填充柄的方法快速填充数据。可以使用鼠标拖动填充柄完成序列填充，也可以用鼠标双击完成填充。

麒麟电器有限公司销售人员基本信息表						
编号	姓名	性别	部门	出生年月	学历	联系电话
XS001	王键	男	销售（1）部	1985年2月3日	本科	18047862361
XS002	李阳	男	销售（1）部	1982年4月15日	大专	15798235698
XS003	高红	女	销售（1）部	1980年6月18日	中专	13698753156
XS004	丁磊	男	销售（1）部	1978年10月5日	大专	18147882362
XS005	苏锐	男	销售（1）部	1978年7月10日	研究生	15898335658
XS006	武兵	男	销售（1）部	1981年1月1日	大专	13798853157
XS007	吴娜	女	销售（2）部	1986年6月15日	中专	13568972569
XS008	金缓	女	销售（2）部	1985年4月18日	大专	18247892361
XS009	朱金鹏	男	销售（2）部	1987年11月2日	本科	15798235698
XS010	李侃	男	销售（2）部	1975年5月12日	研究生	13699753158
XS011	王富萍	女	销售（2）部	1975年2月6日	中专	13458975289
XS012	李可	男	销售（2）部	1980年1月6日	大专	18147892361
XS013	宋辉	男	销售（2）部	1983年12月14日	中专	15898123579
XS014	荆艳霞	女	销售（3）部	1978年10月2日	大专	13698852314
XS015	王和军	男	销售（3）部	1979年12月10日	研究生	18147892461
XS016	吴利	男	销售（3）部	1984年3月14日	大专	15898235648
XS017	荆景	男	销售（3）部	1986年3月2日	大专	13624753156
XS018	李宏	男	销售（3）部	1986年5月16日	本科	13698711156
XS019	赵刚	男	销售（3）部	1979年11月12日	研究生	18147792461

图 4-2-5　所有信息输入后的界面

② 当输入的数据区域连续且内容相同时，拖动或双击填充柄可完成数据填充。

③ 当输入的数据区域不连续且内容相同时，按 Ctrl 键选定要输入数据的多个单元格区域，输入需要输入的信息，然后按 Ctrl＋Enter 组合键即可完成选定单元格内容的一次性全部输入。

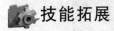 技能拓展

1. 自定义格式

当输入的大量数据中部分内容是重复的，如部门前面都有"销售"二字，其中"销售"属于重复的部分，可通过"自定义"单元格格式的方法解决。其具体操作步骤：选中需要添加的单元格区域，右击并选择"设置单元格格式"命令，或按 Ctrl＋1 组合键，打开"设置单元格格式"对话框，在"数字"选项卡中选中"自定义"格式，具体操作如图 4-2-6 所示。

如此设置好后，在选中的单元格中输入文本并按 Enter 键后，"销售"二字自动加为前缀。其中，"@"表示文本，"♯"表示数字。

2. 数据有效性

利用数据菜单中的数据验证功能可以控制一个范围内的数据类型、范围等，还可以快速、准确地输入一些数据，如图 4-2-7 和图 4-2-8 所示。比如，输入身份证号码、手机号码等数据长、数量多的数据，操作过程中容易出错，数据验证可以帮助避免错误的发生。

图 4-2-6 设置单元格自定义格式

图 4-2-7 数据验证 1

图 4-2-8 数据验证 2

3. 插入批注

选中需要添加批注的单元格，选择"审阅"选项卡下的"新建批注"命令，即可插入批注。修改批注时先右击需要修改批注的单元格，从弹出的快捷菜单中选择"编辑批注"命令，输入完成后单击任意单元格确认，如图 4-2-9 所示。清除批注内容可以选择需要删除批注的单元格，在"审阅"选项卡选择"删除"命令即可。

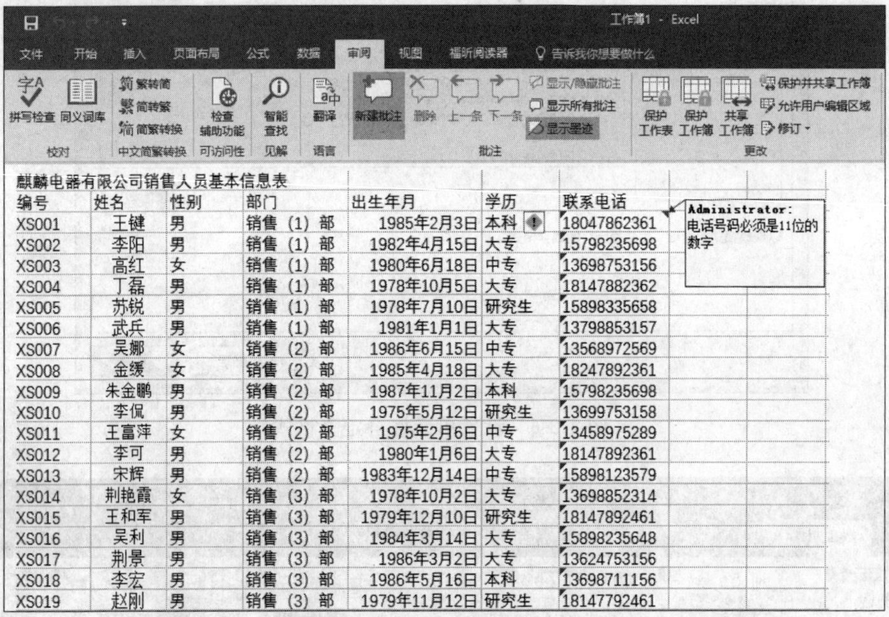

图 4-2-9　插入批注

任务总结

通过本任务的实施，大家应能够掌握工作表的基本编辑方法。

子任务 4.2.2　格式化电子表格

控制工作表数据外观的信息称为格式。格式化电子表格是指为工作表中的表格设置各种格式，包括设置数字格式、对齐方式、文本字体、边框和底纹的图案与颜色、行高与列宽、合并单元格及其数据项等。通过这些设置，可以美化工作表，使数据更加条理化，更具有可读性。

任务描述

为便于打印及保存文档，小张需要对"销售人员基本信息表"进行美化操作，将标题设置为"黑体、小二号、加粗、合并居中对齐"，将正文设置为"仿宋、12 号"，并设置为"居中对齐、自动换行"，为中文加双线外边框、单线内边框。

相关知识

1. 设置字符格式

为了使工作表中的某些数据(如"标题")等能够突出显示,使版面整洁美观,需将不同的单元格设置成不同的字体。设置字符格式的方法有两种。

(1) 利用工具按钮设置字体。功能包括:字体列表框、字号列表框、增大字号、减小字号;加粗(Ctrl+B)、倾斜(Ctrl+I)、下划线(Ctrl+U);边框;填充;字体颜色;显示或隐藏拼音字段,如图 4-2-10 所示。

图 4-2-10　字符格式 1

(2) 利用"字体"对话框设置字符格式。在任意单元格内右击或单击字体工作组右下角的按钮,即可调出"字体"对话框。在对话框内,可对字体、字形、字号、颜色、下划线、特殊效果等进行设置,如图 4-2-11 所示。

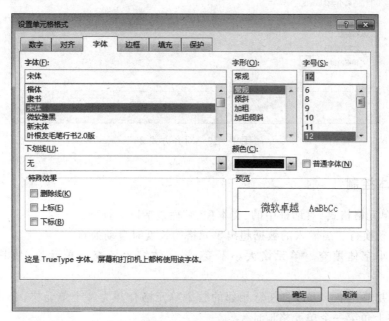

图 4-2-11　字符格式 2

2. 对齐方式

在 Excel 中,数据的对齐方式分为水平对齐和垂直对齐两种。Excel 默认的水平对齐方式为"常规"，即文字数据居左对齐，数字数据居右对齐；默认的垂直对齐方式是"靠下"，即数据靠下边框对齐。

"水平对齐"方式包括常规、靠左（缩进）、居中、靠右（缩进）、填充、两端对齐、跨列居中和分散对齐（缩进）等几种（缩进量可以使用数值框精确调整）。"垂直对齐"方式包括靠上、居中、靠下、两端对齐和分散对齐。

"对齐方式"功能组中的各种对齐按钮可快速完成水平对齐中的左对齐、居中、右对齐，以及垂直对齐中的顶端对齐、垂直居中、底端对齐等设置，如图 4-2-12 所示。

图 4-2-12　对齐方式 1

用户可以使用段落工作组相关按钮或"设置单元格格式"对话框的"对齐"选项卡进行设置，如图 4-2-13 所示。

图 4-2-13　对齐方式 2

3. 文本控制

"设置单元格格式"对话框中的"文本控制"栏包括以下选项。

（1）自动换行。当输入的数据超出单元格的长度时自动换行。

（2）缩小字体填充。单元格大小不变，将字体缩小填充入单元格，使其完全显示出来。

（3）合并单元格。可以将任意相邻的数个单元格合并为一个单元格，合并单元格区域地址取左上角第一个单元格地址。

4. 文字方向

要改变单元格内的文字方向，可用鼠标拖动图 4-2-13 所示"方向"栏的"文本"调节线，或在"度"前面的数值框内输入数字进行设置。

5. 边框与填充

单元格的边框、填充格式化,操作方法与设置数字格式和对齐方式类似,都可以通过"设置单元格格式"对话框的相应选项卡完成。"边框"选项卡如图 4-2-14 所示;"填充"选项卡如图 4-2-15 所示。

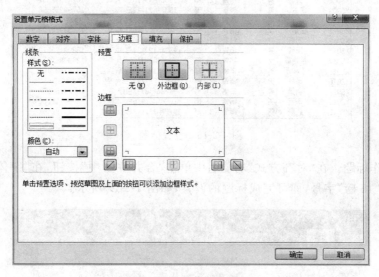

图 4-2-14　"边框"选项卡

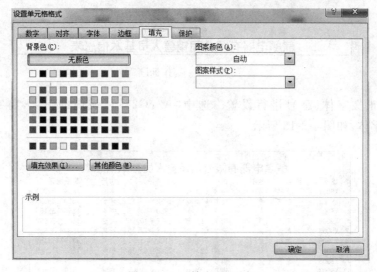

图 4-2-15　"填充"选项卡

任务实施

(1) 设置标题。单击 A1 单元格,当光标变成空心十字箭头时,拖动至 G1 单元格,如图 4-2-16 所示。

麒麟电器有限公司销售人员基本信息表						
编号	姓名	性别	部门	出生年月	学历	联系电话
XS001	王键	男	销售（1）部	1985年2月3日	本科	18047862361
XS002	李阳	男	销售（1）部	1982年4月15日	大专	15798235698
XS003	高红	女	销售（1）部	1980年6月18日	中专	13698753156
XS004	丁磊	男	销售（1）部	1978年10月5日	大专	18147882362
XS005	苏锐	男	销售（1）部	1978年7月10日	研究生	15898335658
XS006	武兵	男	销售（1）部	1981年1月1日	大专	13798853157
XS007	吴娜	女	销售（2）部	1986年6月15日	中专	13568972569
XS008	金媛	女	销售（2）部	1985年4月18日	大专	18247892361
XS009	朱金鹏	男	销售（2）部	1987年11月2日	本科	15798235698
XS010	李侃	男	销售（2）部	1975年5月12日	研究生	13699753158
XS011	王富萍	女	销售（2）部	1975年2月6日	中专	13458975289
XS012	李可	男	销售（2）部	1980年1月6日	大专	18147892361
XS013	宋辉	男	销售（2）部	1983年12月14日	中专	15898123579
XS014	荆艳霞	女	销售（3）部	1978年10月2日	大专	13698852314
XS015	王和军	男	销售（3）部	1979年12月10日	研究生	18147892461
XS016	吴利	男	销售（3）部	1984年3月14日	大专	15898235648
XS017	荆景	男	销售（3）部	1986年3月2日	大专	13624753156
XS018	李宏	男	销售（3）部	1986年5月16日	本科	13698711156
XS019	赵刚	男	销售（3）部	1979年11月12日	研究生	18147792461

图 4-2-16　设置标题

（2）制作标题。在"对齐方式"功能组中单击"合并并居中"按钮，在"字体"功能组中选择"黑体""18 磅"字号，即可完成标题的设置，如图 4-2-17 所示。

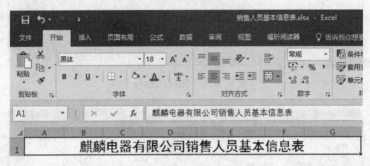

图 4-2-17　制作标题

（3）对正文字体、字号进行设置。选中"A2：G21"区域内的正文，将字体设置为12 号、仿宋字体，如图 4-2-18 所示。

麒麟电器有限公司销售人员基本信息表						
编号	姓名	性别	部门	出生年月	学历	联系电话
XS001	王键	男	销售（1）部	1985年2月3日	本科	18047862361
XS002	李阳	男	销售（1）部	1982年4月15日	大专	15798235698
XS003	高红	女	销售（1）部	1980年6月18日	中专	13698753156
XS004	丁磊	男	销售（1）部	1978年10月5日	大专	18147882362
XS005	苏锐	男	销售（1）部	1978年7月10日	研究生	15898335658
XS006	武兵	男	销售（1）部	1981年1月1日	大专	13798853157
XS007	吴娜	女	销售（2）部	1986年6月15日	中专	13568972569
XS008	金媛	女	销售（2）部	1985年4月18日	大专	18247892361
XS009	朱金鹏	男	销售（2）部	1987年11月2日	本科	15798235698
XS010	李侃	男	销售（2）部	1975年5月12日	研究生	13699753158
XS011	王富萍	女	销售（2）部	1975年2月6日	中专	13458975289
XS012	李可	男	销售（2）部	1980年1月6日	大专	18147892361
XS013	宋辉	男	销售（2）部	1983年12月14日	中专	15898123579
XS014	荆艳霞	女	销售（3）部	1978年10月2日	大专	13698852314
XS015	王和军	男	销售（3）部	1979年12月10日	研究生	18147892461
XS016	吴利	男	销售（3）部	1984年3月14日	大专	15898235648
XS017	荆景	男	销售（3）部	1986年3月2日	大专	13624753156
XS018	李宏	男	销售（3）部	1986年5月16日	本科	13698711156
XS019	赵刚	男	销售（3）部	1979年11月12日	研究生	18147792461

图 4-2-18　设置字体、字号

（4）设置对齐方式。在选中的正文区域右击并选择"设置单元格格式"命令，打开"设置单元格格式"对话框，选择"对齐"选项卡，设置"水平对齐"为"居中"，"垂直对齐"为"居中"，在"文本控制"组中选择"自动换行"选项，如图 4-2-19 所示。

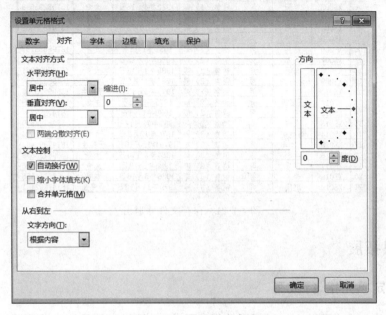

图 4-2-19 设置对齐方式

（5）边框的设置。在选中边框的状态下，右击，调出"边框"选项卡，设置为双线外边框、单线内边框，单击"确定"按钮完成设置，如图 4-2-20 所示。

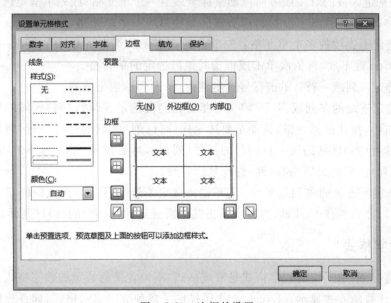

图 4-2-20 边框的设置

（6）完成设置。保存文件并退出，结果如图 4-2-21 所示。

	A	B	C	D	E	F	G
1	麒麟电器有限公司销售人员基本信息表						
2	编号	姓名	性别	部门	出生年月	学历	联系电话
3	XS001	王键	男	销售（1）部	1985年2月3日	本科	18047862361
4	XS002	李阳	男	销售（1）部	1982年4月15日	大专	15798235698
5	XS003	高红	女	销售（1）部	1980年6月18日	中专	13698753156
6	XS004	丁磊	男	销售（1）部	1978年10月5日	大专	18147882362
7	XS005	苏锐	男	销售（1）部	1978年7月10日	研究生	15898335658
8	XS006	武兵	男	销售（1）部	1981年1月1日	大专	13798853157
9	XS007	吴娜	女	销售（2）部	1986年6月15日	中专	13568972569
10	XS008	金缕	女	销售（2）部	1985年4月18日	大专	18247892361
11	XS009	朱金鹏	男	销售（2）部	1987年11月2日	本科	15798235698
12	XS010	李侃	男	销售（2）部	1975年5月12日	研究生	13699753158
13	XS011	王富萍	女	销售（2）部	1975年2月6日	中专	13458975289
14	XS012	李可	男	销售（2）部	1980年1月6日	大专	18147892361
15	XS013	宋辉	男	销售（3）部	1983年12月14日	中专	15898123579
16	XS014	荆艳霞	女	销售（3）部	1978年10月2日	大专	13698852314
17	XS015	王和军	男	销售（3）部	1979年12月10日	研究生	18147892461
18	XS016	吴利	男	销售（3）部	1984年3月14日	大专	15898235648
19	XS017	荆景	男	销售（3）部	1986年3月2日	大专	13624753156
20	XS018	李宏	男	销售（3）部	1986年5月16日	本科	13698711156
21	XS019	赵刚	男	销售（3）部	1979年11月12日	研究生	18147792461

图 4-2-21　保存文件并退出

📖 知识拓展

1. 选定单元格、行或列

（1）选定一个单元格：将鼠标指针指向某单元格，当光标变成白色空心十字形状时，单击。

（2）选定连续的多个单元格：将鼠标指针指向要选定区域的第一个单元格，按住鼠标左键，向选定区域的对角线方向拖动鼠标至最后一个单元格；或先单击要选定区域的第一个单元格，然后按住 Shift 键，再单击该区域的最后一个单元格。

（3）选定不连续的多个单元格：先单击需选定不连续单元格中的任意一个单元格，然后按住 Ctrl 键不放，再依次单击或框选其他需选定的单元格。

（4）选定一列或一行：单击行号选定整行，单击列标选定整列。

（5）选定连续的多列或多行：将鼠标指针指向要选定连续行（列）区域的第一行（列）的行号（列标），按住鼠标左键，拖动至要选定连续行（列）区域的最后一行（列）；或先单击要选定连续行（列）区域的第一行（列）的行号（列标），然后按住 Shift 键不放，再单击要选定连续行（列）区域的最后一行（列）的行号（列标）。

（6）选定不连续的多列或多行：先单击需选定不连续行（列）区域的任意一行（列）的行号（列标），然后按住 Ctrl 键，再依次单击其他需选定的行（列）的行号（列标）。

2. 数字格式

默认情况下，单元格的数字格式是常规格式，不包含任何特定的数字格式，即以整数、小数、科学计数的方式显示。Excel 2016 还提供了多种数字显示格式，如百分比、货币、日期等。用户可以根据数字的不同类型设置它们在单元格的显示格式。

数字格式的设置可以通过工具按钮（见图 4-2-22）或数字格式对话框进行设置。

常用的数字格式化的工具按钮有五个。

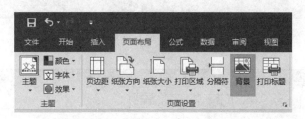

图 4-2-22　工具按钮

- 货币样式按钮 ：在数据前使用货币符号。
- 百分比样式按钮% ：对数据使用百分比。
- 千位分隔样式 ， ：使显示的数据在千位上有一个逗号。
- 增加小数位 ：每单击一次,数据增加一个小数位。
- 减少小数位 ：每单击一次,数据减少一个小数位。

技能拓展

1. 为 Excel 2016 添加背景图片

Excel 2016 默认的背景为白色。如果需要进一步美化,则需在工作表中插入图片背景、颜色背景(底纹)、标签颜色,可以标识重点、加强视觉美感。这就需要用到 Excel 2016 的填充功能。其具体操作步骤如下:

(1) 选择"页面布局"选项卡,从中找到"背景"按钮,如图 4-2-23 所示。

图 4-2-23　Excel 2016 中添加背景图片

(2) 在"工作表背景"对话框中找到"背景图片",单击"插入"按钮,即可完成背景的设置。为不影响文字的阅读,背景图片一般不宜太花哨,且背景的颜色要与文字的颜色有较强的对比,如图 4-2-24 所示。

(3) 用户也可以对单元格的背景颜色进行设置。

2. 保护单元格

在使用 Excel 2016 的时候会希望把某些单元格锁定,以防他人篡改或误删数据。其具体操作步骤如下:

(1) 打开 Excel 2016,选中任意一个单元格,右击,在弹出的快捷菜单中选择"设置单元格格式"命令,在打开的对话框中选择"保护"选项卡,默认情况下"锁定"复选框是被选中的,也就是说一旦锁定了工作表,所有的单元格也就锁定了,如图 4-2-25 所示。

(2) 按 Ctrl+A 组合键选中所有单元格,接着再右击并选择"设置单元格格式"命令,在打开的对话框中切换到"保护"选项卡,取消选中"锁定"复选框,单击"确定"按钮保存设置,即可取消"锁定"功能。

(3) 在 Word 中切换到"审阅"选项卡,在"更改"组中单击"保护工作表"按钮,如图 4-2-26 所示。

175

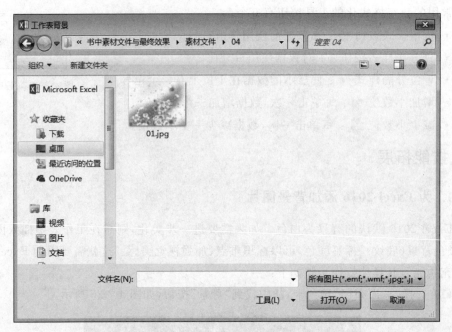

图 4-2-24　插入背景图片

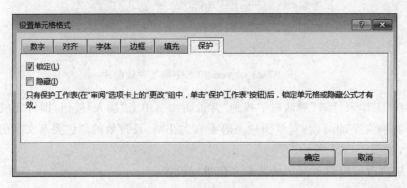

图 4-2-25　保护单元格

图 4-2-26　审阅菜单

接着弹出"保护工作表"对话框，在"允许此工作表的所有用户进行"列表框中可以选择允许用户进行哪些操作，一般保留默认设置即可（见图 4-2-27）。在这里还可以设置解开锁定时提示输入密码。

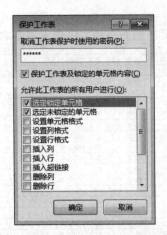

图 4-2-27　"保护工作表"对话框

（4）锁定的单元格不能更改。如果要解除锁定，可切换到"审阅"选项卡，在"更改"组中单击"撤销工作表保护"按钮，如图 4-2-28 所示。

图 4-2-28　撤销工作表保护

任务总结

通过本任务的实施，大家能够对电子表格进行美化并学会如何保护工作表。

子任务 4.2.3　设置行高与列宽

在单元格输入文字或数据时，有时会出现下面的情况：有的单元格中的文字只显示一半，有的单元格中显示的是一串"♯"，而在编辑栏中却能看见相应的数据。其原因在于，Excel 默认所有行的高度相等、所有列的宽度相等，行高和列宽不够时就不能全部正确显示，需要进行适当的调整。

任务描述

在前面的任务中，"销售人员基本信息表"中的部分列（如出生年月等）因内容较多，不能一行显示，且表格行距不一，小张需对"销售人员基本信息表"进行再次调整：将行高设置为 16 磅，将编号、姓名、性别等内容较少的列都设置为 10 磅，将其余文字较多的列设置为 14 磅，在"联系电话"后面增加一列"备注"，并对表格边框、标题进行重新设置，使表格更加规范，如图 4-2-29 所示。

	A	B	C	D	E	F	G	H
1	麒麟电器有限公司销售人员基本信息表							
2	编号	姓名	性别	部门	出生年月	学历	联系电话	备注
3	XS001	王键	男	销售（1）部	1985年2月3日	本科	18047862361	
4	XS002	李阳	男	销售（1）部	1982年4月15日	大专	15798235698	
5	XS003	高红	女	销售（1）部	1980年6月18日	中专	13698753156	
6	XS004	丁磊	男	销售（1）部	1978年10月5日	大专	18147882362	
7	XS005	苏锐	男	销售（1）部	1978年7月10日	研究生	15898335658	
8	XS006	武兵	男	销售（1）部	1981年1月1日	大专	13798853157	
9	XS007	吴娜	女	销售（2）部	1986年6月15日	中专	13568972569	
10	XS008	金缕	男	销售（2）部	1985年4月18日	大专	18247892361	
11	XS009	朱金鹏	男	销售（2）部	1987年11月2日	本科	15798235698	
12	XS010	李佩	男	销售（2）部	1975年5月12日	研究生	13699753158	
13	XS011	王富萍	女	销售（2）部	1975年2月6日	中专	13458975289	
14	XS012	李可	男	销售（2）部	1980年1月6日	大专	18147892361	
15	XS013	宋辉	男	销售（2）部	1983年12月14日	中专	15898123579	
16	XS014	荆艳霞	女	销售（3）部	1978年10月2日	大专	13698852314	
17	XS015	王和军	男	销售（3）部	1979年12月10日	研究生	18147892461	
18	XS016	吴利	男	销售（3）部	1984年3月14日	大专	15898235648	
19	XS017	荆景	男	销售（3）部	1986年3月2日	大专	13624753156	
20	XS018	李宏	男	销售（3）部	1986年5月16日	本科	13698711156	
21	XS019	赵刚	男	销售（3）部	1979年11月12日	研究生	18147792461	

图 4-2-29　销售人员基本信息表

相关知识

1. 插入单元格、行或列

选中需要插入单元格的位置并右击，在弹出的快捷菜单中选择"插入"命令，在弹出的对话框中设置插入单元格的选项。也可以在"开始"选项卡的"单元格"组中单击"插入"按钮，然后在下拉菜单中选择"插入单元格"命令进行操作。

2. 行高与列宽的调整

1）行高的调整

在默认情况下，工作表任意一行的所有单元格高度总是相等的，所以要调整某一个单元格的高度。调整方法有两种。

（1）使用鼠标拖动调整。将鼠标光标移动到需要调整的行的下边线上，当鼠标光标变成上下箭头形状时，上下拖动边框线。

（2）如果要精确调整行高，可以在"行高"对话框中设置。

2）列宽的调整

在工作表中列和行有所不同，工作表默认单元格的宽度为固定值，并不会根据数据的增长而自动调整列宽。

（1）用户可以使用鼠标快速调整列宽。

（2）如果要精确调整列宽，可以在"列宽"对话框中输入行高的具体数值来精确调整。

任务实施

（1）选择列宽。按住 Ctrl 键不放，用鼠标依次在 A、B、C、E、F 列上单击，选择所有要调整列宽的列,如图 4-2-30 所示。

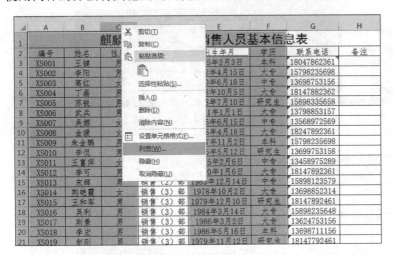

图 4-2-30　选择列宽

(2) 在选中的任一列标题处右击,在弹出的快捷菜单中选择"列宽"命令,如图 4-2-31 所示。

(3) 在弹出的"列宽"对话框中输入列宽数为 10,并单击"确定"按钮,即可完成设置。使用同样的方法将其他列的列宽设置为 14,如图 4-2-32 所示。

图 4-2-31　"列宽"命令

图 4-2-32　输入列宽数

(4) 设置行高。选中所有要调整的行,在任一选中行的行号处右击,在弹出的快捷菜单中选择"行高"命令,如图 4-2-33 所示。

(5) 设置行高值。在"行高"对话框中输入 16,单击"确定"按钮,完成行高的设置。因标题文字字号较大,为突出标题,可将标题行的行高进行适应调整,如图 4-2-34 所示。

(6) 插入"备注"列。因插入的列在选中列的前面,所以如需在 G 列后面插入"备注列",则需选中 H 列,如图 4-2-35 所示。

	麒麟电器有限公司销售人员基本信息表						
编号	姓名	性别	部门	出生年月	学历	联系电话	备注
XS001	王键	男	销售（1）部	1985年2月3日	本科	18047862361	
XS002	李阳	男	销售（1）部	1982年4月15日	大专	15798235698	
XS003	高红	女	销售（1）部	1980年6月18日	中专	13698753156	
XS004	丁磊	男	销售（1）部	1978年10月5日	大专	18147882362	
XS005	苏锐	男	销售（1）部	1978年7月10日	研究生	15898335658	
XS006	武兵	男	销售（1）部	1981年1月1日	大专	13798853157	
XS007	吴娜	女	销售（2）部	1986年6月15日	中专	13568972569	
XS008	金缓	女	销售（2）部	1985年4月18日	大专	18247892361	
XS009	朱金鹏	男	销售（2）部	1987年11月2日	本科	15798235698	
XS010	李倪	男	销售（2）部	1975年5月12日	研究生	13699753158	
XS011	王富萍	女	销售（2）部	1975年2月6日	中专	13458975289	
XS012	李可	男	销售（2）部	1980年1月6日	大专	18147892361	
XS013	宋辉	男	销售（2）部	1983年12月14日	中专	15898123579	
XS014	荆艳夏	女	销售（2）部	1978年10月2日	大专	13698852314	
XS015	王和军	男	销售（3）部	1979年12月10日	研究生	18147892461	
XS016	吴利	男	销售（3）部	1984年3月14日	大专	15898235648	
XS017	荆景	男	销售（3）部	1986年3月2日	大专	13624753156	
XS018	李宏	男	销售（3）部	1986年5月16日	本科	13698711156	
XS019	赵刚	男	销售（3）部	1979年11月12日	研究生	18147792461	

图 4-2-33　设置行高

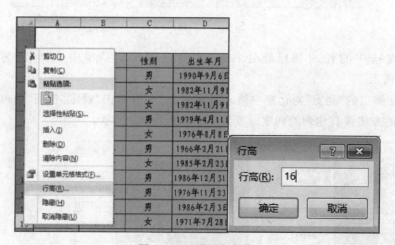

图 4-2-34　设置行高值

	麒麟电器有限公司销售人员基本信息表						
编号	姓名	性别	部门	出生年月	学历	联系电话	
XS001	王键	男	销售（1）部	1985年2月3日	本科	18047862361	
XS002	李阳	男	销售（1）部	1982年4月15日	大专	15798235698	
XS003	高红	女	销售（1）部	1980年6月18日	中专	13698753156	
XS004	丁磊	男	销售（1）部	1978年10月5日	大专	18147882362	
XS005	苏锐	男	销售（1）部	1978年7月10日	研究生	15898335658	
XS006	武兵	男	销售（1）部	1981年1月1日	大专	13798853157	
XS007	吴娜	女	销售（2）部	1986年6月15日	中专	13568972569	
XS008	金缓	女	销售（2）部	1985年4月18日	大专	18247892361	
XS009	朱金鹏	男	销售（2）部	1987年11月2日	本科	15798235698	
XS010	李倪	男	销售（2）部	1975年5月12日	研究生	13699753158	
XS011	王富萍	女	销售（2）部	1975年2月6日	中专	13458975289	
XS012	李可	男	销售（2）部	1980年1月6日	大专	18147892361	
XS013	宋辉	男	销售（2）部	1983年12月14日	中专	15898123579	
XS014	荆艳夏	女	销售（2）部	1978年10月2日	大专	13698852314	
XS015	王和军	男	销售（3）部	1979年12月10日	研究生	18147892461	
XS016	吴利	男	销售（3）部	1984年3月14日	大专	15898235648	
XS017	荆景	男	销售（3）部	1986年3月2日	大专	13624753156	
XS018	李宏	男	销售（3）部	1986年5月16日	本科	13698711156	
XS019	赵刚	男	销售（3）部	1979年11月12日	研究生	18147792461	

图 4-2-35　插入"备注"列

（7）插入列。在选中列的任意位置右击，在弹出的快捷菜单中选择"插入"命令，即可完成列的插入，如图 4-2-36 所示。

联系电话	QQ号码	
13881247183	32320392	
15983978119	98392332	
15382057990	37293792	
18083998575	1300283	
02824567311	2938298	
13415224765	4878342	
15983972270	84782831	
13183857396	29389283	
13883519116	58523923	
13284009167	11209844	
18333943695	19289815	
15951406043	91829180	
13108396528	82979517	
13298338821	91829812	

图 4-2-36　插入列

（8）修订标题及边框。输入列标题"备注"，将"标题"一列进行重新合并操作（将 H 列合并到其中），并对边框进行重新设置，如图 4-2-37 所示。

	A	B	C	D	E	F	G	H
1	麒麟电器有限公司销售人员基本信息表							
2	编号	姓名	性别	部门	出生年月	学历	联系电话	备注
3	XS001	王键	男	销售（1）部	1985年2月3日	本科	18047862361	
4	XS002	李阳	男	销售（1）部	1982年4月15日	大专	15798235698	
5	XS003	高红	女	销售（1）部	1980年6月18日	中专	13698753156	
6	XS004	丁磊	男	销售（1）部	1978年10月5日	大专	18147882362	
7	XS005	苏锐	男	销售（1）部	1978年7月10日	研究生	15898335658	
8	XS006	武兵	男	销售（1）部	1981年1月1日	大专	13798853157	
9	XS007	吴娜	女	销售（2）部	1986年6月15日	中专	13568972569	
10	XS008	金缓	女	销售（2）部	1985年4月18日	大专	18247892361	
11	XS009	朱金鹏	男	销售（2）部	1987年11月2日	本科	15798235698	
12	XS010	李侃	男	销售（2）部	1975年5月12日	研究生	13699753158	
13	XS011	王富萍	女	销售（2）部	1975年2月6日	中专	13458975289	
14	XS012	李可	男	销售（2）部	1980年1月6日	大专	18147892361	
15	XS013	宋辉	男	销售（2）部	1983年12月14日	中专	15898123579	
16	XS014	荆艳霞	女	销售（3）部	1978年10月2日	大专	13698852314	
17	XS015	王和军	男	销售（3）部	1979年12月10日	研究生	18147892461	
18	XS016	吴利	男	销售（3）部	1984年3月14日	大专	15898235648	
19	XS017	荆景	男	销售（3）部	1986年3月2日	大专	13624753156	
20	XS018	李宏	男	销售（3）部	1986年5月16日	本科	13698711156	
21	XS019	赵刚	男	销售（3）部	1979年11月12日	研究生	18147792461	

图 4-2-37　修订标题及边框

（9）保存文件并退出。

知识拓展

1. 自动调整行高、列宽

为快速使行高及列宽自动调整为最合适的距离，可以使用如下步骤完成：先选中所有列（行），再将光标放置在任意选中的两列（行）之间，双击即可完成自动调整。

2. 删除单元格、行或列

（1）删除单元格。选中需要删除的单元格或单元格区域，在"开始"选项卡的"单元格"组中单击"删除"下拉按钮，在其下拉菜单中选择"删除单元格"命令，在弹出的对话框中设置删除单元格的选项。也可以右击需要删除的单元格，在弹出的快捷菜单中选择"删除"命令，再在弹出的"删除"对话框中操作。

（2）删除行。右击某行号，在其快捷菜单中选择"删除"命令即可。

（3）删除列。右击某列标，在其快捷菜单中选择"删除"命令即可。

3. 清除单元格格式

选中单元格或单元格区域，在"开始"选项卡的编辑组中单击"清除"下拉按钮，选择相应的命令，可以清除单元格中的内容、格式和批注等，如图 4-2-38 所示。

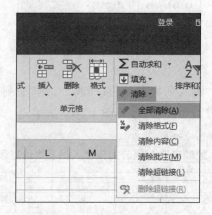

图 4-2-38　清除单元格格式

技能拓展

1. 设置条件格式

Excel 提供了条件格式功能，可以满足用户将某些满足条件的单元格以特定的样式进行显示。设置条件格式后，系统会在选定的区域中搜索符合条件的单元格，并将设定的格式应用到符合条件的单元格上，如图 4-2-39 所示。其具体操作步骤如下：

（1）选择要设置条件格式的单元格区域。

（2）在"样式"组中选择"条件格式"命令即可进行相应的设置。

（3）设置条件格式及样式。如要对 1981 年 6 月 20 日以后出生的员工，以"浅红填充色深红色文本"突出显示，设置方法如图 4-2-40 所示。

（4）完成设置以后，可以看到凡在条件内的信息将以设定的格式进行突出显示，如图 4-2-41 所示。

（5）Excel 2016 还提供了一些快速设置条件格式的方法，如图 4-2-42 所示。例如，

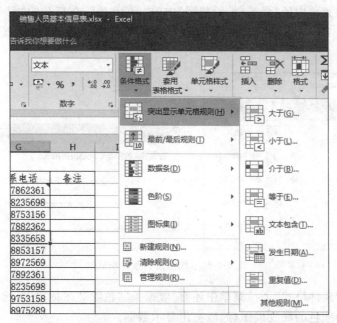

图 4-2-39 设置条件格式

图 4-2-40 设置条件格式及样式

▲	A	B	C	D	E	F	G	H
1	麒麟电器有限公司销售人员基本信息表							
2	编号	姓名	性别	部门	出生年月	学历	联系电话	备注
3	XS001	王键	男	销售（1）部	1985年2月3日	本科	18047862361	
4	XS002	李阳	男	销售（1）部	1982年4月15日	大专	15798235698	
5	XS003	高红	女	销售（1）部	1980年6月18日	中专	13698753156	
6	XS004	丁磊	男	销售（1）部	1978年10月5日	大专	18147882362	
7	XS005	苏锐	男	销售（1）部	1978年7月10日	研究生	15898335658	
8	XS006	武兵	男	销售（1）部	1981年1月1日	大专	13798853157	
9	XS007	吴娜	女	销售（2）部	1986年6月15日	中专	13568972569	
10	XS008	金媛	女	销售（2）部	1985年4月18日	大专	18247892361	
11	XS009	朱金鹏	男	销售（2）部	1987年11月2日	本科	15798235698	
12	XS010	李侃	男	销售（2）部	1975年5月12日	研究生	13699753158	
13	XS011	王富萍	女	销售（2）部	1975年2月6日	中专	13458975289	
14	XS012	李可	男	销售（2）部	1980年1月6日	大专	18147892361	
15	XS013	宋辉	男	销售（2）部	1983年12月14日	中专	15898123579	
16	XS014	荆艳霞	女	销售（3）部	1978年10月2日	大专	13698852314	
17	XS015	王和军	男	销售（3）部	1979年12月10日	研究生	18147892461	
18	XS016	吴利	男	销售（3）部	1984年3月14日	大专	15898235648	
19	XS017	荆景	男	销售（3）部	1986年3月2日	大专	13624753156	
20	XS018	李宏	男	销售（3）部	1986年5月16日	本科	13698711156	
21	XS019	赵刚	男	销售（3）部	1979年11月12日	研究生	18147792461	

图 4-2-41 设置条件格式的效果

"条件格式"下拉菜单中的"最前/最后规则"中的"前 10 项"，在打开的"前 10 项"对话框中设置"5"，表示让 Excel 自动筛选出数据区域最大的五项作为格式，给这五项数据加上"红色边框"。

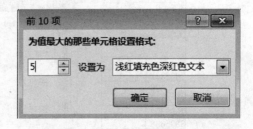

图 4-2-42 快速设置条件格式

除此之外，"条件格式"下拉菜单中还有"数据条""色阶""图标集"等选项，可以自动给数据区加上不同颜色的底纹或图标，以突出显示数据。

（6）用户还可以根据实际需要，对突出显示的信息的格式及规则进行设置。如要取消，则可以选择"管理规则"命令，并在"条件格式规则管理器"对话框中单击"删除规则"按钮，如图 4-2-43 所示。

图 4-2-43 "条件格式规则管理器"对话框

2. 自动套用格式

Excel 2016 的套用表格格式功能可以根据预设的格式，将我们制作的报表格式以更加美观的形式呈现，从而提高工作效率，同时使表格符合数据库表单的要求。其具体操作步骤如下：

（1）把鼠标光标定位在数据区域中的任何一个单元格，在"开始"功能区的"样式"组中单击"套用表格格式"按钮，并选择一种需要的样式，如图 4-2-44 所示。

（2）接着弹出"套用表格式"对话框，选择"表数据的来源"命令，并选择"表包含标题"选项，然后单击"确定"按钮，如图 4-2-45 所示。

（3）一般情况下，Excel 2016 会自动选中表格范围，用户还可以在弹出对话框后对区域进行重新选择或调整。设置"套用表格格式"后的效果如图 4-2-46 所示。

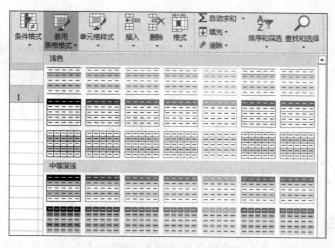

图 4-2-44　"套用表格格式"选项

编号	姓名	性别	部门	出生年月	学历	联系电话	备注
XS001	王键	男	销售（1）部	1985			
XS002	李阳	男	销售（1）部	1982			
XS003	高红	女	销售（1）部	1980			
XS004	丁磊	男	销售（1）部	1978			
XS005	苏锐	男	销售（1）部	1978			
XS006	武兵	男	销售（1）部	1981			
XS007	吴娜	女	销售（2）部	1986			
XS008	金缓	女	销售（2）部	1985			
XS009	朱金鹏	男	销售（2）部	1987			
XS010	李侃	男	销售（2）部	1975年5月12日	研究生	13699753158	
XS011	王富萍	女	销售（2）部	1975年2月6日	中专	13458975289	
XS012	李可	男	销售（2）部	1980年1月6日	大专	18147892361	
XS013	宋辉	男	销售（2）部	1983年12月14日	中专	15898123579	
XS014	荆艳霞	女	销售（3）部	1978年10月2日	大专	13698852314	
XS015	王和军	男	销售（3）部	1979年12月10日	研究生	18147892461	
XS016	吴利	男	销售（3）部	1984年3月14日	大专	15898235648	
XS017	荆景	男	销售（3）部	1986年3月2日	大专	13624753156	
XS018	李宏	男	销售（3）部	1986年5月16日	本科	13698711156	
XS019	赵刚	男	销售（3）部	1979年11月12日	研究生	18147792461	

套用表格式
表数据的来源(W)：
=$A$1:$H$21
☑ 表包含标题(M)
确定　　取消

麒麟电器有限公司销售人员基本信息表

图 4-2-45　创建表

编号	姓名	性别	部门	出生年月	学历	联系电话	备注
XS001	王键	男	销售（1）部	1985年2月3日	本科	18047862361	
XS002	李阳	男	销售（1）部	1982年4月15日	大专	15798235698	
XS003	高红	女	销售（1）部	1980年6月18日	中专	13698753156	
XS004	丁磊	男	销售（1）部	1978年10月5日	大专	18147882362	
XS005	苏锐	男	销售（1）部	1978年7月10日	研究生	15898335658	
XS006	武兵	男	销售（1）部	1981年1月1日	大专	13798853157	
XS007	吴娜	女	销售（2）部	1986年6月15日	中专	13568972569	
XS008	金缓	女	销售（2）部	1985年4月18日	大专	18247892361	
XS009	朱金鹏	男	销售（2）部	1987年11月2日	本科	15798235698	
XS010	李侃	男	销售（2）部	1975年5月12日	研究生	13699753158	
XS011	王富萍	女	销售（2）部	1975年2月6日	中专	13458975289	
XS012	李可	男	销售（2）部	1980年1月6日	大专	18147892361	
XS013	宋辉	男	销售（2）部	1983年12月14日	中专	15898123579	
XS014	荆艳霞	女	销售（3）部	1978年10月2日	大专	13698852314	
XS015	王和军	男	销售（3）部	1979年12月10日	研究生	18147892461	
XS016	吴利	男	销售（3）部	1984年3月14日	大专	15898235648	
XS017	荆景	男	销售（3）部	1986年3月2日	大专	13624753156	
XS018	李宏	男	销售（3）部	1986年5月16日	本科	13698711156	
XS019	赵刚	男	销售（3）部	1979年11月12日	研究生	18147792461	

麒麟电器有限公司销售人员基本信息表

图 4-2-46　套用表格格式后的效果

任务总结

通过本任务的实施，大家能够对表格行、列进行设置，并能掌握条件格式及套用表格格式的设置方法。

任务 4.3　公式和函数

子任务 4.3.1　公式的使用

任务描述

麒麟电器有限公司为了及时掌握各销售部门和销售人员的销售业绩，以便对业绩突出的部门和个人进行表彰与奖励。主管要求小张对各销售人员的销售业绩进行统计并计算出每位员工的提成金额（使用公式统计各销售人员 2016 年上半年的总销售额，其中，提成比例为 2%）。小张利用 Excel 2016 提供的公式计算功能，快速准确地完成了总销售额的计算，如图 4-3-1 所示。

麒麟电器有限公司2016年上半年销售业绩统计表

编号	姓名	部门	一月份	二月份	三月份	四月份	五月份	六月份	总销售额	提成金额
XS001	王键	销售（1）部	66,500	92,500	95,500	98,000	86,500	71,000	510,000	10,200
XS002	李阳	销售（1）部	96,000	72,500	100,000	86,000	62,000	87,500	504,000	10,080
XS003	高红	销售（1）部	82,050	63,500	90,500	97,000	65,150	99,000	497,200	9,944
XS004	丁磊	销售（1）部	88,000	82,500	83,000	75,500	62,000	85,000	476,000	9,520
XS005	苏钿	销售（1）部	92,000	64,000	97,000	93,000	75,000	93,000	514,000	10,280

图 4-3-1　麒麟电器有限公司 2016 年上半年销售业绩统计表

相关知识

1. 单元格地址引用

在 Excel 中，单元格是操作的基本对象，熟悉单元格地址才能在公式和函数中进行引用。单元格地址可以是一个单元格，如 A1；也可以是一个或多个单元格区域，如"A1：B3"代表从 A1 单元格至 B3 单元格对角线所在的矩形区域；而"A1，B3"代表 A1 和 B3 两个单元格。在实践中我们经常会用到以下三种地址。

1）相对地址

格式为"行号列标"，如 B3。

使用相对地址时，若把含有单元格地址的公式复制到新位置，公式中的单元格地址将发生变化，保持引用单元格与目标单元格的位置关系。

例如，C3 单元格含有公式"＝B3＋100"，若将 C3 复制到 C4，则 C4 中的公式变成"＝B4＋100"。

2）绝对地址

格式为"＄行号＄列标"，如＄B＄3。美元符号可以通过输入或按 F4 键自动加入。

使用绝对地址时,若把含有单元格地址的公式复制到新位置,公式中的单元格地址将保持不变,仍引用原地址指向的单元格。

例如,C3 单元格含有公式"=＄B＄3＋100",若将 C3 复制到 C4,则 C4 中的公式仍然是"=＄B＄3＋100"。

3) 混合地址

格式为"＄行号列标或行号＄列标",如＄B3、B＄3。

在现实生活中,会经常遇到需要固定某行或某列,就必须用到混合地址。

例如,C3 单元格含有公式"=B3*B＄2"。若将 C3 复制到 D4,则 D4 中的公式仍然是"=C4*C＄2"。

2. 公式格式

公式是对数据执行运算的等式,一般包含函数、引用、运算符和常量。在 Excel 中,公式就是一个以"="开头的运算表达式,由运算对象和运算符按照一定的规则连接起来。运算对象可以是常量,即直接表示出来的数字、文本和逻辑值,如 123 是数字常量;"护士"为文本常量;可以是单元格引用,如 A1、B＄3 等;还可以是公式或函数,如(A1＋B1)和 SUM(A1：B3)等。Excel 的常用运算符如表 4-3-1 所示。

表 4-3-1　Excel 的常用运算符

类　型	符　号	举　例
算术运算	加(＋)、减(－)、乘(＊)、除(/)、百分号(%)、乘幂(^)	B3＋5(将 B3 中的数据加 5)
比较运算	等于(＝)、不等于(<>)、大于(>)、大于等于(>＝)、小于(<)、小于等于(<＝)	B3>5(若 B3 数据大于 5 返回 TRUE;否则返回 FALSE)

3. 公式输入

输入公式时,必须以"="开始,如"=A1＋B1",按 Enter 键后确认结束,由系统计算出结果并显示在公式所在单元格中,编辑栏中可以查看公式的内容。修改公式时,双击单元格进入编辑状态或单击单元格在编辑栏中进行修改。

4. 公式复制

在 Excel 中常常会使用相同的公式,这时我们可以复制公式。首先选择公式所在单元格,复制(Ctrl＋C)并粘贴(Ctrl＋V)到目标单元格中。目标单元格中得到的公式与被复制的公式算法相同,公式中被引用的单元格由其地址决定。

在 Excel 中有个特殊的填充柄,能迅速地复制公式,在连续的单元格间不断地进行复制计算,起到事半功倍的效果。

任务实施

(1) 在"E：\工作资料"下打开"员工销售业绩表.xlsx"。

(2) 计算总销售额。选定单元格 J3,在该单元格或编辑栏中输入"=D3＋E3＋F3＋

G3＋H3"，按 Enter 键确认，即可计算出 XS001 号员工 2016 年上半年的总销售额。特别需要注意的是，"＝"一定要输入并且要在英文输入法状态下输入，不然输入的公式无效。计算总销售额的效果如图 4-3-2 所示。

麒麟电器有限公司2016年上半年销售业绩统计表

编号	姓名	部门	一月份	二月份	三月份	四月份	五月份	六月份	总销售额	提成金额
XS001	王键	销售（1）部	66,500	92,500	95,500	98,000	86,500		=D3+E3+F3+G3+H3	
XS002	李阳	销售（1）部	96,000	72,500	100,000	86,000	62,000	87,500		
XS003	高红	销售（1）部	82,050	63,500	90,500	97,000	65,150	99,000		

图 4-3-2　计算总销售额的效果

（3）使用填充功能计算出其他员工的总销售额。选中 J3 单元格，将鼠标光标置于单元格右下角，当光标变成黑色十字箭头时，向下拖动光标至最后一名员工中（J21 单元格），放开鼠标左键即可完成所有员工总销售额的计算，如图 4-3-3 所示（部分）。

	A	B	C	D	E	F	G	H	I	J	K
1	麒麟电器有限公司2016年上半年销售业绩统计表										
2	编号	姓名	部门	一月份	二月份	三月份	四月份	五月份	六月份	总销售额	提成金额
3	XS001	王键	销售（1）部	66,500	92,500	95,500	98,000	86,500	71,000	510,000	
4	XS002	李阳	销售（1）部	96,000	72,500	100,000	86,000	62,000	87,500	504,000	
5	XS003	高红	销售（1）部	82,050	63,500	90,500	97,000	65,150	99,000	497,200	
6	XS004	丁磊	销售（1）部	88,000	82,500	83,000	75,500	62,000	85,000	476,000	
7	XS005	苏锐	销售（1）部	92,000	64,000	97,000	93,000	75,000	93,000	514,000	
8	XS006	武兵	销售（1）部	87,500	63,500	67,500	98,500	78,500	94,000	489,500	
9	XS007	吴娜	销售（2）部	93,050	85,500	77,000	81,000	95,000	78,000	509,550	
10	XS008	金媛	销售（2）部	96,500	86,500	90,500	94,000	99,500	70,000	537,000	

图 4-3-3　使用填充功能计算出其他员工的总销售额

（4）计算提成金额。选中 K3 单元格，在该单元格或编辑栏中输入"＝J3＊2%"，按 Enter 键确认，如图 4-3-4 所示。

	A	B	C	D	E	F	G	H	I	J	K
1	麒麟电器有限公司2016年上半年销售业绩统计表										
2	编号	姓名	部门	一月份	二月份	三月份	四月份	五月份	六月份	总销售额	提成金额
3	XS001	王键	销售（1）部	66,500	92,500	95,500	98,000	86,500	71,000	510,000	=J3*2%
4	XS002	李阳	销售（1）部	96,000	72,500	100,000	86,000	62,000	87,500	504,000	
5	XS003	高红	销售（1）部	82,050	63,500	90,500	97,000	65,150	99,000	497,200	
6	XS004	丁磊	销售（1）部	88,000	82,500	83,000	75,500	62,000	85,000	476,000	
7	XS005	苏锐	销售（1）部	92,000	64,000	97,000	93,000	75,000	93,000	514,000	

图 4-3-4　计算提成金额

（5）使用句柄填充，完成其他员工的提成金额计算。完成后的销售业绩表如图 4-3-5 所示（部分）。

技能拓展

下面介绍如何自动求和。

在开始页次编辑区有一个"自动求和"按钮，可以快速输入函数。例如，当选取 B8 单元格，并按下"自动求和"按钮时，便会自动插入 SUM 函数，如图 4-3-6 所示。

除了自动求和功能之外，Excel 还提供多种常用的函数供我们选择使用，只要按下求

麒麟电器有限公司2016年上半年销售业绩统计表										
编号	姓名	部门	一月份	二月份	三月份	四月份	五月份	六月份	总销售额	提成金额
XS001	王健	销售（1）部	66,500	92,500	95,500	98,000	86,500	71,000	510,000	10,200
XS002	李阳	销售（1）部	96,000	72,500	100,000	86,000	62,000	87,500	504,000	10,080
XS003	高红	销售（1）部	82,050	63,500	90,500	97,000	65,150	99,000	497,200	9,944
XS004	丁磊	销售（1）部	88,000	82,500	83,000	75,500	62,000	85,000	476,000	9,520
XS005	苏锐	销售（1）部	92,000	64,000	97,000	93,000	75,000	93,000	514,000	10,280
XS006	武兵	销售（1）部	87,500	63,500	67,500	98,500	78,500	94,000	489,500	9,790
XS007	吴娜	销售（2）部	93,050	85,500	77,000	81,000	95,000	78,000	509,550	10,191

图 4-3-5 使用句柄填充

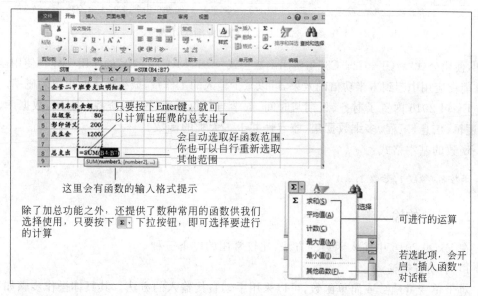

图 4-3-6 自动求和

和图标下拉按钮,即可选择要进行的计算公式。

 任务总结

通过本任务的实施,应掌握公式的用法。

子任务 4.3.2 函数的使用

任务描述

为掌握公司的销售业绩,见图 4-3-7,以便制定下半年的工作目标,主管要求小张统计每位销售人员上半年每个月的平均销售额。此任务主要通过 Excel 中的函数功能来完成。

相关知识

1. 函数的概念

函数的实质是预定义的内置公式,可以执行常见或复杂的运算,这是 Excel 中强大计算功能的重要体现。函数处理数据的方式与直接创建的公式处理数据的方式是相同的。

麒麟电器有限公司2016年上半年销售业绩统计表									
编号	姓名	部门	一月份	二月份	三月份	四月份	五月份	六月份	月平均销售额
XS001	王健	销售（1）部	66,500	92,500	95,500	98,000	86,500	71,000	85,000
XS002	李阳	销售（1）部	96,000	72,500	100,000	86,000	62,000	87,500	84,000
XS003	高红	销售（1）部	82,050	63,500	90,500	97,000	65,150	99,000	82,867
XS004	丁磊	销售（1）部	88,000	82,500	83,000	75,500	62,000	85,000	79,333
XS005	苏锐	销售（1）部	92,000	64,000	97,000	93,000	75,000	93,000	85,667
XS006	武兵	销售（1）部	87,500	63,500	67,500	98,500	78,500	94,000	81,583
XS007	吴娜	销售（2）部	93,050	85,500	77,000	81,000	95,000	78,000	84,925
XS008	金媛	销售（2）部	96,500	86,500	90,500	90,000	99,500	70,000	89,500
XS009	朱金鹏	销售（2）部	79,500	98,500	68,000	100,000	96,000	66,000	84,667

图 4-3-7 月平均销售业绩统计表

比如，使用公式"＝C1＋C2＋C3"与使用函数公式"＝SUM(C1：C3)"的作用一样。使用函数往往能在应用中起到事半功倍的效果，可以减少输入的工作量，减少输入时出错的概率。

Excel 2016 内置了财务、日期与时间、数学与三角函数、统计、查找与引用、数据库、文本、逻辑、信息、工程、多维数据集、兼容性共十二大类的函数。

函数的基本格式：

函数名(参数1,参数2,...)

2. 函数的输入

在 Excel 2016 中输入函数的方法，比较常用的以下三种。

1）手动直接输入

对于单变量函数或简单函数，可以采用手动直接输入的方法。其具体操作步骤如下：

（1）选定需要输入函数的单元格，并输入一个"＝"。

（2）按函数格式输入，需要引用时可以使用鼠标在工作表中进行单元格或区域选定，也可以直接输入，完成后按 Enter 键确认即可。

2）通过功能区"函数库"输入

在"公式"功能区的"函数库"组中分类显示了多种函数，可直接选择相应的函数，如图 4-3-8 所示。

图 4-3-8 函数库

3）通过"插入函数"向导输入

单击"公式"功能区中的"插入函数"按钮，即可调出"插入函数"对话框，如图 4-3-9 所示。在该对话框中，用户可以用"搜索"功能找到对应的函数，也可在"或选择类别"下拉列表框中选择函数的类别，并选择对应的函数插入单元格中。

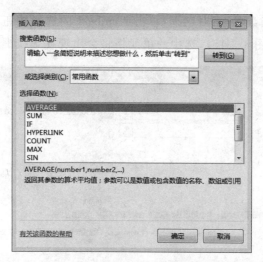

图 4-3-9 "插入函数"对话框

任务实施

（1）打开"E:\工作资料"目录下的"员工销售业绩表.xlsx"。

（2）计算每位员工每月的平均销售额。选中 J3 单元格，然后单击"公式"功能区中的"插入函数"按钮，也可单击编辑栏的 fx 函数插入按钮，如图 4-3-10 所示。

	A	B	C	D	E	F	G	H	I	J
1	麒麟电器有限公司2016年上半年销售业绩统计表									
2	编号	姓名	部门	一月份	二月份	三月份	四月份	五月份	六月份	月平均销售额
3	XS001	王健	销售（1）部	66,500	92,500	95,500	98,000	86,500	71,000	

图 4-3-10 各员工月平均销售额

（3）在弹出的"插入函数"对话框中选择求平均值函数 AVERAGE，然后单击"确定"按钮，如图 4-3-11 所示。

图 4-3-11 求函数"平均值"

（4）接着弹出"函数参数"对话框，单击 Number1 的选择按钮 ![btn]，选定要计算的单元格（见图 4-3-12 和图 4-3-13），选中的单元格将会出现在虚线框内，按 Enter 键确认。

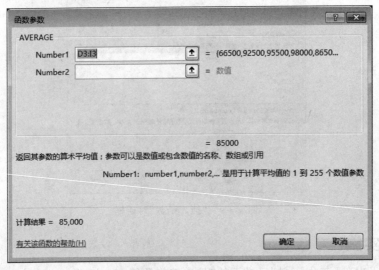

图 4-3-12　函数的参数 1

图 4-3-13　函数的参数 2

（5）单击"确定"按钮完成计算。默认情况下，平均值将保留四位小数，为避免数据过长，可以使用"设置单元格格式"对话框减少小数点的位数，本例中的数据设置为保留两位小数，如图 4-3-14 和图 4-3-15 所示。

麒麟电器有限公司2016年上半年销售业绩统计表

编号	姓名	部门	一月份	二月份	三月份	四月份	五月份	六月份	月平均销售额
XS001	王键	销售（1）部	66,500	92,500	95,500	98,000	86,500	71,000	85,000.0000

图 4-3-14　设置小数点位数 1

（6）使用填充柄功能完成其他分店的数据计算，如图 4-3-16 所示。

192

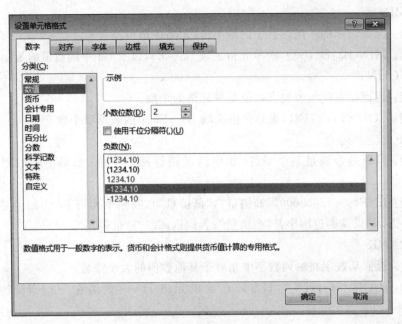

图 4-3-15　设置小数点位数 2

			麒麟电器有限公司2016年上半年销售业绩统计表						
编号	姓名	部门	一月份	二月份	三月份	四月份	五月份	六月份	月平均销售额
XS001	王键	销售（1）部	66,500	92,500	95,500	98,000	86,500	71,000	85,000.00
XS002	李阳	销售（1）部	96,000	72,500	100,000	86,000	62,000	87,500	84,000.00
XS003	高红	销售（1）部	82,050	63,500	90,500	97,000	65,150	99,000	82,866.67
XS004	丁磊	销售（1）部	88,000	82,500	83,000	75,500	62,000	85,000	79,333.33
XS005	苏锐	销售（1）部	92,000	64,000	97,000	93,000	75,000	93,000	85,666.67
XS006	武兵	销售（1）部	87,500	63,500	67,500	98,500	78,500	94,000	81,583.33
XS007	吴娜	销售（2）部	93,050	85,500	77,000	81,000	95,000	78,000	84,925.00

图 4-3-16　使用填充柄功能

知识拓展

常用函数举例如下。

1）SUM

功能：计算给定单元格区域中所有参数之和。

举例：SUM(B3:E3)，求单元格区域 B3～E3 中的数值的总和。

2）AVERAGE

功能：返回其参数的算术平均值。

举例：AVERAGE(E8,E10)，求 E8 和 E10 两个单元格中数值的算术平均值。

3）MAX

功能：返回设定的一组参数中的最大值，忽略逻辑值及文本。

举例：MAX(B3:E3,G3)，求单元格区域 B3～E3，以及 G3 中的数值的最大值。

4）MIN

功能：返回设定的一组参数中的最小值，忽略逻辑值及文本。

举例：MIN(B3:E3,G3)，求单元格区域 B3～E3，以及 G3 中的数值的最小值。

5）COUNT

功能：返回设定区域中包含数值型单元格的个数。

举例：COUNT(B4:F8)，求单元格区域 B4～F8 中的数据项个数。

6）IF

功能：判断是否满足某个条件，如果满足则返回一个值；如果不满足则返回另一个值。

举例：IF(F4＞＝2000000,"高销量","低销量")，判断单元格 F4 中的值是否大于或等于 200 万，如果是则返回字符"高销量"；否则返回字符"低销量"。

7）RANK

功能：返回某数字在一列数字中相对于其他数值的大小排名。

举例：RANK(H5,H\$3:H\$15)，求单元格 H5 内数值在 H3～H15 中的降序排名。

8）COUNTIF

功能：计算某个区域中满足给定条件的单元格数目。

举例：COUNTIF(B4:B8,"＜80000")，返回值为单元格区域 B4～B8 中小于 80000 的单元格个数。

9）SUMIF

功能：对满足条件的单元格求和。

举例：SUMIF(B5:B8,"＜80000",C5:C8)，返回值为单元格区域 B5～B8 中小于 80000 的记录对应在 C5～C8 中的数值的和。

技能拓展

公司每月要对各部门销售业绩进行总结，要求制作"销售业绩统计表"，并要求表格标题日期自动更新。为完成此项任务，需要学会 TODAY()、MONTH()、YEAR()等日期函数的使用方法。其具体操作步骤如下：

(1) 启动 Microsoft Excel 2016，制作完成一张空表，如图 4-3-17 所示。

	A	B	C	D	E	F
1	麒麟电器有限公司2017年6月销售业绩统计表					
2					统计日期	
3	部门	第一周	第二周	第三周	第四周	小计
4	销售（1）部					
5	销售（2）部					
6	销售（3）部					

图 4-3-17 销售业绩统计表

（2）输入日期函数。选中"统计日期："后的单元格 F2,在该单元格或编辑栏中输入日期函数"=TODAY()",按 Enter 键确认后,即可完成日期输入并能自动更新,如图 4-3-18 所示。

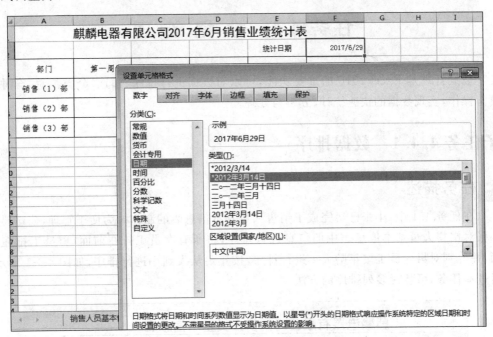

图 4-3-18　输入日期函数

（3）默认的日期格式为"××××.××—××",用户可在设置单元格格式中将日期格式调整为"××××年××月××日"的格式,如图 4-3-19 所示。

图 4-3-19　设置日期格式

（4）动态标题制作。为使标题的时间动态更新,可以使用 YEAR()、MONTH()函数进行设置。选中标题所在单元格后,在编辑栏输入公式"="麒麟电器有限公司"&YEAR(F3)&"年"&MONTH(F3)&"月"&"销售业绩统计表""即可完成(函数中所用文本需要用引号括起来,"&"符号表示合并内容),如图 4-3-20 所示。完成此步骤后,标题中的"2017 年 6 月"将随着 F3 中的日期动态更新。

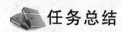

AVERAGE	▼	× ✓ *fx*	=†麒麟电器有限公司"&YEAR(F3)&"年"&MONTH(F3)&"月"&"销售业绩统计表"				

▲	A	B	C	D	E	F	G	H
1								
2	麒麟电器有限公司2017年6月销售业绩统计表							
3					统计日期	2017年6月29日		
4	部门	第一周	第二周	第三周	第四周	小计		
5	销售（1）部							
6	销售（2）部							
7	销售（3）部							

图 4-3-20　编辑栏中输入公式

任务总结

通过本任务的实施，应熟练掌握函数的用法。

任务 4.4　数 据 管 理

数据管理是 Excel 2016 的重要功能，可以对数据进行排序、筛选、分类汇总、合并计算等操作，实现数据的快速统计、分析与处理。

子任务 4.4.1　数据排序

任务描述

在任务 4.1 中，小张已经完成了销售人员基本信息表的制作。为便于管理，公司要求小张对销售人员基本信息表中的信息进行排序，将所有女员工排在前面，男员工排在后面，并分别对男女员工按年龄大小进行排序，按年龄从大到小进行排序，如图 4-4-1 所示。通过本任务，可掌握多列排序的方法。

▲	A	B	C	D	E	F	G	H
1	麒麟电器有限公司销售人员基本信息表							
2	编号	姓名	性别	部门	出生年月	学历	联系电话	备注
3	XS001	王健	男	销售（1）部	1985年2月3日	本科	18047862361	
4	XS002	李阳	男	销售（1）部	1982年4月15日	大专	15798235698	
5	XS003	高红	女	销售（1）部	1980年6月18日	中专	13698753156	
6	XS004	丁磊	男	销售（1）部	1978年10月5日	大专	18147882362	
7	XS005	苏锐	男	销售（1）部	1978年7月10日	研究生	15898335658	
8	XS006	武兵	男	销售（1）部	1981年1月1日	大专	13798853157	
9	XS007	吴娜	女	销售（2）部	1986年6月15日	中专	13568972569	
10	XS008	金媛	女	销售（2）部	1985年4月18日	大专	18247892361	
11	XS009	朱金鹏	男	销售（2）部	1987年11月2日	本科	15798235698	
12	XS010	李侃	男	销售（2）部	1975年5月12日	研究生	13699753158	

图 4-4-1　销售人员基本信息表（部分）

相关知识

1. 数据排序

数据排序是指对数据清单中的数据按一定规则进行整理和排列。排序以记录为单位,即排序前后处于同一行的数据记录不会改变,改变的只是行的顺序。排序时,需要指定三个要素:关键字、排序依据、次序。

"关键字"是数据清单的字段名,也是表格的列标题,可以在"数据包含标题"的情况下直接进行选择,不包含标题的情况按列标排序;"排序依据"就是按该字段的属性,有"数值""单元格颜色""字体颜色""单元格图标",其中"数值"对数字、文本、日期和时间等类型的数据都有效;"次序"常用的有"升序""降序",甚至可以按"自定义序列"排序。

2. 按单列排序

按单列排序是指设置一个排序条件,进行数据的"升序"或"降序"排序。对数据进行排序时,主要利用"排序"工具按钮和"排序"对话框来进行排序。如果用户想快速地根据某一列的数据进行排序,则可使用"常用"工具栏中的排序按钮,如图 4-4-2 所示。

图 4-4-2　按单列排序对应的按钮

3. 按多列排序

利用"数据"功能进行排序虽然方便,但只能按某一列进行排序。如果要按两个或两个以上的字段的内容进行排序时,就要使用"排序"对话框,如图 4-4-3 所示。

图 4-4-3　"排序"对话框

在"排序"对话框中选中"数据包含标题"复选框,则表示在排序时保留数据清单的字段名称行,但字段名称行不参与排序。

任务实施

（1）打开"E：\工作资料"目录下的"销售人员基本信息表.xlsx"。

（2）选定排序数据中的任一单元格（灰底黑字区域内的任意位置），或对需要排序的内容进行全部选定，如图 4-4-4 所示。

	A	B	C	D	E	F	G	H
1	麒麟电器有限公司销售人员基本信息表							
2	编号	姓名	性别	部门	出生年月	学历	联系电话	备注
3	XS001	王健	男	销售（1）部	1985年2月3日	本科	18047862361	
4	XS002	李阳	男	销售（1）部	1982年4月15日	大专	15798235698	
5	XS003	高红	女	销售（1）部	1980年6月18日	中专	13698753156	
6	XS004	丁磊	男	销售（1）部	1978年10月5日	大专	18147882362	
7	XS005	苏锐	男	销售（1）部	1978年7月10日	研究生	15898335658	
8	XS006	武兵	男	销售（1）部	1981年1月1日	大专	13798853157	
9	XS007	吴娜	女	销售（2）部	1986年6月15日	中专	13568972569	
10	XS008	金媛	女	销售（2）部	1985年4月18日	大专	18247892361	
11	XS009	朱金鹏	男	销售（2）部	1987年11月2日	本科	15798235698	

图 4-4-4 设置排序

当选中一个单元格时，有时会出现提示，如图 4-4-5 所示，则选中"扩展选定区域"单选按钮，即可完成排序数据的全部选定（不含列标题）。

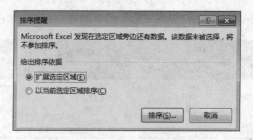

图 4-4-5 "排序提醒"对话框

在选定排序数据时，不能将合并单元格选入其中，否则会出现错误提示。

（3）在 Excel 中单击"数据"功能区，在"排序和筛选"组中单击"排序"按钮，系统将弹出"排序"对话框，如图 4-4-6 和图 4-4-7 所示。

图 4-4-6 "排序和筛选"组

（4）设置排序条件 1。首先设置"性别"排序：在"主要关键字"后面选择"性别"，"排序依据"为"数值"，"次序"为"降序"（"升序"为"男"在前），如图 4-4-8 所示。

（5）设置排序条件 2。单击"添加条件"按钮，在列表框中会出现"次要关键字"的设置，按公司要求，设定"次要关键字"为"出生年月"，"次序"为"升序"，设置完成后单击"确定"按钮，如图 4-4-9 所示。

图 4-4-7 "排序"对话框

图 4-4-8 设置排序条件 1

图 4-4-9 设置排序条件 2

(6) 保存文件。经过排序设置,所有男员工排在后面,且分别按年龄从大到小的顺序进行了排列,如图 4-4-10 所示。

	A	B	C	D	E	F	G	H
1	麒麟电器有限公司销售人员基本信息表							
2	编号	姓名	性别	部门	出生年月	学历	联系电话	备注
3	XS011	王富萍	女	销售(2)部	1975年2月6日	中专	13458975289	
4	XS014	荆艳夏	女	销售(3)部	1978年10月2日	大专	13698852314	
5	XS003	高红	女	销售(1)部	1980年6月18日	中专	13698753156	
6	XS008	金媛	女	销售(2)部	1985年4月18日	大专	18247892361	
7	XS007	吴娜	女	销售(2)部	1986年6月15日	中专	13568972569	
8	XS010	李侃	男	销售(2)部	1975年5月12日	研究生	13699753158	
9	XS005	苏锐	男	销售(1)部	1978年7月10日	研究生	15898335658	

图 4-4-10 排序效果(部分)

知识拓展

下面介绍各种数据的默认排列顺序。

在对数据进行排序时，Excel 2016 也有默认的排列顺序。在按升序排序时，Excel 2016 将使用以下顺序（在按降序排序时，除了空白总是在最后外，其他的排序顺序相反）。

（1）数字按从最小的负数到最大的正数排序。

（2）包含数字的文本中，首先是数字 0～9；其次是字符"'、—、空格、!、"、#、$、%、&、()、* 、、..、/、:、;、,、?、@、\、^、_、`、{、|、}、∽、+、<、=、>"；最后是字母 A～Z。

（3）在逻辑值中，FALSE 排在 TRUE 之前；所有错误值的优先级等效。

（4）空格排在最后。

技能拓展

下面介绍如何使用"自定义序列"排序。

在 Excel 的"排序"对话框中选择好"主要关键字"后单击"选项"按钮，可以选择"自定义序列"作为排序次序，使排序方便快捷且更易于控制，如图 4-4-11 和图 4-4-12 所示。

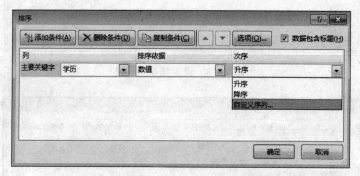

图 4-4-11　使用"自定义序列"选项

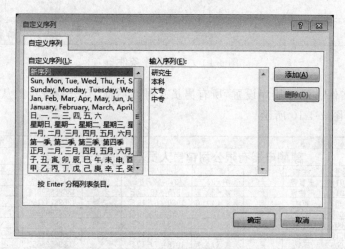

图 4-4-12　"自定义序列"对话框

"自定义序列"只应用于"主要关键字"框中的特定列。在"次要关键字"框中无法使用自定义序列。若要用自定义序列对多个数据列进行排序，则可以逐列进行。例如，要根据列 A 或列 B 进行排序，可先根据列 B 排序，然后通过"排序"对话框确定自定义排序次序，下一步就是根据列 A 排序。

 任务总结

通过本任务的实施，大家能够掌握如何在电子表格中管理数据。

子任务 4.4.2 数据筛选

数据筛选是查找和处理数据清单中数据的快捷方法，用于显示仅满足条件的行。筛选与排序不同，筛选不重排数据清单，而只是将不符合用户设定条件的行暂时隐藏，筛选出来的信息可以进行编辑、设置格式、制作图标和打印等操作。Excel 2016 的筛选分为自动筛选和高级筛选两种。

任务描述

将"E：\工作资料"目录下的"销售人员基本信息表.xlsx"复制一份，更名为"销售人员基本信息表 2.xlsx"，筛选出"男"职工中 1980 年 7 月 1 日以后出生的员工信息，并将内容复制到 Sheet2 中保存起来。本任务可以通过"自动筛选"和"自定义筛选"功能实现。

相关知识

1. 自动筛选

自动筛选为用户提供了在具有大量记录的数据清单中快速查找符合某种条件记录，同时对该列数据进行排序的功能。使用自动筛选时，字段名称将变成一个下拉列表框的框名；筛选后，参与筛选的字段对应的下拉列表框上将显示筛选标识，且筛选结果对应的记录所在行号将变成蓝色，其他记录则自动隐藏，如图 4-4-13 所示。

图 4-4-13 自动筛选

2. 自定义筛选

如果通过一个筛选条件无法获得筛选所需要的筛选结果时，用户可以使用 Excel 的自定义筛选功能。自定义筛选可以设定多个筛选条件，在筛选过程中能灵活处理各种数据。

3. 高级筛选

对于筛选条件较多的情况，可以使用高级筛选功能来处理（见图 4-4-14）。使用高级筛选时，必须先建立一个条件区域，用来指定筛选的数据所需满足的条件。条件区域和数据表不能连接，必须用至少一个空行或空列将它们隔开。

条件区域的第 1 行是所有作为筛选条件的字段名，且与数据表中的字段完全一致。条件区域的其他行则输入筛选条件，且条件与字段名之间不能有空行。具有"与"关系的多重条件放在同一行，具有"或"关系的多重条件放在不同行。

高级筛选的结果可以显示在源数据表中，不符合条件的记录则被隐藏；也可以在当前或其他工作中新的位置显示筛选结果而源数据不变。

图 4-4-14　"高级筛选"对话框

任务实施

（1）打开"E：\工作资料"，将"销售人员基本信息表.xlsx"复制一份，更名为"销售人员基本信息表 2.xlsx"。

（2）自动筛选"男"职工。双击打开"销售人员基本信息表 2.xlsx"，在表格正文任意位置选定，然后在"数据"功能区的"排序和筛选"组中单击"筛选"按钮，完成后，表格中的列标题位置出现一个下拉菜单按钮。要筛选"男"职工，需单击 C2 列标题的下拉按钮，在下拉列表框中将"女"职工前面的"√"去掉即可，如图 4-4-15 所示。

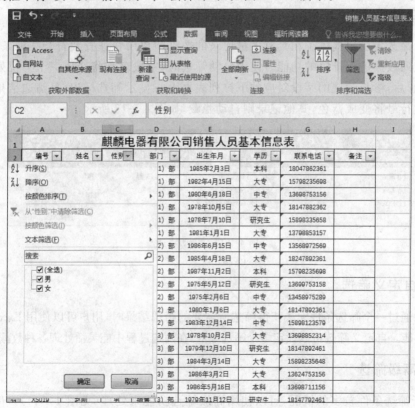

图 4-4-15　自动筛选"男"职工

完成后,表格将只显示所有男性员工的信息,如图 4-4-16 所示。

	A	B	C	D	E	F	G	H
1				麒麟电器有限公司销售人员基本信息表				
2	编号 ▼	姓名 ▼	性别 ▾	部门 ▼	出生年月 ▼	学历 ▼	联系电话 ▼	备注 ▼
3	XS001	王健	男	销售(1)部	1985年2月3日	本科	18047862361	
4	XS002	李阳	男	销售(1)部	1982年4月15日	大专	15798235698	
6	XS004	丁磊	男	销售(1)部	1978年10月5日	大专	18147882362	
7	XS005	苏锐	男	销售(1)部	1978年7月10日	研究生	15898335658	
8	XS006	武兵	男	销售(1)部	1981年11月1日	大专	13798853157	
11	XS009	朱金鹏	男	销售(2)部	1987年11月2日	本科	15798235698	
12	XS010	李侃	男	销售(2)部	1975年5月12日	研究生	13699753158	
14	XS012	李可	男	销售(2)部	1980年1月6日	大专	18147892361	
15	XS013	宋辉	男	销售(2)部	1983年12月14日	中专	15898123579	
17	XS015	王和军	男	销售(3)部	1979年12月10日	研究生	18147892461	
18	XS016	吴利	男	销售(3)部	1984年3月14日	大专	15898235648	
19	XS017	荆累	男	销售(3)部	1986年3月2日	大专	13624753156	
20	XS018	李宏	男	销售(3)部	1986年5月16日	本科	13698711156	
21	XS019	赵刚	男	销售(3)部	1979年11月12日	研究生	18147792461	

图 4-4-16　显示所有男性员工的信息

（3）打开"自定义自动筛选"对话框。首先单击"出生年月"的下拉菜单,在菜单中选择"日期筛选"→"之后"命令,如图 4-4-17 所示,弹出自定义设置对话框。

图 4-4-17　选择"之后"命令

（4）设置日期条件。在"自定义自动筛选方式"对话框中，通过日期选取器按钮 设置日期，或直接在文本框中输入"1980/7/1"，表示筛选出 1980 年 7 月 1 日后出生员工的资料，如图 4-4-18 所示。

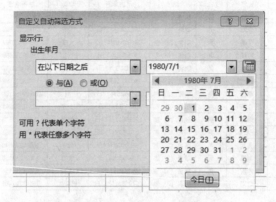

图 4-4-18　设置日期条件

（5）复制信息。筛选完成后，表格将显示出满足筛选条件的所有信息，选中筛选出来的信息（不能选中列标题），按 Ctrl＋C 组合键完成复制，如图 4-4-19 所示。

编号	姓名	性别	部门	出生年月	学历	联系电话	备注
麒麟电器有限公司销售人员基本信息表							
XS001	王健	男	销售（1）部	1985年2月3日	本科	18047862361	
XS002	李阳	男	销售（1）部	1982年4月15日	大专	15798235698	
XS006	武兵	男	销售（1）部	1981年1月1日	大专	13798853157	
XS007	吴娜	女	销售（2）部	1986年6月15日	大专	13568972569	
XS008	金缓	女	销售（2）部	1985年4月18日	大专	18247892361	
XS009	朱金鹏	男	销售（2）部	1987年11月2日	本科	15798235698	
XS013	宋辉	男	销售（2）部	1983年12月14日	大专	15898123579	
XS016	吴利	男	销售（3）部	1984年3月14日	大专	15898235648	
XS017	荆景	男	销售（3）部	1986年3月2日	大专	13624753156	
XS018	李宏	男	销售（3）部	1986年5月16日	本科	13698711156	

图 4-4-19　筛选出来的信息

（6）粘贴信息。单击工作表标签 Sheet2，将光标定位到 A2 单元格处，按 Ctrl＋V 组合键完成粘贴，如图 4-4-20 所示。

A	B	C	D	E	F	G	H
XS001	王健	男	销售（1）部	1985年2月3日	本科	18047862361	
XS002	李阳	男	销售（1）部	1982年4月15日	大专	15798235698	
XS006	武兵	男	销售（1）部	1981年1月1日	大专	13798853157	
XS007	吴娜	女	销售（2）部	1986年6月15日	中专	13568972569	
XS008	金缓	女	销售（2）部	1985年4月18日	大专	18247892361	
XS009	朱金鹏	男	销售（2）部	1987年11月2日	本科	15798235698	
XS013	宋辉	男	销售（2）部	1983年12月14日	中专	15898123579	
XS016	吴利	男	销售（3）部	1984年3月14日	大专	15898235648	
XS017	荆景	男	销售（3）部	1986年3月2日	大专	13624753156	
XS018	李宏	男	销售（3）部	1986年5月16日	本科	13698711156	

图 4-4-20　粘贴信息

（7）单击"保存"按钮并退出。

技能拓展

下面介绍数字筛选。

如果要对数值字段使用自动筛选来显示数据清单里的前 n 个最大值或最小值，可以使用 Excel 2016 的自定义筛选中的"数字筛选"选项快速完成。"数字筛选"选项不仅可以完成自定义条件数字的筛选，还能完成"10 个最大的值""高于平均值""低于平均值"等的设置。

注意：这里的"10 个最大的值"是模糊概念，用户还可以设定任意的最大值进行显示，如图 4-4-21 所示。

图 4-4-21　数字筛选

任务总结

通过本任务的实施，大家能够掌握在电子表格中筛选数据的基本方法。

子任务 4.4.3　数据分类汇总

任务描述

打开"E：\工作资料"下的"第一月员工工资表（副本）.xlsx"，按性别对男女职工的实发工资、平均工资进行分类汇总。

相关知识

Excel 中的数据分类汇总功能可按照一定的条件对表格数据进行汇总，提供结果进行分析。在分类汇总前要确保每一列的第 1 行都具有标题，每一列数据信息不同，且不包含空白行或列。分类汇总之前需要对分类字段进行排序。

1. 创建分类汇总

（1）根据需要进行分类汇总的字段对数据表进行排序。

（2）在"数据"功能区的"分级显示"组中单击"分类汇总"按钮。

（3）弹出"分类汇总"对话框，在对话框中选择"分类字段""汇总方式""选定汇总项"和"汇总结果显示在数据下方"等选项。

2. 删除分类汇总

若要删除分类汇总，只需再次单击"分类汇总"按钮，在对话框中单击"全部删除"按钮即可。

3. 显示与隐藏分类汇总数据

Excel 2016 还提供了更加便利的操作方法，分类汇总后的数据表行号左侧将出现分级显示按钮，用户可以根据需要显示或隐藏分类汇总数据。

任务实施

（1）打开"E：\工作资料"目录下的"员工销售业绩表（副本）.xlsx"。

（2）对表中的数据按性别进行排序。Excel 在进行分类汇总前，必须按分类汇总列对表格进行排序，如图 4-4-22 所示。

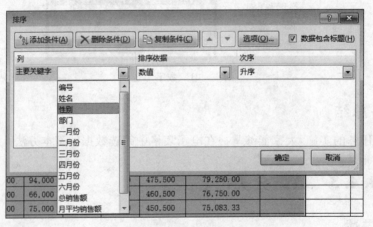

图 4-4-22　按性别排序

（3）打开"分类汇总"对话框。首先要选中所有需要分类汇总的数据行（整行数据），列标题也要包含其中，如图 4-4-23 所示。然后在"数据"功能区的"分级显示"工作组中选择"分类汇总"命令。

（4）按任务要求对分类汇总进行设置。在"分类字段"中选择"性别"，"汇总方式"为"平均值"，"选定汇总项"为"总销售额"。如果要使用分页显示汇总数据，可在"每组数据分页"选项前打"√"，如图 4-4-24 所示。

（5）完成分类汇总后，男、女总计平均值将显示出来，用户还可以通过窗口左边分级

编号	姓名	性别	部门	一月份	二月份	三月份	四月份	五月份	六月份	总销售额
\multicolumn{11}{c}{麒麟电器有限公司2016年上半年销售业绩统计表}											
XS001	王健	男	销售（1）部	66,500	92,500	95,500	98,000	86,500	71,000	510,000
XS002	李阳	男	销售（1）部	96,000	72,500	100,000	86,000	62,000	87,500	504,000
XS003	高红	女	销售（1）部	82,050	63,500	90,500	97,000	65,150	99,000	497,200
XS004	丁磊	男	销售（1）部	88,000	82,500	83,000	75,500	62,000	85,000	476,000
XS005	苏锐	男	销售（1）部	92,000	64,000	97,000	93,000	75,000	93,000	514,000
XS006	武兵	男	销售（1）部	87,500	63,500	67,500	98,500	78,500	94,000	489,500

图 4-4-23　选定分类汇总数据行

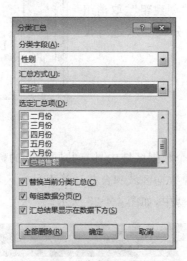

图 4-4-24　对分类汇总进行设置

显示"＋"."按钮来隐藏或显示相关数据，如图 4-4-25 所示。

编号	姓名	性别	部门	一月份	二月份	三月份	四月份	五月份	六月份	总销售额
\multicolumn{11}{c}{麒麟电器有限公司2016年上半年销售业绩统计表}											
XS003	高红	女	销售（1）部	82,050	63,500	90,500	97,000	65,150	99,000	497,200
XS007	吴娜	女	销售（2）部	93,050	85,500	77,000	81,000	95,000	78,000	509,550
XS008	金媛	女	销售（2）部	96,500	86,500	90,500	94,000	99,500	70,000	537,000
XS011	王富萍	女	销售（3）部	77,000	60,500	66,050	84,000	98,000	93,000	478,550
XS014	荆艳霞	女	销售（3）部	80,500	96,000	72,000	66,000	61,000	85,000	460,500
		女 平均值								496,560
XS001	王健	男	销售（1）部	66,500	92,500	95,500	98,000	86,500	71,000	510,000
XS002	李阳	男	销售（1）部	96,000	72,500	100,000	86,000	62,000	87,500	504,000
XS004	丁磊	男	销售（1）部	88,000	82,500	83,000	75,500	62,000	85,000	476,000
XS005	苏锐	男	销售（1）部	92,000	64,000	97,000	93,000	75,000	93,000	514,000
XS006	武兵	男	销售（1）部	87,500	63,500	67,500	98,500	78,500	94,000	489,500
XS009	朱金鹏	男	销售（2）部	79,500	98,500	68,000	100,000	96,000	66,000	508,000
XS010	李侃	男	销售（2）部	72,500	74,500	60,500	87,000	77,000	78,000	449,500
XS012	李可	男	销售（2）部	63,000	99,500	78,500	63,150	79,500	65,500	449,150
XS013	宋辉	男	销售（2）部	74,000	72,500	67,000	94,000	78,000	90,000	475,500
XS015	王和军	男	销售（3）部	76,500	70,000	64,000	75,000	87,000	78,000	450,500
XS016	吴利	男	销售（3）部	95,000	95,000	70,000	89,500	61,150	61,500	472,150
XS017	荆景	男	销售（3）部	56,000	77,500	85,000	83,000	74,500	79,000	455,000
XS018	李宏	男	销售（3）部	69,000	89,500	92,500	73,000	58,500	96,500	479,000
XS019	赵刚	男	销售（3）部	62,500	76,000	57,000	67,500	88,000	84,500	435,500
		男 平均值								476,271

图 4-4-25　分类汇总后的效果

　　如要删除分类汇总，可以单击"分类汇总"对话框中的"全部删除"按钮。在"分级显示"工作组中，还可以对分级显示进行进一步设置，用"分级显示"组中的按钮进行操作。

知识拓展

（1）分类汇总的操纵总是从最高级开始分类，往下分类数据显示汇总结果更详细。"汇总方式"栏有基本的汇总计算。

（2）多级分类汇总表的左下方可以看到"分级显示"按钮，单击"＋"或"."按钮可隐藏或显示不同级别的汇总信息。

（3）"分级显示"组中的"创建组""取消组合"可对分类汇总的选项及分级显示进行设置，如图 4-4-26 所示。

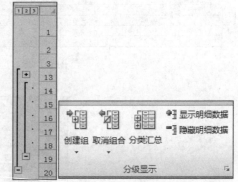

图 4-4-26　"分级显示"组

技能拓展

下面介绍数据合并计算。

合并计算的目的是对几个数据区域中具有共同属性的数据按属性组合，建立合并计算表。在合并计算过程中，源数据区域和合并计算表目标区域可以在同一张工作表中，也可以在不同的工作表或工作簿中，如图 4-4-27 所示。

图 4-4-27　数据合并计算

合并计算有两种形式，一种是按位置进行合并计算；另一种是按分类进行合并计算。

在"合并计算"对话框中对"函数""引用位置"等进行设置，即可完成相关操作。选择"函数"作为计算方式；选择"引用位置"并添加到"所有引用位置"列表框中；根据分类标记所在位置选择"标签位置"为"首行"或"最左列"，在一次合并计算中，可以同时选中两个复选框，如图 4-4-28 所示。

灵活运用合并计算，还能在一张数据表中快速实现平均值、最大值、最小值、乘积、方差等统计。

任务总结

通过本任务的实施，应掌握下列知识和技能。

- 掌握对数据分类汇总的方法。
- 掌握数据合并的操作。

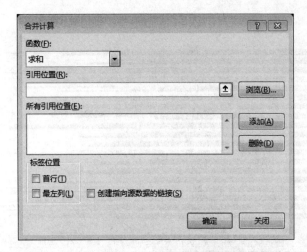

图 4-4-28　"合并计算"对话框

任务 4.5　图　　表

Excel 的数据图表功能,可将数据以图表形式显示,使数据更加直观和生动,便于理解,能帮助用户进行数据分析,为决策提供有力的依据。

任务描述

最近,麒麟电器有限公司销售部对 2017 年上半年的销售情况进行了统计,为使数据更加直观生动,并为下阶段的销售目标制订计划,公司要求小张制作出销售统计图表,图表要求分类显示出各销售人员 1—3 月的销售情况,如图 4-5-1 所示。

相关知识

在 Excel 中,制作图表包括三个方面的内容:创建数据图表、编辑图表和设置图表格式。

1. 创建数据图表

选择需要建立图表的数据后,在"插入"选项卡的"图表"组中单击相应按钮,可以直接选择一种图表类型;或者单击该组右下角的箭头按钮,弹出"插入图表"对话框,然后选择子类型即可创建图表,如图 4-5-2 所示。

创建的图表与源数据保持引用关系,当数据源被修改时,图表自动更新。

2. 图表工具

插入图表后,在功能区就会出现"图表工具"及"布局""设计"和"格式"选项卡,调整图表的类型、数据、布局、样式等操作都可以在这里实现。

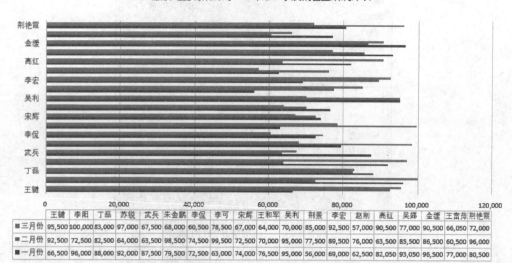

图 4-5-1　1—3 月的销售情况

	王键	李阳	丁磊	苏锐	武兵	朱金鹏	李侃	李可	宋辉	王和军	吴利	荆景	李宏	赵刚	高红	吴辉	金缓	王富芽	荆艳霞
■三月份	95,500	100,000	83,000	97,000	67,500	68,000	60,500	78,500	67,000	64,000	70,000	85,000	92,500	57,000	90,500	77,000	90,500	66,050	72,000
■二月份	92,500	72,500	82,500	64,000	63,500	98,500	74,500	99,500	72,500	70,000	95,000	77,500	89,500	76,000	63,500	85,500	86,500	60,500	96,000
■一月份	66,500	96,000	88,000	92,000	87,500	79,500	72,500	63,000	74,000	76,500	95,000	56,000	69,000	62,500	82,050	93,050	96,500	77,000	80,500

图 4-5-2　创建数据图表

3. 更改图表类型

在"图表工具"的"设计"选项卡中单击"更改图表类型"按钮,可以将已创建的图表改变成另一种类型,不必删除后重新创建新图表,如图 4-5-3 所示。

4. 选择图表数据

在"图表工具"的"设计"选项卡中,单击"数据"功能组中的"选择数据"按钮,可以修改图表数据源,并进行系列和分类调整,如图 4-5-4 所示。

5. 设置图表格式

在"图表工具"的"设计"选项卡中,有"图表布局"和"图表样式"两个分组,用户可以直接选择应用预定义的布局和样式。

当需要手动更改图表的标签、坐标轴、背景等元素设置,或进行形状样式等美化修饰时,还可以通过"图表工具"的"布局"和"样式"选项卡实现。

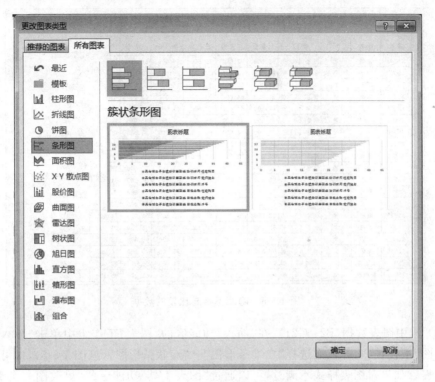

图 4-5-3 "更改图表类型"对话框

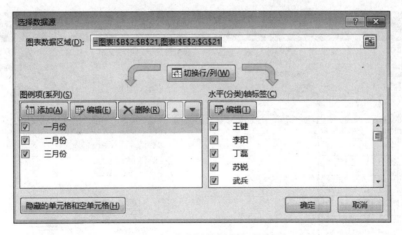

图 4-5-4 "选择数据源"对话框

任务实施

（1）打开"E：\工作资料"目录下的"员工销售业绩表 2.xlsx"。

（2）为使操作方便,可先将不参与比较的数据"隐藏"（单击"取消隐藏"按钮可还原显示）,选中 A、C、D、H、I、J、K 列,在列标上右击,在弹出的快捷菜单中选择"隐藏"命令,如图 4-5-5 所示。

	麒麟电器有限公司2017年上半年销售业绩统计表									
编号	姓名	性别	部门	一月份	二月份	三月份	四月份	五月份	六月	
XS001	王健	男	销售（1）部	66,500	92,500	95,500	98,000	56,500	71.	
XS002	李阳	男	销售（1）部	96,000	72,500	100,000	56,000	62,000	87.	
XS004	丁昌	男	销售（1）部	88,000	82,500	83,000	75,500	62,000	85.	
XS005	苏锐	男	销售（1）部	92,000	64,000	97,000	93,000	75,000	93.	
XS006	武兵	男	销售（1）部	87,500	63,500	67,500	95,500	78,500	94.	
XS009	朱金鹏	男	销售（2）部	79,500	98,500	68,000	100,000	96,000	66.	
XS010	李侃	男	销售（2）部	72,500	74,500	60,500	57,000	77,000	75.	
XS012	李可	男	销售（2）部	63,000	99,500	78,500	63,150	79,500	65.	
XS013	克辉	男	销售（2）部	74,000	72,500	67,000	94,000	75,000	90.	
XS015	王和军	男	销售（3）部	76,500	70,000	64,000	75,000	87,000	75.	
XS016	吴利	男	销售（3）部	95,000	95,000	70,000	59,500	61,150	61.	
XS017	荆景	男	销售（3）部	56,000	77,500	85,000	83,000	74,500	79.	
XS018	李宏	男	销售（3）部	69,000	89,500	92,500	73,000	58,500	96,000	479,000
XS019	赵刚	男	销售（3）部	62,500	76,000	57,000	67,500	88,000	84,500	435,500
XS003	高红	女	销售（1）部	82,050	63,500	90,500	97,000	65,150	99,000	497,200
XS007	吴娜	女	销售（2）部	93,050	85,500	77,000	51,000	95,000	78,000	509,550
XS008	金嫒	女	销售（2）部	96,500	86,500	90,500	94,000	99,500	70,000	537,000
XS011	王富萍	女	销售（2）部	77,000	60,500	66,050	54,000	98,000	93,000	475,550
XS014	荆艳霞	女	销售（3）部	80,500	96,000	72,000	66,000	61,000	85,000	460,500

图 4-5-5　隐藏不参与比较的数据

（3）选中图表数据（B2：G21），在"插入"功能区的"图表"工作组中单击"插入柱形图或条形图"下拉按钮，并依次选择"二维条形图"→"簇状条形图"（见图 4-5-6），即可生成简单的图表。如果对图表样式不满意，可以通过"图表工具"功能区的"更改图表类型"进行重新选择，如图 4-5-7 所示。

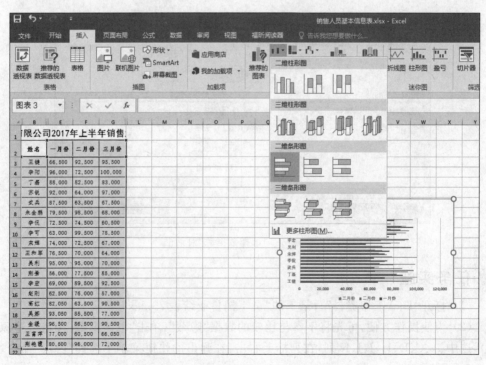

图 4-5-6　"插入"功能区的"图表"工作组

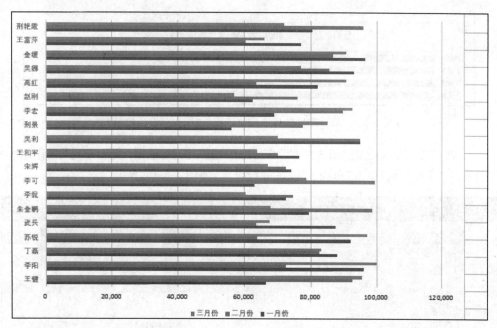

图 4-5-7 簇状条形图

（4）给图表加标题。在"图表工具"的"设计"选项卡中，单击"图表布局"工作组中的"添加图表元素"下拉按钮（见图 4-5-8），依次选择"图表标题"→"图表上方"命令，在图表上方提示区域输入"麒麟电器有限公司 2017 年第一季度销售业绩统计表"（字体设置为12 号、宋体），如图 4-5-9 所示。

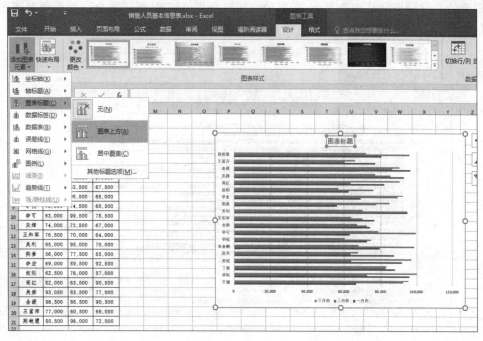

图 4-5-8 添加图表标题

213

图 4-5-9　第一季度销售业绩统计图（加图表标题后效果）

（5）改变图表布局。在"图表工具"的"设计"选项卡中，单击"图表布局"工作组中的"快速布局"下拉按钮，单击"布局 5"按钮进行设置，如图 4-5-10 所示。

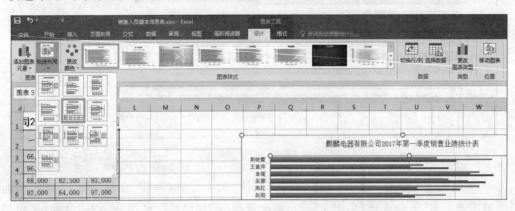

图 4-5-10　改变图表布局

（6）将图表移动到表格下面，适当调整大小后保存并退出。Excel 创建的图表可以根据需要随意移动位置及改变大小，在拖动的同时按住 Alt 键，图表将会自动精确对齐到单元格边缘。本例需将图表移动到正文下面，调整到合适位置即可，如图 4-5-11 所示。

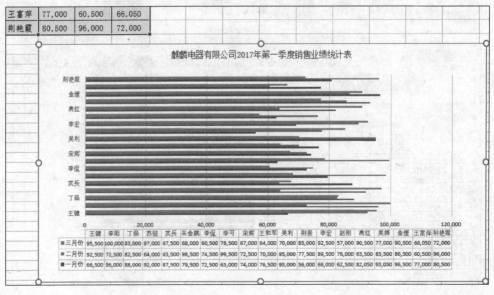

图 4-5-11　效果图

Excel 可以作为对象放在某张工作表中,也可以作为工作表图表。改变的方式:选择"图表工具"中的"设计"选项卡,然后在"位置"组中单击"移动图表"按钮,在打开的"移动图表"对话框中选择放置图表的位置即可,如图 4-5-12 所示。

图 4-5-12 "移动图表"对话框

📖 知识拓展

1. 认识图表

图表由标题、图例、数据标签、坐标轴及标题和网格线等构成。在选定图表后,可以通过"布局"功能区各组的工具根据需要进行调整。

(1)图表标题:描述图表的名称。默认在图表的顶端,可有可无。

(2)坐标轴与坐标轴标题:坐标轴标题是 X 轴和 Y 轴的名称,可有可无。

(3)图例:包含图表中相应的数据系列的名称和数据系列在图中的颜色。

(4)绘图区:以坐标轴为界的区域。

(5)数据系列:一个数据系列对应工作表中选定区域的一行或一列数据。

(6)数据标签:可以用来标识数据系列中数据点的详细信息。

(7)网格线:从坐标轴刻度线延伸出来并贯穿整个"绘图区"的线条系列,可有可无。

(8)背景墙与基底:三维图表中会出现背景墙与基底,是包围在许多三维图表周围的区域,用于显示图表的维度和边界。

2. 常见图表类型的功能特点

Excel 提供了不同的图表类型,用户可根据需要选择,以最合适、最有效的方式展现工作表的数据特点。大家可查阅资料完善表 4-5-1 列出的常见图表类型的功能特点。

表 4-5-1 常见图表类型的功能特点

图 表 名 称	功 能 特 点
柱形图	
条形图	
折线图	
饼图	

续表

图 表 名 称	功 能 特 点
XY（散点）图	
面积图	
圆环图	
雷达图	
曲面图	
气泡图	
圆锥、圆柱和棱锥	

技能拓展

1. 套用图表样式

Excel 内置了多套图表模式，用户创建图表后，只需直接套用图表样式即可。操作方法：选中要套用样式的图表，选择"图表工具"中的"设计"选项卡，在"图表样式"组中单击右下角的小三角按钮，从图表样式中选择满意的样式即可，如图 4-5-13 所示。

图 4-5-13　套用图表样式

2. 添加次坐标轴

Excel 图表默认情况下只有主坐标轴，当需要对两种数据进行对比时，则需要设置主次两个坐标轴，使数据清晰直观地显示在不同的坐标轴上。其具体操作步骤如下：

（1）完成两种数据表格的制作，在表格中保存两个字段"销售额""同比增长"，如图 4-5-14 所示。

	A	B	C
1	麒麟电器有限公司2017年第一季度销售业绩统计表		
2	月份	销售额	同比增长
3	一月份	265530	15%
4	二月份	269626	23%
5	三月份	234385	4%

图 4-5-14　第一季度销售业绩统计表

（2）使用图表工具创建二维柱形图，如图 4-5-15 所示。

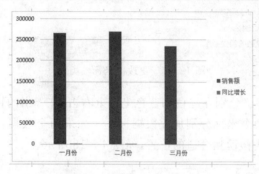

图 4-5-15 二维柱形图

（3）在图表中的"同比增长"处右击，选择"设置数据系列格式"命令，在对话框中选中"次坐标轴"单选按钮，如图 4-5-16 所示。

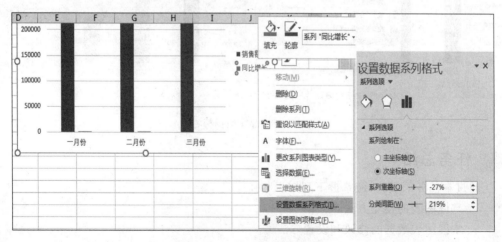

图 4-5-16 设置数据系列格式

（4）更改次坐标轴类型。为不影响两个坐标轴的显示效果，在红色标记区域右击，选择"更改系列图表类型"命令,将图表类型调整为"带数据标记的折线图"(第四个折线图),如图 4-5-17 所示。

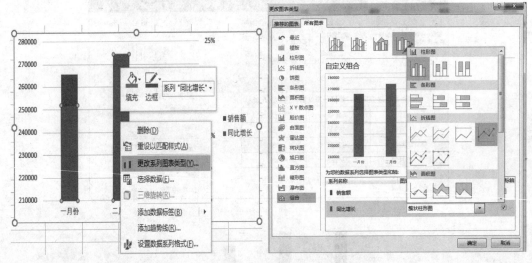

图 4-5-17　更改次坐标轴类型

（5）显示数据标签。分别在红色和蓝色坐标上右击,在弹出的快捷菜单中选择"添加数据标签"命令,可为两个坐标分别加上数据标签。如果两个数据标签的位置重合,还可以通过鼠标拖动的方式移动到合适的位置,如图 4-5-18 所示。

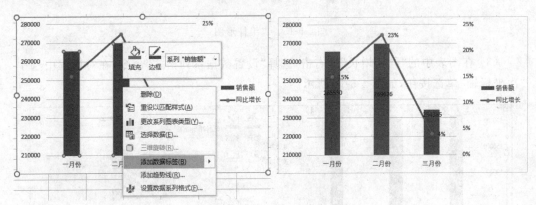

图 4-5-18　显示数据标签

任务总结

通过本任务的实施,应掌握下列知识和技能。

- 掌握图表的建立方法。
- 掌握图表数据的修改和设置方法。
- 掌握图表的美化设置方法。

任务 4.6　打印工作表

任务描述

对"销售人员基本信息表 3.xlsx"进行设置,应达到以下要求。

(1) 使用 A4 纸张横向打印。

(2) 为文档添加页眉和页脚。页眉为公司名称,左对齐;页脚为"第 * 页(共 * 页)"格式,并将页眉/页脚"字体"设置为"楷体","字号"设置为"10 磅"。

(3) 每一页都有标题,页面内容居中。

相关知识

下面介绍页面格式的设置方法。

对工作表进行页面设置,可以对表格进行美化设置,控制打印出的工作表的版面,并完成打印输出,用户可以通过 Excel 的"页面布局"选项卡进行页面格式的设置,如图 4-6-1 所示。

图 4-6-1　页面布局

"页面布局"组由"页边距""纸张方向""纸张大小""打印区域""分隔符"等组成。"打印区域"可设置文档的打印范围;"打印标题"可使每一页都显示标题;"背景"可为文档添加背景图片使工作表美观,如图 4-6-2 所示。

在"页面设置"对话框中,可以对"页面""页边距""页眉/页脚""工作表"四个选项卡中的选项进行设置。"页面"选项卡可设置"方向""缩放""纸张大小""打印质量""起始页码"等内容。

"页边距"选项卡可调整打印内容在纸张的位置,包括上、下、左、右边距,以及页眉/页脚位置及表格对齐方式等。

"页眉/页脚"选项卡可根据需要,对纸张的顶端和底端进行自定义设置,如添加页码、日期等。

"工作表"选项卡可对打印区域、打印标题、打印顺序等进行设置。

任务实施

(1) 打开任务 4.1 中的"销售人员基本信息表 3.xlsx",查看打印效果,以便对工作表的打印结构有初步的了解,如图 4-6-3 所示。

图 4-6-2 "页面设置"对话框

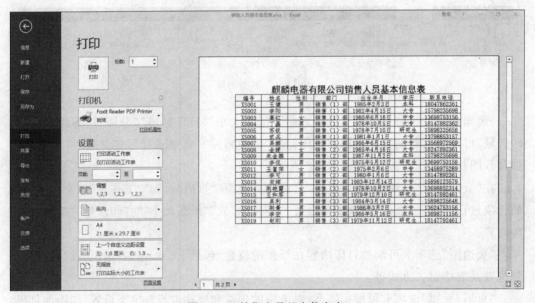

图 4-6-3 销售人员基本信息表

（2）设置页面。打开"页面设置"对话框，选择"页面"选项卡，将"方向"设置为"横向"，"纸张大小"为 A4，单击"确定"按钮，如图 4-6-4 所示。

（3）设置页边距。在"页面设置"对话框中选择"页边距"选项卡，将上、下、左、右边距均设置为 2，在"居中方式"选项中选择"水平"复选框，表示整个表格为水平居中对齐，设置完成后单击"确定"按钮，如图 4-6-5 所示。

图 4-6-4 设置页面

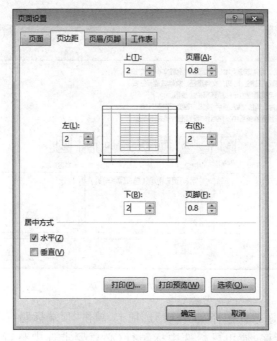

图 4-6-5 设置页边距

（4）设置页眉/页脚。首先设置页眉,单击"页眉/页脚"选项卡中的"自定义页眉"按钮,在弹出的"页眉"对话框标记为"左"的文本框中输入公司名称"麒麟电器有限公司",单击"确定"按钮,如图 4-6-6 所示。

设置页脚:单击"自定义页脚"按钮,在弹出的对话框中进行设置。在"中"文本框中

221

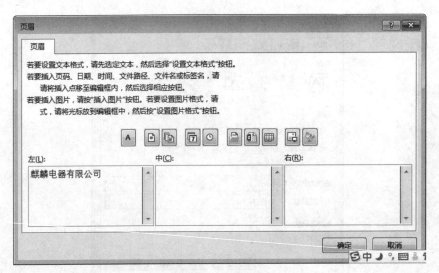

图 4-6-6　设置页眉

首先输入"第"字。然后单击"页码"插入按钮，再输入"页"字。再依次输入左括号
"（""总"，单击"总页码"插入按钮，输入"页""）"，单击"确定"按钮即可完成设置，如图 4-6-7
所示。

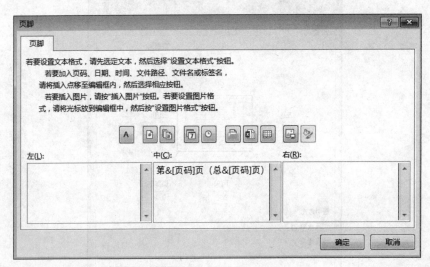

图 4-6-7　设置页脚

（5）设置打印标题行。选择"工作表"选项卡，单击"顶端标题行"文本框后的按钮，弹
出"顶端标题行"对话框，使用鼠标选中标题行（必要要求选中整行，包括空白位置），按
Enter 键确认后即可完成。单击"页面设置"对话框中的"确定"按钮，即可完成设置，如
图 4-6-8 和图 4-6-9 所示。

（6）设置页眉/页脚字体的格式。在"视图"选项卡的"工作簿视图"中单击"页面布
局"按钮，在页面视图中选中页眉和页脚文字，设置为"宋体、10 号"（也可在"页面设置"对
话框中的"自定义页眉"和"自定义页脚"中进行设置）。在页面视图中，还可以通过拖动边

图 4-6-8 设置顶端标题行

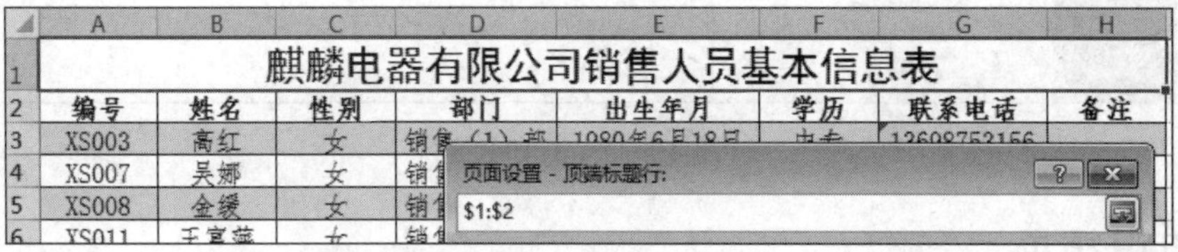

	A	B	C	D	E	F	G	H
1	麒麟电器有限公司销售人员基本信息表							
2	编号	姓名	性别	部门	出生年月	学历	联系电话	备注
3	XS003	高红	女	销售（1）部	1980年6月18日	中专	13698753156	
4	XS007	吴娜	女	销售				
5	XS008	金缕	女	销售				
6	XS011	王宣燕	女	销售				

页面设置 - 顶端标题行：

$1:$2

图 4-6-9 效果图

界线和间隔线对页面距进行微调，以达到理想的打印效果，如图 4-6-10 所示。

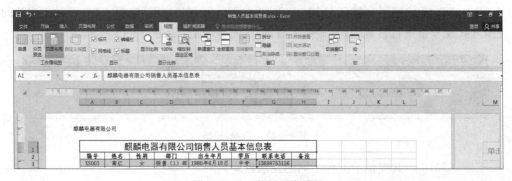

图 4-6-10 页眉/页脚效果

（7）回到页面视图，依次选择"文件"→"打印"→"打印预览"命令，可以查看效果，如图 4-6-11 所示。

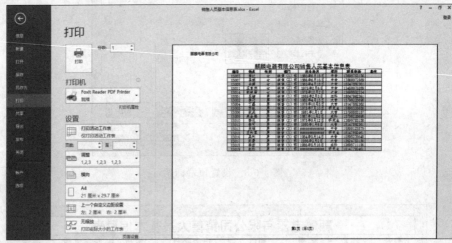

图 4-6-11　打印预览

知识拓展

1. Excel 的视图

Excel 2016 的视图功能区与 Word 2016 有所区别，在"视图"选项卡中，可对工作簿的视图方式及显示进行设置，包括显示窗口调整、宏等功能，如图 4-6-12 所示。

图 4-6-12　Excel 视图

Excel 2016 一共提供了五种不同的视图模式。

（1）普通视图：默认视图，可方便查看全局数据及结构。

（2）页面布局：页面必须输入数据或选定单元格才会高亮显示，可以清楚地显示每一页的数据，并可直接输入页眉和页脚内容，但数据列数多了（不在同一页面）查看不方便。

（3）分页预览：清楚地显示并标记第几页，通过鼠标单击并拖动分页符，可以调整其位置,方便设置缩放比例。

(4) 自定义视图:可以定位多个自定义视图,根据用户需要,保存不同的打印设置、隐藏行/列及筛选设置,更具个性化。

(5) 全屏显示:隐藏菜单及功能区,使页面几乎放大到整个显示器,可与其他视图配合使用。按 Esc 键可退出全屏显示。

2. 分页符的作用

在工作表插入的分页符主要起到强制分页的作用。预览和打印时会在分页符的地方强制分页。比如,相邻的两张表格,上面一张表格只有半页,如果不插入分页符,在预览和打印时上一张表和下一张表的一部分就会打印在同一页。而在第一张表的后面插入一个分页符以后,第一张表就单独成为一页,紧接着的第二张表就会变成第二页,这样就不需要在两张表格之间插入空行来调节分页了。

3. 缩放页面

调整分页符后,如仍然无法将打印的工作表内容打印在一页上时,可使用打印设置中的"无缩放"功能改变行或列的大小,使其在一页纸上完成打印,如图 4-6-13 所示。

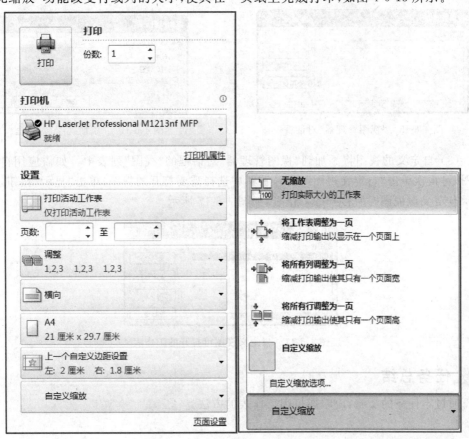

图 4-6-13　缩放页面

技能拓展

下面介绍如何自定义 Excel 的视图模式。

为了将工作表特定的显示设置（如行高、列宽、单元格选择、筛选设置和窗口设置）和打印格式（页面距、纸张大小、页眉和页脚等）保存在特定的视图中，用户可在设置后自定义视图模式。其具体操作步骤如下：

（1）在"视图"选项卡的"工作簿视图"组中单击"自定义视图"按钮，如图 4-6-14 所示。

图 4-6-14　工作簿视图

（2）在打开的"视图管理器"对话框（见图 4-6-15）中单击"添加"按钮，打开"添加视图"对话框，在"名称"文本框中输入视图的名称，在"视图包括"栏中选中"打印设置"和"隐藏行、列及筛选设置"复选框。单击"确定"按钮可完成操作，如图 4-6-16 所示。

图 4-6-15　"视图管理器"对话框

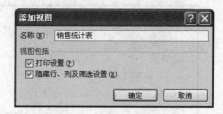

图 4-6-16　"添加视图"对话框

（3）自定义的视图将添加到"视图管理器"对话框的"视图"列表中。如需应用自定义视图，可再次单击"自定义视图"按钮，在其中选择需要打开的视图，单击"显示"按钮，即可显示自定义该视图时所打开的工作表，如图 4-6-17 所示。

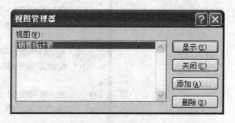

图 4-6-17　自定义视图可打开的工作表

任务总结

通过本任务的实施，应掌握打印工作表的方法。

课 后 练 习

一、选择题

1. Excel 2010 默认的工作簿名称是（　　）。
   A. 工作簿　　　　B. Sheet1　　　　C. 工作簿 2　　　　D. Book1.xlsx

2. 在 Excel 中指定 C2～E6 五个单元格的表示形式是（　　）。
   A. C2,E6　　　　B. C2&E6　　　　C. C2；E6　　　　D. C2：E6

3. 在 Excel 单元格中输入公式时，输入的首字符必须为（　　）。
   A. ＝　　　　　　B. ：　　　　　　C. ”　　　　　　D. －

4. 已知单元格 A1、B1、C1、A2、B2、C2 中分别存放数值 1、3、5、7、9、10，单元格 D1 中存放着公式“＝A1＋＄B＄1＋C1”，利用填充方法将公式填充到 E1，则 E1 中的结果为（　　）。
   A. 20　　　　　　B. 9　　　　　　C. 26　　　　　　D. 15

5. 在 Excel 单元格中输入字符型数据，当宽度大于单元格宽度时，正确的叙述是（　　）。
   A. 多余部分会丢失
   B. 必须增加单元格宽度后才能输入
   C. 右侧单元格中的数据将丢失
   D. 右侧单元格中的数据不会丢失

6. 已知单元格 A1、B1、C1、A2、B2、C2 中分别存放数值 1、2、3、4、5、6，单元格 D1 中存放着公式“＝MAX(A1：C1)＋AVERAGE(A2：C2)”，此时单元格 D1 中的结果为（　　）。
   A. 0　　　　　　B. 15　　　　　　C. 8　　　　　　D. ＃REF

7. 在单元格中输入数值和文字数据，默认的对齐方式是（　　）。
   A. 全部左对齐　　　　　　　　　B. 全部右对齐
   C. 分别为左对齐和右对齐　　　　D. 分别为右对齐和左对齐

8. 在 Excel 中新建工作簿后，第一张工作表默认名称是（　　）。
   A. Book1　　　　B. 表　　　　C. Sheet1　　　　D. 表 1

9. 题图 4-1 所显示的命令栏是（“　　”）选项卡。

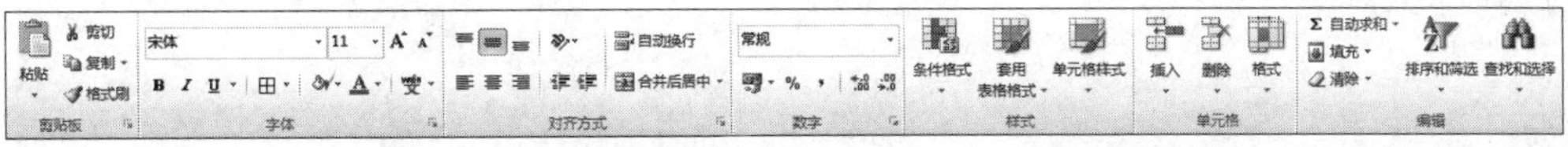

题图 4-1　命令栏

   A. 开始　　　　B. 编辑　　　　C. 工具　　　　D. 插入

10. 在绝对引用时，要在行号和列标前加入（　　）符号。
   A. @　　　　　　B. ％　　　　　　C. ＃　　　　　　D. ＄

二、填空题

1. 如果用自动设置小数点位数的方法输入数据时，当设定小数点位数是 2 时，输入 12.348 后会显示_____。

2. 在 Excel 工作簿中，要同时选择多张不相邻的工作表，可以在按住_____键的同时依次单击各张工作表的标签。

3. Excel 工作表区域 A6:H9 中的单元格个数共有_____个。

4. 当向 Excel 工作表单元格输入公式时，用 SUM()函数计算单元格区域 A1:C4 和 D3:H9 的和，请写出公式"=_____"。

5. 在 Excel 2010 中输入数据时，如果输入的数据具有某种内在规律，则可以利用它的_____功能。

6. Excel 列标的有效范围为_____。

7. Excel 2010 中，为了让低版本的 Excel 能够使用文件，在创建时应选用_____文件类型。

8. 函数 ROUND(12.15,1)的计算结果为_____。

9. 保存重要信息工作簿，不想被其他人随意查看和修改，可以_____，限制其他人的查看和修改。

10. 运算符对公式中的元素进行特定类型的运算。Excel 2010 包含四种类型的运算符：算术运算符、比较运算符、文本运算符和引用运算符。其中符号"&"属于_____，"%"属于_____，">"属于_____，":"属于_____。

三、简答题

1. 如何改变工作簿的扩展名？

2. 请描述分类汇总的过程。

3. 如何插入页眉/页脚？

4. 简述创建图表（柱状图）的步骤。

项目 5　制作演示文稿

任务 5.1　建立一个新的演示文稿

PowerPoint 简称 PPT,是 Microsoft Office 应用软件中的一款演示文稿软件,主要用于设计和制作信息展示领域的各种电子演示文稿。用户利用 PowerPoint 制作文稿时,能够制作出将封面、前言、目录、文字页、图表页、图片页、视频、音频等集于一体的多媒体演示文稿,使演示文稿的编制更加清晰直观。它是人们日常生活、工作和学习中使用最广泛的幻灯演示软件。

通过学习该任务,使大家熟悉 PowerPoint 2016 的工作界面,掌握演示文稿的创建、编辑等基本操作。

子任务 5.1.1　认识 PowerPoint 2016 界面

任务描述

用户利用 PowerPoint 不仅可以创建演示文稿,还可以在互联网上通过远程向观众展示演示文稿。PowerPoint 作出来的东西就是演示文稿,一个文件,里面的每一页就叫幻灯片,每张幻灯片都是演示文稿中既相互独立又相互联系的内容。

而用户初次运用 PowerPoint 制作文稿之前,需要了解 PowerPoint 2016 的工作环境,对其界面进行认识。那么本次任务就是通过启动和关闭 PowerPoint 2016 来熟悉掌握工作界面中的选项卡、功能区域、窗格,熟知每一个功能命令的基本用法,并创建演示文稿。

相关知识

1. 启动和关闭 PowerPoint 2016

启动和关闭 PowerPoint 的方法与前面所学的 Word、Excel 操作一致。

2. 演示文稿的建立

通过上述的启动方式,启动后的界面如图 5-1-1 所示。

系统会自动生成一个文件名为"演示文稿 1"的空白文稿,PowerPoint 2016 文稿的扩展名为".pptx"。

图 5-1-1　PowerPoint 2016 界面

在启动好的演示文稿中，创建幻灯片的方法有以下三种。

（1）在界面的"单击此处添加第一张幻灯片"处单击，或是按 Enter 键，就会自动创建一张空白文稿。

（2）在界面左侧部分按 Enter 键即可创建。

（3）在"开始"选项卡的"幻灯片"功能区域中，单击"新建幻灯片"按钮，即可创建；或是单击"新建幻灯片"右下角的下拉按钮，在弹出的窗格中选择新建幻灯片的格式。

任务实施

PowerPoint 2016 的工作界面介绍如下：

在启动 PowerPoint 2016 并创建空白幻灯片之后，则进入 PowerPoint 2016 的工作界面，如图 5-1-2 所示。

PowerPoint 2016 的工作界面主要由标题栏，快速访问工具栏，功能选项卡和功能区，幻灯片、大纲视图窗格，幻灯片编辑窗格，备注窗格，状态栏，快捷按钮和幻灯片视图显示比例滑竿等元素构成。

从图 5-1-2 中可以看出，PowerPoint 2016 的系统界面拥有典型的 Windows 应用程序的窗口，它与 Word 2016、Excel 2016 的风格相同，而且选项卡、功能区也十分相似，甚至相当一部分工具都是相同的。用户在操作时可以同时使用多个应用窗口，方便快捷，并能实现自由切换。

（1）标题栏。标题栏位于窗口的顶端，用于显示当前正在运行的文稿名称等信息。

（2）功能选项卡和功能区。这是完成演示文稿各种操作的功能区域。包括"文件"
"插入""设计""切换""动画""幻灯片放映""审阅""视图"等选项卡，制作幻灯片的大部分

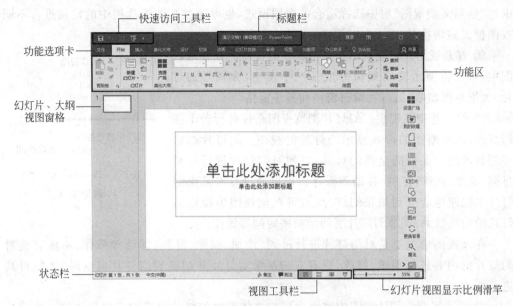

图 5-1-2 PowerPoint 2016 的工作界面

功能选项都集中于此。

（3）幻灯片、大纲视图窗格。在普通视图模式下，单击幻灯片、大纲视图窗格上方的"大纲"和"幻灯片"这两个选项，便可实现幻灯片相应的视图模式的切换。

① 幻灯片视图。在窗格中，整个窗口的主体都被幻灯片的缩略图所占据。在设计制作幻灯片时，每一张幻灯片前面都有序号和动画播放按钮，可以直接拖动幻灯片来调整文稿的位置。当选中了某张幻灯片的缩略图，则会同时在幻灯片编辑窗格中出现该张幻灯片，以便用户对其进行编辑工作，并设置动画效果等。

② 大纲视图。在大纲视图下可以显示整个演示文稿的主题思想，以及演示文稿的组织结构，能更方便地编辑幻灯片的标题及内容，并可以组织文稿演示的结构。通过标题或内容，来移动幻灯片的位置，甚至可完成对演示文稿的内容进行总体调整。例如，要移动某一张幻灯片的文本位置，就可以通过显示幻灯片的标题来对演示文稿的整体进行调整或编辑。

（4）幻灯片编辑窗格。这是用来编辑和浏览幻灯片的窗格，便于查看每张幻灯片的整体效果。用户可以编辑每张幻灯片中的文本信息、设置文本外观，添加图形、图表，插入音频、视频，创建超链接等。幻灯片编辑窗格是处理和操作幻灯片的主要环境。在此窗格中，幻灯片是以单幅的形式出现的。

（5）备注窗格。每张幻灯片都有备注页，用于保存幻灯片的备注信息，即备注性文字。备注性文字在幻灯片播放时不会被放映出来，但是可以被打印出来，也可在后台显示以作为演说者的讲演稿。备注信息包括文字、图形、图片等。

（6）状态栏。用于显示当前幻灯片的信息。

（7）视图工具栏。演示文稿的视图是用户根据幻灯片的内容需要，用于在不同的视图方式下与观众进行交互，以便对演示文稿进行编辑制作。视图模式可以在"视图"选项

231

卡的"演示文稿视图"组中选择适合的视图模式,也可通过视图工具栏中的按钮进行不同视图模式的切换,如图 5-1-3 所示。

① 普通视图。普通视图是系统默认的视图。在普通视图中,系统将演示文稿编辑分成了三个窗格,分别是幻灯片、大纲视图窗格,幻灯片编辑窗格和备注窗格。

② 幻灯片浏览视图。幻灯片浏览视图是按每行若干张幻灯片,以缩略图的形式显示幻灯片的视图。幻灯片浏览视图显示演示文稿的全部幻灯片,以便对幻灯片进行重新排列、添加、删除、复制、移动等操作。可以通过双击某张幻灯片来快速地定位到该张幻灯片,也可在该视图中设置幻灯片的动画效果、调节幻灯片之间的放映时间等操作。

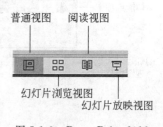

图 5-1-3　PowerPoint 2016
视图工具栏

在该视图中主要是对幻灯片进行排列、添加、删除、复制、移动等操作,不能直接对幻灯片的内容进行编辑、修改,只有双击某张幻灯片并切换到幻灯片窗格时,才能对其进行修改。

③ 阅读视图。阅读视图中整个窗口的主体都被幻灯片的编辑窗格所占据。当用户不想通过使用"幻灯片放映"来查看演示文稿时,则可以选择该视图。如果想更改演示文稿,可以随时从该视图切换到普通视图,或幻灯片浏览视图。

④ 幻灯片放映视图。幻灯片放映视图将占据整台计算机的屏幕,观众在观看时可以看到图形、图片、图表、音频、视频、动画效果和切换效果在实际演示中的具体效果。它仅仅是播放幻灯片的屏幕状态,按 F5 键可以放映幻灯片,而按 Esc 键则退出幻灯片放映视图。

知识拓展

1. PowerPoint 2016 的"开始"选项卡

在"开始"选项卡的功能区域中,可以对幻灯片的文本内容进行设置,如图 5-1-4 所示。

图 5-1-4　PowerPoint 2016 的"开始"选项卡

（1）在"剪贴板"组中,提供了在幻灯片中对文本内容的剪切、复制、粘贴、格式刷等设置操作功能。

（2）在"幻灯片"组中,提供了新建幻灯片的格式、对幻灯片版式的设计、组织幻灯片等设置操作功能。

（3）在"字体"组中,提供了在幻灯片中对文本的字体、字号、文字颜色、文字加粗等设置操作功能。

（4）在"段落"组中，提供了在幻灯片中文本的对齐方式、文字边框、段落间距等设置操作功能。

（5）在"绘图"组中，提供了在幻灯片中插入相应图形的设置功能，可以对插入的图形进行顺序的排列，以及设置所插入图形的样式等操作功能。

（6）在"编辑"组中，提供了对文本的查找、替换、选择等设置操作功能。

2. PowerPoint 2016 的"插入"选项卡

在"插入"选项卡的功能区域中，可以在幻灯片中插入相应的对象等操作设置，如图 5-1-5 所示。

图 5-1-5　PowerPoint 2016 的"插入"选项卡

（1）在"表格"组中，提供了在幻灯片中插入表格的功能。

（2）在"图像"组中，提供了在幻灯片中插入图片、剪切画、屏幕截图、相册等操作。

（3）在"插图"组中，提供了在幻灯片中插入形状、SmartArt、图表等操作。

（4）在"链接"组中，提供了在幻灯片中创建指向对象的链接的操作。

（5）在"文本"组中，提供了在幻灯片中插入文本框、页眉和页脚、艺术字、时间日期、幻灯片编号、对象等的操作。

（6）在"符号"组中，提供了在幻灯片中插入公式、各种符号的操作。

（7）在"媒体"组中，提供了在幻灯片中插入视频、音频的操作。

3. PowerPoint 2016 的"设计"选项卡

在"设计"选项卡的功能区域中，可以对幻灯片的主题进行设置，并能对主题中文本的颜色、字体、效果等进行操作，如图 5-1-6 所示。

图 5-1-6　PowerPoint 2016 的"设计"选项卡

4. PowerPoint 2016 的"切换"选项卡

在"切换"选项卡的功能区域中，可以对幻灯片进行预览，并可以设置幻灯片的切换效果以及切换方式，如图 5-1-7 所示。

233

图 5-1-7　PowerPoint 2016 的"切换"选项卡

（1）在"预览"组中，可以对幻灯片出现在屏幕中的效果进行预览。

（2）在"切换到此幻灯片"组中，可以对幻灯片出现、退出的效果进行设置。

（3）在"计时"组中，可以对已设置的切换效果进行声音、效果维持的时间、换片方式等进行操作设置。

5．PowerPoint 2016 的"动画"选项卡

"动画"选项卡中的工具可以设置幻灯片对象的动画效果、动画出现的方式、动画出现的时间等，如图 5-1-8 所示。

图 5-1-8　PowerPoint 2016 的"动画"选项卡

（1）在"预览"组中，可以对幻灯片中的文本、效果、切换方式等进行预览。

（2）在"动画"组中，可以对幻灯片中的文本、图片等对象进行动画效果的设置。

（3）在"高级动画"组中，可以对已经设置动画效果的对象再次添加动画效果，并对效果的格式进行设置。

（4）在"计时"组中，可以对已设置的切换效果进行声音、效果维持的时间、动画延迟、动画的顺序等进行操作设置。

6．PowerPoint 2016 的"幻灯片放映"选项卡

"幻灯片放映"选项卡中的工具可以放映幻灯片，并设置幻灯片的放映条件，如图 5-1-9 所示。

图 5-1-9　PowerPoint 2016 的"幻灯片放映"选项卡

（1）在"开始放映幻灯片"组中，可以设置幻灯片放映的顺序。

（2）在"设置"组中，可以设置幻灯片放映的方式、放映时的时间、录制旁白等

操作。

（3）在"监视器"组中，可以设置在放映中的监视器分辨率以及放映时的视图等操作。

7. PowerPoint 2016 的"审阅"选项卡

"审阅"选项卡中的工具可以对幻灯片中的文本内容进行检查拼写、更改，还可以比较当前演示文稿与其他演示文稿的差异，如图 5-1-10 所示。

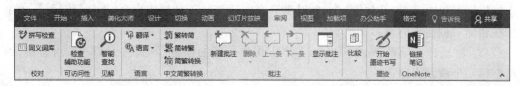

图 5-1-10 PowerPoint 2016 的"审阅"选项卡

（1）在"校对"组中，可以检查幻灯片中文本内容的文字拼写、信息检索，还可以查询与所选单词有相似含义的其他单词。

（2）在"语言"组中，可以设置文稿中的语言。

（3）在"中文简繁转换"组中，就是设置简体与繁体文字的转换。

（4）在"批注"组中，是对幻灯片中的对象内容进行批示。

（5）在"比较"组中，可以比较当前演示文稿与其他演示文稿的差异。

8. PowerPoint 2016 的"视图"选项卡

"视图"选项卡可以查看幻灯片母版、备注母版、幻灯片浏览。还可以打开或关闭标尺、网格线和绘图指导，如图 5-1-11 所示。

图 5-1-11 PowerPoint 2016 的"视图"选项卡

（1）在"演示文稿视图"组中，可以选择幻灯片的视图模式。

（2）在"母版视图"组中，可以设置整个文稿的版式与背景。

（3）在"显示"组中，可以设置幻灯片的标尺、网格线、参考线。

（4）在"显示比例"组中，可以设置幻灯片显示的比例以及窗口的大小。

（5）在"颜色/灰度"组中，可以设置整个演示文稿显示的颜色。

（6）在"窗口"组中，可以设置显示幻灯片内容等操作。

（7）在"宏"组中，能在幻灯片中进行运行、创建和删除等操作。

技能拓展

在已经创建好的演示文稿中，还可以用以下多种方式创建新的演示文稿。

1. 根据"新建空白演示文稿"创建

创建的方法包含以下三种。

（1）选择"文件"选项卡，在弹出面板的左侧选中"新建"区域，在"可用的模板和主题"中选择"空白演示文稿"命令，则会新建一个演示文稿。

（2）单击 PowerPoint 工作界面顶端左侧自定义快速访问工具栏中的下拉按钮，在弹出的快捷菜单中选择"新建"命令，此时就会在快速访问工具栏中出现"新建"按钮 ，单击该按钮即可创建新的演示文稿。

（3）将鼠标光标置于 PowerPoint 2016 工作界面的任意一处，按 Ctrl＋N 组合键，即可新建一个演示文稿。

2. 根据"样本模板"创建

（1）在"文件"选项卡的"新建"区域中，单击"演示文稿"图标，进入如图 5-1-12 所示的PowerPoint 2016 自带的演示文稿列表区。

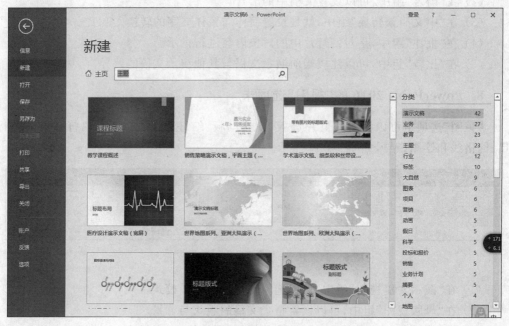

图 5-1-12　"演示文稿"选择窗格

（2）此处选中"学术演示文稿、细条纹和丝带设计"模板，在弹出的对话框中单击"创建"按钮后，即生成带有该模板的一个新的演示文稿，用户就可以直接在该模板中进行文本对象的编辑操作，如图 5-1-13 所示。

3. 根据"主题"模板创建

（1）在"文件"选项卡的"新建"区域中，在"可用的模板与主题"窗口中单击"主题"图标，进入如图 5-1-14 所示的 PowerPoint 2016 自带的演示文稿列表区。

图 5-1-13   运用了"学术演示文稿、细条纹和丝带设计"样本模板的演示文稿

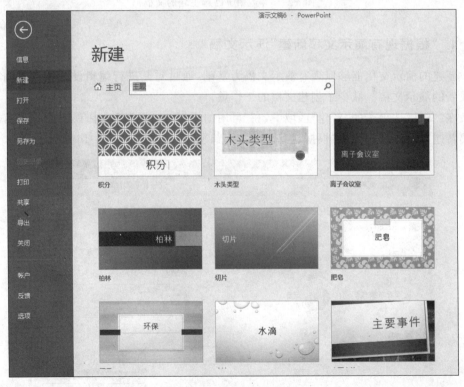

图 5-1-14   "主题"选择窗格

（2）此处若是选中"木头类型"主题,双击该主题后,即生成带有该主题的一个新的演示文稿,如图 5-1-15 所示。

237

图 5-1-15　运用了已选主题的文稿

4."根据现有演示文稿新建"演示文稿

新建的演示文稿能够以现有演示文稿为基础，通过对其进行编辑设计和更改内容来生成新的演示文稿。减少了创建文档的工作量。

在"文件"选项卡的"新建"区域中，在"可用的模板与主题"窗口中单击"根据现有演示文稿新建"图标后，则弹出"根据现有演示文稿新建"对话框，如图 5-1-16 所示。

图 5-1-16　"根据现有演示文稿新建"对话框

5. Office.com 模板

选用适当的模板有助于用户更加快速且轻松地创建引人注目的文档,而在 office.com 模板上就提供了许多可下载的模板,用户可以直接从 office.com 模板下载,如图 5-1-17 所示。

图 5-1-17　Office.com 模板

任务总结

通过本任务的实施,应掌握下列知识和技能。

- 掌握 PowerPoint 2016 的启动方法。
- 熟悉 PowerPoint 2016 的操作界面。
- 了解 PowerPoint 2016 各选项卡的组成,以及工具的功能。
- 掌握 PowerPoint 演示文稿的创建方法。
- 学会利用 PowerPoint 的主题和模板创建演示文稿。

子任务 5.1.2　演示文稿的基本操作

任务描述

本任务是让用户能掌握 PowerPoint 2016 的基本操作,熟练打开、保存、退出演示文稿,插入、剪贴、复制、移动、删除幻灯片,并在演示文稿中输入文本内容。

相关知识

1. 打开演示文稿

在启动后的 PowerPoint 2016 中，可以通过"打开"文件来选择包含多张幻灯片的演示文稿，具体操作有以下三种方法。

（1）选择"文件"选项卡的"打开"命令。

（2）单击快速访问工具栏中的"打开"按钮 📂。

（3）按 Ctrl+O 组合键。

2. 保存演示文稿

（1）通过选择"开始"→"所有程序"→Microsoft Office→Microsoft Office PowerPoint 2016 命令创建的演示文稿，保存方法有以下三种。

① 单击"文件"选项卡中的"保存"按钮。

② 单击快速访问工具栏中的"保存"按钮 💾 。若快速访问工具栏中没有"保存"按钮，可依次选择自定义快速访问工具栏中的"保存"命令，选中后单击"保存"按钮 💾 就会出现在快速访问工具栏中，单击该按钮即可保存文件。

③ 按 Ctrl+S 组合键。

当演示文稿第一次被保存时，会弹出"另存为"对话框，如图 5-1-18 所示。

图 5-1-18 "另存为"对话框

用户可以在对话框的"文件名"中输入演示文稿的文件名，或是修改其存放的目录位置。

（2）如果想改变该演示文稿的保存目录，方法有以下两种。

① 单击"文件"选项卡中的"另保存"按钮,在弹出的对话框中改变保存路径。

② 右击该文件的图标,选择"剪贴"(组合键为 Ctrl+X)或"复制"(组合键为 Ctrl+C)命令,在新的保存目录下,右击"粘贴"(组合键为 Ctrl+V)即可。

3. 演示文稿的基本操作

1) 输入和编辑文本

(1) 在"幻灯片视图窗格"中输入和编辑文本。新建幻灯片时,在"幻灯片编辑窗格"中都能看到"占位符",它是带有虚线标记的边框,用来插入标题、文本、图片、图表、图形等对象。

当用户单击占位符的边框时,显示的就为"选定状态",此时可以对其进行剪贴、复制、删除等操作,也可对其进行"形状格式"的设置。

(2) 在"大纲视图窗格"中输入和编辑文本。

输入方法有以下两种。

① 将光标定位在要输入主题的幻灯片上,然后输入标题。输入完标题以后,按 Enter 键即可输入下一张幻灯片的标题。

② 若输入完标题以后,需输入幻灯片的正文内容,则按 Ctrl+Enter 组合键后即可输入正文文本。

在"大纲视图窗格"编辑演示文稿时,可以右击,在弹出的"任务窗格"选项菜单中选择"升级""降级"命令来改变标题、小标题的排列顺序。

2) 调整幻灯片的显示比例

可以根据幻灯片的数量来相应调整显示比例,以便更好地对幻灯片进行编辑。调整方法有以下两种。

(1) 先打开包含多张幻灯片的演示文稿,然后切换至"视图"选项卡中"演示文稿视图"功能组的"幻灯片浏览视图"模式。在该视图模式的右下角处"比例滑竿" 100% ⊖ —— ⊕ 中,可通过单击来统一调整幻灯片的显示比例。

(2) 选择"视图"选项卡中"显示比例"功能组的"显示比例"命令,在弹出的对话框中设定幻灯片所需显示的比例。

3) 插入幻灯片

演示文稿是由多张幻灯片组合起来的对象,而用户在制作过程中会不断对其进行添加、补充或修改,并插入新的幻灯片。

任务实施

1. 输入演示文稿的内容

根据下列文本信息,在桌面上右击来新建一个"PowerPoint 演示文稿",重命名为"职场培训的意义",在演示文稿中按照以下要求操作。

（1）标题为"职场培训的意义"。

要求：将该标题设置成"黑体""66 号""加粗""红色"字体样式，该标题出现在第一张幻灯片上。

（2）正文内容如下。

① 正文第一张幻灯片的内容，是从第二张幻灯片处开始输入文本信息，内容："目录：什么是培训；为什么要培训；对培训的认识误区；培训的实施原则。"

② 第三张幻灯片输入的文本信息："职场困扰的问题：（1）人际关系不好，如何改善？（2）如何才能提高绩效？（3）工作和生活如何才能平衡？（4）压力大怎么办？"

③ 第四张幻灯片输入的文本信息："培训是为了胜任。在目前的中国，人才的职业化程度还远远不够，很难直接寻找到最适合企业的员工，其替代方案就是，接受有潜力的人进入企业，提供必要的培训，使他们能够更好地胜任工作。"

④ 第五张幻灯片输入的文本信息："一个企业人才队伍建设一般有两种，一种是靠引进，另一种就是靠自己培养。所以企业应不断地进行职工培训，向职工灌输企业的价值观，培训良好的行为规范，使职工能够自觉地按惯例工作，从而形成良好、融洽的工作氛围。通过培训，可以增强员工对组织的认同感，增强员工与员工、员工与管理人员之间的凝聚力及团队精神。"

要求：正文文本设置成"宋体""32 号""蓝色"字体样式，对第二张、第三张幻灯片的文本内容进行分段处理。

2. 保存文档

因为该演示文稿是通过桌面新建的，故演示文稿"保存"关闭后，需对其进行重命名，文件名"职场培训的意义"（文件扩展名".pptx"可省略，系统将按照"保存类型"中指定的文件类型自动为文件加上扩展名），如图 5-1-19 所示。之后的任何一次对文档的修改，只有执行"保存"操作才能生效。

图 5-1-19 "保存"操作结果

如果当前演示文稿在编辑后没有保存,关闭时就会弹出提示框,询问是否保存对文档的修改,如图 5-1-20 所示。

图 5-1-20　询问是否保存文件的系统提示框

单击"保存"按钮进行保存;单击"不保存"按钮放弃保存;单击"取消"按钮不关闭当前文档,继续编辑。

知识拓展

演示文稿的保存类型说明如下。

PowerPoint 2016 默认的文件保存类型为"PowerPoint 演示文稿",它还有其他的保存类型,如表 5-1-1 所示。

表 5-1-1　演示文稿的保存类型

文 件 类 型	扩展名	说　　明
PowerPoint 演示文稿	.pptx	Office PowerPoint 2016 演示文稿,默认情况下为 XML 文件格式
PowerPoint 1997—2003 演示文稿	.ppt	可以在早期版本的 PowerPoint(1997—2003)中打开的演示文稿
PowerPoint 1997—2003 模板	.pot	可以在早期版本的 PowerPoint 中打开的模板
PowerPoint XML 演示文稿	.xml	可以将 PowerPoint 演示文稿保存为 XML 格式的文件

技能拓展

1."文件"选项卡

"文件"选项卡中的基本功能是对演示文稿的保存、打开、关闭和退出。

(1)"信息"功能组:是查看当前演示文稿的信息,如权限、共享以及版本。

(2)"最近所使用文件"功能组:是查看最近所使用的演示文稿及演示文稿的存放位置。

(3)"新建"功能组:上述任务中已有过相应的了解,可以通过可用的模板和主题来创建新的演示文稿。

(4)"打印"功能组:设置演示文稿的打印模式。

(5)"保存并发送"功能组:将演示文稿保存之后所发送的位置,以及保存的文件类型。

(6)"帮助"功能组:Office 的相关信息。

(7)"选项"命令:在弹出的"PowerPoint 选项"对话框中对 PowerPoint 进行设置。

243

2. PowerPoint 选项

下面介绍"PowerPoint 选项"对话框中部分选项卡中选项的功能。

1）"常规"选项卡

"常规"选项卡用于对 PowerPoint 的工作界面、配色方案、用户名等进行设置，如图 5-1-21 所示。

（1）选择时显示浮动工具栏：当文档中的文字处于选中状态时，用户将鼠标指针移到被选中文字的右侧位置，将会出现一个半透明状态的浮动工具栏。该工具栏中包含了常用的设置文字格式的命令，如设置字体、字号、颜色、居中对齐等命令。将鼠标指针移动到浮动工具栏上将使这些命令完全显示，进而可以方便地设置文字格式，如图 5-1-22 所示。

图 5-1-21　"PowerPoint 选项"对话框的"常规"选项卡

图 5-1-22　浮动工具栏

反之，如果去掉"选择时显示浮动工具栏"前面的"√"，则浮动工具栏消失。

（2）"配色方案"：PowerPoint 的主题颜色有蓝色、银色、黑色三种，用户可以根据需求改变配色方案。默认情况下，PowerPoint 的主题颜色为"银色"。

2）"保存"选项卡

"保存"选项卡用于自定义文档的保存方式。其中，用户通过该选项卡可以设置保存格式、保存时间的间隔、保存位置等，如图 5-1-23 所示。

3）"版式"选项卡

"版式"选项卡设置文本的换行等功能。

4）"高级"选项卡

"高级"选项卡设置使用 PowerPoint 时可以采用的一些高级选项。

5）"自定义功能区"选项卡

"自定义功能区"选项卡可以添加、删除"自定义功能区"的选项。

图 5-1-23　"保存"选项卡

6）"快速访问工具栏"选项卡

对"快速访问工具栏"进行设置，可以添加、删除选项。

7）"加载项"选项卡

查看和管理 Microsoft Office 的加载项。

任务总结

通过对本任务的实施，应掌握以下知识和技能。

- 掌握 PowerPoint 2016 的保存方法。
- 熟悉 PowerPoint 2016 的基本操作。
- 根据自我需求对 PowerPoint 2016 进行设置。

任务 5.2　编辑、格式化演示文稿

在 PowerPoint 中，用户可以对文本内容、字体设置、图形图表、版面背景等进行操作设置。在本任务中，分别通过演示文稿的编辑、设置演示文稿的背景、设置演示文稿的版式这三个子任务来掌握编辑幻灯片的技能技巧，以便熟练运用。

子任务 5.2.1　演示文稿的编辑

任务描述

通过本任务应熟练掌握在 PowerPoint 2016 中设置文本各种格式的方法，如字体、字号、颜色、阴影等，对文本设置项目符号和编号，使其更有条理；对段落设置对齐方式、行间距等，使其更整齐。

下面对子任务 5.1.2 中提到的"职场培训的意义"中已有的文本进行文字、段落的设置，并在幻灯片中插入图片。

📦 相关知识

1. 文本格式化

编辑幻灯片时对文本内容的字体、字号、加粗、倾斜、下划线、文本效果、字体颜色、字符间距等效果进行格式设置。设置文本时应先选中所要编辑的文字。编辑方式有以下三种。

（1）在"开始"选项卡的"字体"组中选择相应的选项，如图 5-2-1 所示。

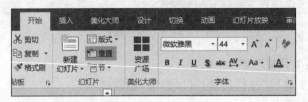

图 5-2-1 "字体"功能区

（2）直接通过"浮动工具栏"对字体进行设置。

（3）右击文本，选择"字体…"命令，在弹出的"字体"对话框中进行设置，或单击"字体"功能区右下角的按钮也可以打开"字体"对话框，如图 5-2-2 所示。

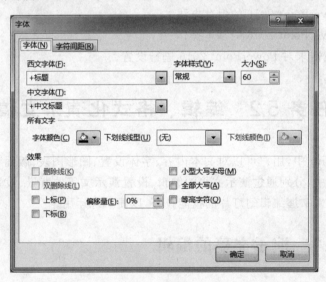

图 5-2-2 "字体"对话框

当然，选中需编辑的文字以后，在选项卡中会出现"格式"选项卡，可在该选项卡的功能区中对文本进行各种样式、排列、大小的设置，如图 5-2-3 所示。

2. 段落格式化

（1）编辑幻灯片的段落格式。可设置其对齐方式、行间距、所选文字的底纹、边框线等。设置方式与编辑文本格式一样。

图 5-2-3 文本对应的"格式"选项卡

（2）使用项目符号和编号。项目符号和编号是指放在文本前的点或其他符号，起到强调的作用。合理使用项目符号和编号，可以使文档的层次结构更清晰、更有条理。

3. 插入对象

为了使演示文稿具有较强的表现力，可以插入相应的表格、图片、图形、图表、音频视频等对象，来使幻灯片更加生动和精彩。这些设置可在"插入"选项卡的功能区中进行，如图 5-2-4 所示。

图 5-2-4 "插入"选项卡

其中，PowerPoint 2016 中的"插入"选项卡的"屏幕截图"按钮会智能监视计算机的活动窗口（所监视的窗口是打开的且没有最小化），可以直接选用"可用视窗"或是使用"屏幕剪辑"来获取图片，并将图片插入正在编辑的文本中。

任务实施

1. 将"标题"设置成艺术字

将标题文字"职场培训的意义"设置成艺术字的步骤如下：
（1）删掉标题文字"职场培训的意义"。
（2）切换至"插入"选项卡，在"文本"组中单击"艺术字"按钮，在弹出的对话框中选择所插入艺术字的字体样式。此处选择的演示为"渐变填充；蓝色，主题色 5，映像"。
（3）选中艺术字的字体样式后，系统会自动在"幻灯片编辑"对话框中生成一个标有"请在此处放置您的文字"的占位符，此时可在占位符中输入标题"职场培训的意义"，生成的字体就为所选中的艺术字体。

此时，在选项卡中已自动显示"绘图工具-格式"选项，可在该选项卡中对艺术字再进行相关的样式设置。

2. 设置文本的字体及段落样式

从第二张幻灯片开始，就可再次对正文的文本进行字体、段落等的操作设置。

（1）先选中第二张幻灯片中的文字，可通过"浮动工具栏"或是"开始"选项卡的"字体"组，对选中的文字"字体"设置为"加粗"，并将原有字体的颜色设置成"紫色"。

（2）字体样式设置好之后，就可以进行段落样式的设置。可直接在"开始"选项卡的"段落"组中单击"行距"按钮，也可右击并在弹出的快捷菜单中选择"段落…"命令，将"行距"设置成"1.5 倍"。

（3）如要使正文部分的字体样式一样，选中第二张幻灯片中的文字后，双击"格式刷"按钮，一一对剩下幻灯片中的文字进行复制。

对正文文本进行设置时，也可在"绘图工具-格式"选项卡中对文字进行样式设置。

3. 设置图片样式

需在第四张幻灯片中插入图片并进行设置，具体操作步骤如下：

（1）先将鼠标的光标停留在段首。

（2）用户在"插入"选项卡的"图像"组中单击"图片"按钮，在弹出的对话框中选中所要插入的图片。

（3）插入图片以后，在选项卡中出现了"图片工具-格式"选项卡，在该选项卡中可对图片的颜色、艺术效果、样式、排列、大小进行设置。此处，将该图片的样式设置为"旋转，白色"，可手动安排对齐方式，也可在该选项卡的"排列"功能组中进行设置。

编辑后的效果如图 5-2-5 所示。

图 5-2-5　幻灯片的编辑效果

知识拓展

1. 设置图片格式

对幻灯片中的图片进行设置时,有以下两种方法。

(1)单击图片,在选项卡中将会出现"图片工具-格式"选项卡,用户即可在功能区中对图片进行设置,如图 5-2-6 所示。

图 5-2-6　图片格式设置功能区

在该功能区,用户可以对图片的颜色、样式、版式等效果进行操作。

(2)选中图片,右击并选择"设置图片格式"命令,在弹出的"设置图片格式"对话框中也能对其进行操作,如图 5-2-7 所示。

2. 幻灯片页面的设置

幻灯片的页面一般都是采用系统的默认设置。如果需要对其进行调整,具体操作步骤如下:

(1)选择"设计"选项卡"自定义"组中的"幻灯片大小"命令,如图 5-2-8 所示,会弹出"幻灯片大小"对话框。

图 5-2-7　"设置图片格式"对话框

图 5-2-8　"幻灯片大小"对话框

(2)该对话框主要是对幻灯片的大小与方向进行设置,用户可依据自身需求对幻灯片的大小、方向、高度及宽度、幻灯片编号起始值、方向等进行设置。单击"确定"按钮则完成操作,整个演示文稿的页面都以设置后的效果显示。

技能拓展

PowerPoint 2016 拥有自带的图形处理功能,可通过对图片进行锐化和柔化、调整亮度和对比度、调整颜色等操作来增加图片的艺术效果。

1. 图形任意裁剪

（1）随时进行图片裁剪：图形任意裁剪能将图片裁剪成许多几何形状。

选中将要裁剪的图片，在出现的"图片工具-格式"选项卡的"大小"组中单击"裁剪"下拉按钮，在显示的下拉列表中单击"裁剪为形状"按钮，在显示的几何形状窗格中可以随意进行裁剪图形的选择。

（2）PowerPoint 2016 中还可以根据图片对其进行焊接、裁剪、相交、简化等操作，使图形与图形之间有更复杂的剪裁，并让用户快速地建立自己的任意图形。以上操作就需要用到 PowerPoint 自带的"形状联合""形状组合""形状交点""形状剪除"这四个功能。

PowerPoint 2016 的"选项卡"中没有"组合形状"选项，故应进行操作将其显示在"选项卡"中，具体操作步骤如下：

① 在"文件"选项卡的"选项"组中单击"自定义功能区"按钮，在"从下列位置选择命令"的下拉列表中选择"不在功能区中的命令"选项，找到"形状剪除""形状交点""形状联合""形状组合"这四个功能命令，如图 5-2-9 所示。

② 找到命令后，可在窗格的右侧新建选项卡，再单击"添加"按钮，将命令添加到指定的选项卡中。此处将其设置在"开始"选项卡中，确定之后，该命令将会显示在选项卡中，如图 5-2-10 所示。

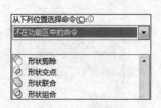

图 5-2-9　组合形状命令

图 5-2-10　添加组合形状命令

③ 设置好之后，用户就可在"开始"选项卡的"组合形状（自定义）"组中对图形进行设置。

- 形状剪除：把所有叠放于第一个形状上的其他形状删除，保留第一个形状上的未相交部分。
- 形状交点：保留形状中的相交部分，其他部分一律删除。
- 形状联合：不减去相交部分。
- 形状组合：把两个以上的图形组合成一个图形。如果图形间有相交部分，则会减去相交的部分。

2. 删除背景

用户通过该命令的操作,可删除不需要的部分图片,用户还可以运用"标记"按钮来表示图片中需要保留或删除的区域,如图 5-2-11 所示。

图 5-2-11　删除背景功能

任务总结

通过本任务的实施,应掌握下列知识和技能。

- 在幻灯片中能对文本格式、段落格式进行设置。
- 在幻灯片编辑中能插入相应的对象,并对其进行简单的设置。

子任务 5.2.2　设置演示文稿的背景

任务描述

通过本任务的学习,可以使用户掌握设置演示文稿背景的不同方法以及设计技巧,使演示文稿更加美观。

下面通过对"幻灯片母版"的设置操作,对"宫崎骏个人画风介绍"幻灯片进行背景设置,并相应地完善显示效果。

相关知识

1. 使用"设计"选项卡设置演示文稿背景

使用"主题"设置演示文稿背景的方法有以下三种。

(1)在前面的任务中已经提到,在新建文稿时,可直接通过"文件"选项卡的"新建"功能中的"可用模板和主题"来新建。

(2)在编辑好的演示文稿中,可在"设计"选项卡的"主题"组中单击"主题"下拉按钮,在弹出的任务窗格中选择满意的"主题",演示文稿的背景就为所选择的主题样式。"设计"选项卡的"主题"样式如图 5-2-12 所示。

(3)在"设计"选项卡的"变体"组中,又有两种设置背景的方法。

① 在"变体"组中单击"背景样式"下拉按钮,在展开的样式列表中任意选择所需的背景,如图 5-2-13 所示。

② 若是选择"自定义"功能区的"设置背景格式"按钮,则可在弹出的"设置背景格式"

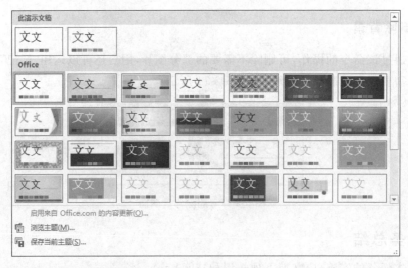

图 5-2-12　主题样式

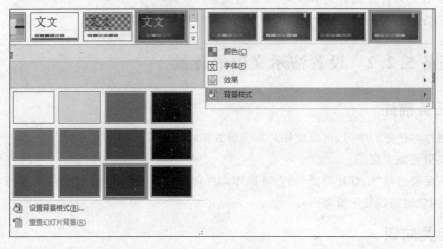

图 5-2-13　背景样式

对话框中设置演示文稿的背景，如图 5-2-14 所示。

2. 使用"幻灯片母版"设置背景

PowerPoint 的幻灯片母版也可以用于设置演示文稿中每张幻灯片的背景样式。幻灯片母版位于"视图"选项卡的"母版视图"组中。单击"幻灯片母版"按钮之后，会自动显示"幻灯片母版"选项卡，用户可在该功能区中进行设置，如图 5-2-15 所示。

在"幻灯片母版"中设置演示文稿背景的操作方法也有三种。

1）直接选择要使用的主题样式

在该功能区的"编辑主题"中单击"主题"下拉按钮，在展开的主题列表中任意选择所需的主题，就如同"设计"选项卡中的"主题"功能。选中以后，该演示文稿的幻灯片背景样式均为所选定的主题样式。

252

图 5-2-14　"设置背景格式"对话框

图 5-2-15　"幻灯片母版"功能区

2）更改现有主题的颜色

通过该操作，可以更改演示文稿当前所使用主题的颜色。在"编辑主题"中单击"颜色"下拉按钮，在展开的颜色列表中任意选择所需的颜色，如图 5-2-16 所示。

选定后，幻灯片母版中的所有幻灯片文本的颜色均为所选定的颜色样式。

3）通过"背景"功能进行设置

选择"背景"功能组中的"背景样式"下拉按钮，可直接选择已有的背景样式，也可在"重置幻灯片背景格式"对话框中进行选择。

这三种方法可以混合使用，以便用户设计出更完美的背景母版。

图 5-2-16　主题颜色

任务实施

下面仍然以"职场培训的意义"为例，通过对"幻灯片母版"的设置操作，对文稿的背景进行设置，并相应地完善显示效果。其具体操作方法如下：

1. 设置主题样式

选择"视图"选项卡下的"幻灯片母版"命令后,在显示的"幻灯片母版"选项卡的"编辑主题"组中单击"主题"下拉按钮,在弹出的窗格中选择合适的主题样式,此处选择"环保"样式。

2. 设置颜色样式

选中主题样式以后,可对主题的颜色进行设置。通过单击"幻灯片母版"选项卡的"编辑主题"组中的"颜色"下拉按钮,可设置主题的颜色。此处选择"模块"样式。

3. 设置背景格式

仍然在"幻灯片母版"选项卡中单击"背景"功能组中的"背景格式"下拉按钮,选择"设置背景格式…"命令,在对话框的"填充"区域里选择"渐变填充",并对其"预设颜色""渐变光圈"等进行设置。此处将字体样式设置为"透明,彩色轮廓-橙色,强调文字颜色5"。设置后的界面效果如图 5-2-17 所示。

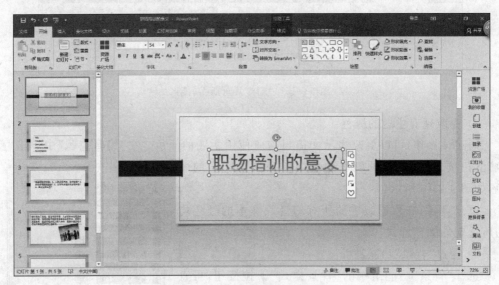

图 5-2-17　设置背景后的效果

知识拓展

1. "幻灯片母版"→"编辑主题"→"字体"

选中该功能,可以更改当前主题的字体。主题字体有"标题样式"和"文本样式"两类。两者可以是相同的字体,也可以是不同的字体。更改相应的主题字体,将会对演示文稿中的所有标题和文本进行更新。在"编辑主题"中单击"字体"下拉按钮,在展开的字体列表中任意选择所需的字体,如图 5-2-18 所示。

选定后,幻灯片母版中的所有幻灯片文本的标题样式、文本样式均为所选定的字体样式。

2. "幻灯片母版"→"编辑主题"→"效果"

通过该操作,能改变演示文稿中当前主题的显示效果。在"编辑主题"中单击"效果"下拉按钮,在展开的效果列表中任意选择所需的效果,如图 5-2-19 所示。

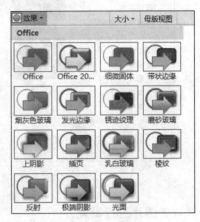

图 5-2-18　主题字体　　　　　　　图 5-2-19　主题效果

效果选定以后,选中占位符,然后切换至"绘图工具-格式"选项卡。

(1) 在"形状样式"功能中可以设置占位符的形状轮廓、填充、效果。

(2) 在"艺术字样式"功能中可以设置占位符中文本的样式、填充、效果。

选定后,幻灯片母版中的所有幻灯片的外观均为所选定的效果样式。

技能拓展

1. 使用图片作为幻灯片背景

使用图片作为幻灯片背景的具体操作步骤如下:

(1) 在"幻灯片、大纲视图窗格"中选中需添加背景图片的幻灯片。

(2) 在"设计"选项卡中单击"背景"功能组中的"背景样式"下拉按钮,在弹出的下拉列表中选择"设置背景格式"命令,弹出"设置背景格式"对话框;或在"幻灯片、大纲视图窗格"中,对需要添加背景图片的幻灯片右击,选择"设置背景格式"命令。

(3) 在"设置背景格式"对话框中,选择"填充"组中的"图片或纹理填充"命令,在"插入自"区域中单击"文件…"按钮,在弹出的"插入图片"对话框中选择背景图片,如图 5-2-20所示。

① 若是插入来自文件的图片,单击"文件"按钮,然后选择作为背景的图片。

② 若是插入来自"剪贴画"的图片,单击"剪贴画"按钮。

③ 用户可在"填充"窗格下对背景图片的平铺选项和透明度进行设置。

④ 若要对图片的亮度、颜色、效果进行设置,可依次在"图片更正""图片颜色""艺术

图 5-2-20 "插入图片"对话框

效果"中对背景图片进行设置。

⑤ 若要使背景图片只作为所选幻灯片的背景,可单击"关闭"按钮;反之,若想成为整个演示文稿的背景,则单击"全部应用"按钮。

2. 使用图片作为幻灯片水印

使用图片作为幻灯片水印的具体操作步骤如下:

(1) 在"幻灯片、大纲视图窗格"中选中需添加水印图片的幻灯片,然后依次选择"视图"→"母版视图"→"幻灯片母版"命令。

(2) 切换至"插入"选项卡,选择"插入"→"图像"组命令。

① 若使用"图片"作为水印,则单击"图片"按钮,找到所需的图片并确认。

② 若使用"剪切画"作为水印,则单击"剪贴画"按钮。在"剪贴画"任务窗格中的"搜索"文本框中输入所需的搜索文字,然后单击"搜索"按钮。

③ 若使用"屏幕截图"作为水印,则单击"屏幕截图"按钮,在"可用视窗"中选择图片。

(3) 插入"水印图片"之后,窗格会自动切换至"格式"选项卡,用户可以对"水印图片"的颜色、艺术效果、图片样式、大小进行调整。

3. 使用文本框或艺术字作为幻灯片水印

使用文本框或艺术字作为幻灯片水印的具体操作步骤如下:

(1) 在"幻灯片、大纲视图窗格"中选中需添加水印图片的幻灯片,然后依次选择"视图"→"母版视图"→"幻灯片母版"命令。

(2) 切换至"插入"选项卡,选择"插入"→"文本"组命令。

① 若要使用"文本框",单击"文本框"按钮,然后拖动它以绘制所需尺寸的文本框。

② 若要使用"艺术字",单击"艺术字"按钮,并选择文字的样式。

（3）在文本框或艺术字中输入水印文字。若要重新放置文本框或艺术字,则单击文本框或艺术字,并拖动至新位置。

（4）完成对水印文字的编辑、定位后,选择"排列"→"下移一层"→"置于底层"命令,则该文本框或艺术字就置于幻灯片的底层。关闭"幻灯片母版",文本框或艺术字就成了水印文字。

 任务总结

通过本任务的实施,应掌握下列知识和技能。

· 在幻灯片中通过不同的背景设置方法,能对演示文稿进行背景设置。

· 进行背景设置时掌握对图片、文字的相应设置。

子任务 5.2.3 设置演示文稿的版式

任务描述

通过本任务的学习,用户应熟练掌握设置演示文稿版式的不同方法,以及排版技巧。继续沿用 5.2.2 子任务中"宫崎骏个人画风介绍",对其进行扩充介绍,再通过"幻灯片母版"视图对演示文稿中的每一张幻灯片进行版式的设置。

相关知识

1. 演示文稿的版式

版式就是幻灯片上标题、文本、图形、图表等内容的布局形式。在具体制作某一张幻灯片时,用户可以预先设计幻灯片上各种对象的布局。

2. 设置演示文稿版式的方法

（1）通过"新建幻灯片"设置版式。

① 在演示文稿中,可通过单击"开始"选项卡的"幻灯片"组中的"新建幻灯片"下拉按钮,在弹出的任务窗格中,可以选择所需的版式,如图 5-2-21 所示,单击即可生成一张有该版式的新幻灯片。

② 若要对已建立的幻灯片进行版式的修改,可在"开始"选项卡的"幻灯片"组中单击"版式"下拉按钮,在弹出的任务窗格中进行版式的选择,如图 5-2-22 所示,或对修改的幻灯片直接右击并选择"版式"命令。

（2）使用"幻灯片母版"设置版式。

在"视图"选项卡的"母版视图"组中选择"幻灯片母版"命令之后,在幻灯片窗格中就会自动显示出母版的编辑状态,通过对其样式的修改,可以设置演示文稿的版式,如图 5-2-23 所示。

图 5-2-21 "新建幻灯片"任务窗格

图 5-2-22 "版式"任务窗格

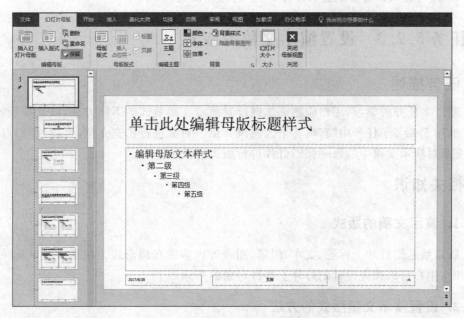

图 5-2-23 幻灯片母版的编辑状态

① 在母版的编辑状态下选中每一张幻灯片的占位符，通过单击"幻灯片母版"选项卡的"编辑主题"组中的"字体"下拉按钮，来对占位符中的文字进行设置，也可通过选择"开始"选项卡中的"字体"功能区中的字体样式功能按钮对其进行设置。

② 通过插入对象，可以在母版上添加图形图表。单击"关闭幻灯片母版"按钮后，整个演示文稿都会显示所添加的形状。若要对其修改，仍可在"幻灯片母版"选项卡中进行操作。

③ 添加"页眉与页脚"。在"母版编辑"状态中"幻灯片编辑窗格"的下方，显示了"日期区""页脚区""数字区"三个区域。为了添加每一张幻灯片的页眉与页脚，可以在"插入"选项卡的"文本"功能区中选择"页眉和页脚"命令，在弹出的"页眉和页脚"对话框中可对幻灯片的页眉、页脚、页码和日期等内容进行设置，如图 5-2-24 所示。

图 5-2-24　"页眉和页脚"对话框

设置完毕后,选择"关闭幻灯片母版"命令,即结束母版的设置。

(3)制作演示文稿时,若要在幻灯片中同时使用多个母版,方法有以下两种。

① 在普通视图的"幻灯片、大纲视图窗格"中选中幻灯片。再切换至"设计"选项卡,在"主题"组的"主题"下拉窗格中任意选中一个主题,单击,或者右击并选择"应用于选定幻灯片"命令。

② 在幻灯片母版视图中的"幻灯片、大纲视图窗格"中选中幻灯片,然后选择"编辑主题"组的"主题"命令,在"主题"窗格中任意选择一个主题,然后右击并选择"应用于所选幻灯片母版"命令,再选择"关闭幻灯片母版"命令即可。

任务实施

1. 内容扩充

演示文稿的标题为"突破你的 PPT 思维"。

(1)新建一个演示文稿,第一张幻灯片中插入标题"突破你的 PPT 思维"。

(2)从第二张幻灯片开始,插入正文文字。

① 第二张幻灯片的内容:【长期以来,我们对 PPT 的认识主要来自下载的网络模板,文字的复制、粘贴等,当我们拿着自己的作品向同事、客户、领导展示时,却不曾发现这些问题:使用 PPT≠节约会议时间;使用 PPT≠提高演讲水平;使用 PPT≠清楚展示主题。】

② 第三张幻灯片的内容:【我们期望通过用好 PowerPoint 以后,让会议的时间缩短,增强报告的说服力,提高订单的成交率等,结合我们自身的角色,来看看如何打开 PPT 设计的全新思维吧。】

③ 第四张幻灯片的内容:

【1. 文字,PPT 的天敌

PPT 的本质在于可视化，就是要把原来看不见、摸不着、晦涩难懂的抽象文字转化为由图表、图形、动画及声音所构成的生动场景，至少能给你带来三方面的感受：便于理解，放松身心，容易记忆。】

④ 第五张幻灯片的内容：

【2. 简短，成就精品

简短，就是需要你了解哪些内容是观众最关心的，哪些内容是非讲不可的，哪些内容是能带来震撼的，因此，该合并的合并，该删减的删减。】

⑤ 第六张幻灯片的内容：

【3. 导航，PPT 的指针

导航系统主要包括：（1）从片头动画、封面、目录，到切换页、正文页、结尾页等一套完整的 PPT 架构。

（2）每页都有标题栏。

（3）页码。】

⑥ 第七张幻灯片的内容：

【4. 设计，PPT 卓越之本

设计非一日之功，无论是汇报、宣传还是比赛、竞标，我们都可以找到设计的捷径：善用专业素材；掌握排版的基本原则；多看精美案例。】

⑦ 第八张幻灯片的内容：

【5. 动画，PPT 的灵魂

动画，不仅让 PPT 变得生动，更能让 PPT 表现效果有效提升。比如，片头动画、逻辑动画、强调动画、情境动画、片尾动画。】

⑧ 第九张幻灯片的内容：

【6. 图表，PPT 的利器

商业演示的基本内容就是数据，于是图表变得必不可少。PPT 图表的制作和 Excel 有异曲同工之妙。】

⑨ 第十张幻灯片的内容：

【7. 策划，让 PPT 一鸣惊人

不同的演示目的，不同的演示风格、不同的受众对象、不同的使用环境，决定了不同的 PPT 结构、色彩、节奏、动画效果等，制作 PPT 的人介于观众、领导、演示者等多重标准的审视。】

⑩ 第十一张幻灯片的内容：

【8. 告别无声时代

（1）PPT 早已不再局限于汇报演示，企业宣传、婚庆礼仪、休闲娱乐等正式成为 PPT 应用的热点领域，声音是不可或缺的元素。

（2）平面设计、Flash、视频等时刻冲击着人们的视觉，单纯靠画面给人的刺激已经大大降低，声音是增强画面冲击力的绝佳武器。

（3）PPT 设计公司的崛起，让 PPT 声音处理专业化。】

提示：以上的"【】"不输入幻灯片中。

2. 设置版式

返回到演示文稿中的第一张幻灯片,切换至幻灯片母版视图,在该选项卡中对演示文稿中的每一张幻灯片进行版式的设置,具体操作步骤如下:

(1) 通过运用该选项卡中"编辑主题"组的"主题"下拉按钮,选择"视差"主题;对标题"突破你的 PPT 思维"进行艺术字设置,选择"图案填充;蓝色,主题 1,50%;清晰阴影,蓝色,主题色 1"样式。

(2) 对余下幻灯片的标题文字样式设置为"透明-淡紫,强调颜色 6",加粗显示;正文部分字体颜色设置为"粉红,个性色 5,深色 25%"。

(3) 给幻灯片插入幻灯片编号。

(4) 给第二张幻灯片更改背景格式,设置为"渐变填充,渐变光圈为浅蓝色"。

(5) 给第三张幻灯片插入一张图片,图片样式为"柔化边缘椭圆"。

设置效果如图 5-2-25 所示。

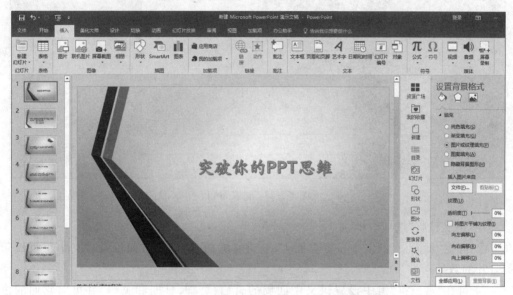

图 5-2-25　版式设置效果

知识拓展

下面介绍母版的运用方法。

PowerPoint 2016 的母版就是用于设置演示文稿中每张幻灯片的预设格式,它决定着幻灯片每个对象的布局、版式、背景、配色、效果、标题文本样式、位置等属性。若要修改其外观,可直接在母版上对其进行修改即可。在"母版视图"功能区中包含幻灯片母版、讲义母版和备注母版。

(1) 幻灯片母版:可以打开"幻灯片母版"视图,已更改母版幻灯片的设计和版式。而母版又包括标题母版和文本母版。

① 标题母版:对幻灯片的标题设置格式。

② 文本母版：对幻灯片的文本设置格式。

（2）讲义母版：设置讲义的设计格式和版式，运用讲义母版可以将多张幻灯片放置在一页中打印，如图 5-2-26 所示。

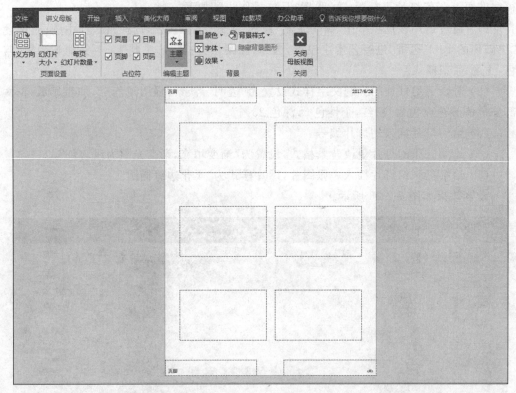

图 5-2-26　讲义母版

在"讲义母版"选项卡中：

① 可在"页面设置"组中设置页面大小、讲义方向、幻灯片方向以及讲义中每页显示幻灯片的数量。

② 可在"占位符"组中设置讲义中四周的页眉/页脚、日期和页码，并可对它们的位置、字体格式进行相应的调整。

③ 可在"背景"组中设置讲义的背景样式。

（3）备注母版：设置备注页的版式以及备注文字的格式，能使"备注页"具有统一的外观，如图 5-2-27 所示。

在"备注母版"选项卡中：

① 可在"页面设置"组中设置备注页面的大小、方向，以及幻灯片的方向。

② 可在"占位符"组中设置备注页面中四周的页眉/页脚、日期、幻灯片图像和页码等，并可对它们的位置、字体格式进行相应的调整。

③ 可在"背景"组中设置备注页面的背景样式。

④ 设置好并关闭"母版视图"后，在普通视图的备注窗格中输入文本，其格式为所设

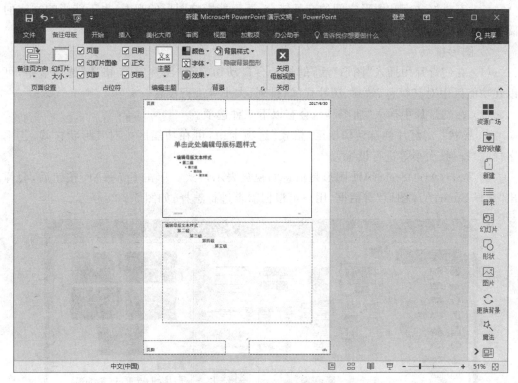

图 5-2-27　备注母版

置的文本字体格式（如果用户有设置备注文本的字体颜色、背景样式，在普通视图中无法显示，只能在"视图"→"演示文稿视图"→"备注页"中显示）。

⑤ 当切换至"视图"选项卡，选择"演示文稿视图"→"备注页"命令时，显示的内容就为在"备注母版"所进行的操作。

技能拓展

1. 重命名幻灯片版式

依次选择"视图"→"母版视图"→"幻灯片母版"命令，在"幻灯片、大纲视图窗格"中任意选中一张幻灯片，右击并选择"重命名母版"命令，在弹出的"重命名版式"对话框中输入名称，再单击"重命名"按钮即可。

2. 设计版式

1）文字排版

文字在演示文稿中最大的优势在于将幻灯片的意义表达明确，可起到更好的引导解释作用。文字在编排时应注意其字体、字号、色彩、间距等，使其重点突出，便于阅读。

（1）切忌文字过多，可以多使用幻灯片或是简化幻灯片上的文字。

（2）通过改变文本的字体、字号、颜色来强化文本的内容，并注意排列有序。

（3）安排好文字和图形之间的交叉错合，既不能影响图形的观看，也不能影响文字的阅览。

2）图形排版

（1）在幻灯片中插入"图形"后，幻灯片会自动切换至"图片工具-格式"选项卡中，可以在功能区中对其颜色、效果、图片样式、排列、大小等进行设置。

（2）在幻灯片中插入"插图"后，会有以下三种选项。

① 形状：幻灯片会自动切换至"格式"选项卡中，可在功能区中对其形状样式、艺术字样式、排列、大小等进行设置。

② SmartArt：SmartArt 图形是信息的视觉表示形式。单击 SmartArt 按钮后，会弹出"选择 SmartArt 图形"对话框，用户可根据需求进行选择，如图 5-2-28 所示。

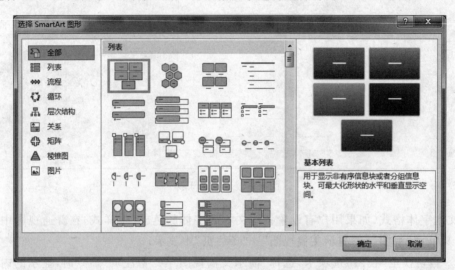

图 5-2-28　"选择 SmartArt 图形"对话框

插入"SmartArt 图形"后，可在"SmartArt 工具-设计"和"SmartArt 工具-格式"选项卡的功能区中对 SmartArt 的创建图形、布局、颜色、样式、大小、形状样式、排列等进行设置排版。

③ 图表：用于演示和比较数据。单击"图表"功能按钮后，会弹出"插入图表"对话框，用户可根据需求进行选择，如图 5-2-29 所示。

插入图表后，会自动弹出一个名为"Microsoft PowerPoint 中的图表-Microsoft Excel"工作表，在工作表区插入图表相应类别的比例，而此时，幻灯片中所插入图表的数据随着 Excel 工作表中数据的改变而改变。

同时，也可在幻灯片中的"图表工具-设计""图表工具-布局""图表工具-格式"选项卡中对图表的类型、数据、布局、样式、标签、形状样式、大小等进行设置。

3. 完成图形练习

打开素材"SmartArt 图形练习素材"，完成图形练习，效果如图 5-2-30 所示。

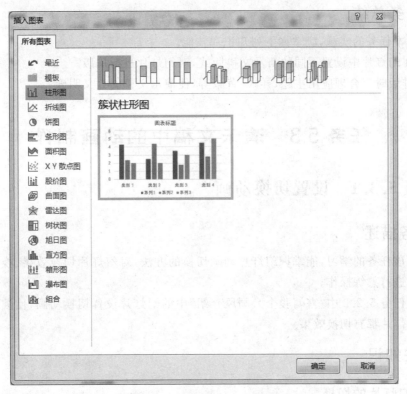

图 5-2-29 "插入图表"对话框

图 5-2-30 SmartArt 图形练习

任务总结

通过本任务的实施，应掌握下列知识和技能。

- 在幻灯片中设置不同的演示文稿版式，对幻灯片进行排版。
- 排版时应合理应用主题、样式、背景等，使演示文稿的意义明确。

任务 5.3　演示文稿中的动画制作

子任务 5.3.1　设置切换动画

任务描述

通过该任务的学习，能掌握幻灯片动画切换的方法，对幻灯片切换效果、换页方式和切换声音进行熟练操作。

对子任务 5.2.2 中"宫崎骏个人画风介绍"中的幻灯片设置切换动画，使演示文稿中每一张幻灯片都有切换效果。

相关知识

1. 幻灯片的切换

设置幻灯片的切换动画，就是在幻灯片放映视图中，每一张幻灯片在切换时的过渡效果。用户可以对演示文稿中的幻灯片设置成统一的切换方式，也可以设置成不同的切换方式，可在"切换到此幻灯片"选项卡中对其进行设置，如图 5-3-1 所示。

图 5-3-1　"切换到此幻灯片"选项卡

2. 幻灯片的切换功能

1）"预览"功能

预览幻灯片的切换方式。通过"切换到此幻灯片"功能区中"切换方案"功能对幻灯片进行设置后，可单击"预览"按钮，在幻灯片编辑窗格中对其切换效果直接进行预览。

2）"切换到此幻灯片"功能

在该功能区中，显示的是幻灯片的切换方案和切换效果，即显示幻灯片进入和离开屏幕的方式。幻灯片的切换应用在两张幻灯片之间，就是一张幻灯片代替另一张幻灯片，并使幻灯片切换的效果显示在屏幕上。通过单击"切换方案"下拉按钮，在下拉列表中可知切换效果有三种类型，即细微型、华丽型和动态内容，如图 5-3-2 所示。

3）"计时"功能

设置幻灯片切换时的速度、声音、切换时间、换片方式等。

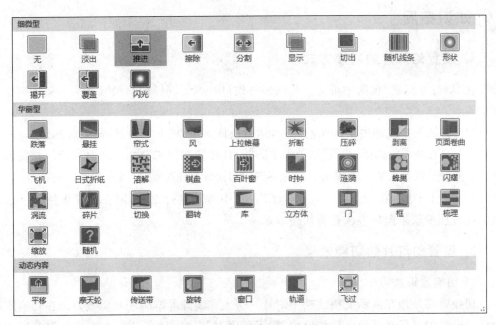

图 5-3-2　幻灯片的切换效果

任务实施

对演示文稿中的每一张幻灯片都分别设置切换效果,如图 5-3-3 所示。

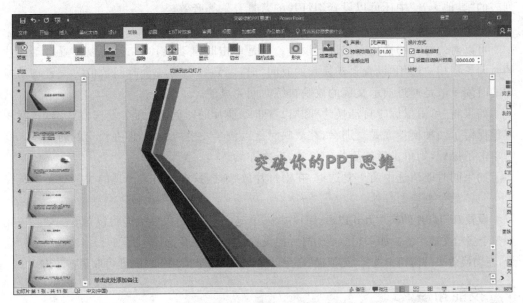

图 5-3-3　作品集切换效果

设置了"切换方式"的幻灯片,在幻灯片编辑窗格中"幻灯片编号"的下方就会显示切换效果图标☆,而该图标的功能为"播放动画"。

267

📖 知识拓展

1. 设置幻灯片的切换方式

在"幻灯片浏览"视图中可为一张或多张幻灯片设置同样的切换效果。其具体操作步骤如下：

（1）在视图中先选中第一张幻灯片，然后按住 Shift 键并同时选择多张幻灯片。

（2）再在视图中选择"切换"选项卡中的"幻灯片切换效果"命令，此时在幻灯片编辑窗格中就能看见切换效果。若单击幻灯片下方的切换效果图标，也可再次查看切换效果。

当然，用户也可在"幻灯片、大纲视图窗格"中对其进行设置，但在设置切换效果以后只能通过切换效果图标再次查看切换效果。

2. 设置幻灯片的切换效果

1）切换效果选项

切换效果是指在演示文稿放映中幻灯片进入和离开屏幕时的视觉效果。在切换效果的任务窗格中可任意选择一种切换效果，还可以对其进入屏幕的方向进行设置。当选择了一种效果，立即就可以在幻灯片的编辑窗格中看到该选项的切换效果。

2）声音

设置幻灯片进入屏幕时的声音效果，还可以设置其进入屏幕的时间。在"声音"下拉列表的"其他声音"中还可以设置幻灯片的背景音乐等音效。

3）换片方式

可以对幻灯片的换片方式进行设置。一是单击时自动换片；二是可以设置自动换片的时间。当用户选用"设置自动换片的时间"时，就需要输入一个时间数值。设置自动换片的时间一般是通过演示文稿的放映排练时间完成的。

如果将"单击鼠标时自动换片"和"设置自动换片的时间"这两个复选框都选中，就相应地保留了两种换片方式。那么，在放映时就以较早发生的为准，即在设定的时间还未到时单击了鼠标，则单击后就更换幻灯片；反之亦然。

如果同时取消选中两个复选框，在幻灯片放映时，只有在右击出现的快捷菜单中选择"下一页"命令更换幻灯片。

设置好幻灯片的换片方式以后，用户单击"全部应用"按钮以后就能将设置好的效果应用到整个演示文稿中去。如果想取消幻灯片的设置效果，则任意选择一张幻灯片，选择"切换"命令，在切换效果的窗格中选择"无切换"命令，然后单击"全部应用"按钮，即可取消换片方式。

⚙️ 技能拓展

1. 设置幻灯片的自动切换

如果用户希望随着幻灯片的放映，同时讲解幻灯片中的内容，而不能用人工设定的时间，则可以使用"幻灯片放映"选项卡中的"排练计时"功能。在排练放映时自动记录使用时间,便可精确设定放映时间,设置完成后就能直接进入幻灯片放映状态,不管事先是何种状态,此时都从第一张开始放映,根据用户所设置的换片方式以及每张幻灯片的停留时间,可将整个幻灯片全部自动地放映一遍。

2. 设置"涡流"切换效果示例

打开素材"水珠水滴"演示文档,对幻灯片设置"涡流"切换效果,效果如图 5-3-4 所示。

图 5-3-4 "涡流"切换效果

任务总结

通过本任务的实施,可以掌握到幻灯片的换片方式以及切换效果,在切换时可对幻灯片进行时间、切换效果的设置。

子任务 5.3.2 设置演示文稿中对象的动画

任务描述

通过该任务的学习,具备在幻灯片中插入动画的操作技能,并掌握对各种对象按键设置链接的操作,可以使用户将幻灯片制作得更加精致。

相关知识

在幻灯片的放映过程中,PowerPoint 提供的动画功能可以使演示文稿中的文本、图形图标、音频视频等对象,以各式各样的动画形式和次序出现在幻灯片上,这样可以突出重点,吸引人们的注意。

1. 动画效果

对象的动画效果是指在幻灯片放映过程中为演示文稿中的文本、图形图表等对象,添加的视觉效果。用户可以设置对象的动画方式、效果、方向、时间等。"动画"选项的界面如图 5-3-5 所示。

2. 对象的动画设置

1)"预览"功能
预览对象的动画效果。当在"动画"功能中对幻灯片中的对象进行设置后,可通过"预

图 5-3-5　幻灯片的动画效果

览"按钮对其效果进行预览。

2)"动画"功能

在演示文稿中,可以设置幻灯片中文本、图片、形状、图表、SmartArt 图形和其他对象出现在屏幕中的动画,赋予它们进入、退出、大小或颜色变化、移动等视觉效果。在"自定义动画"窗格中有四种自定义动画效果,如图 5-3-6 所示。

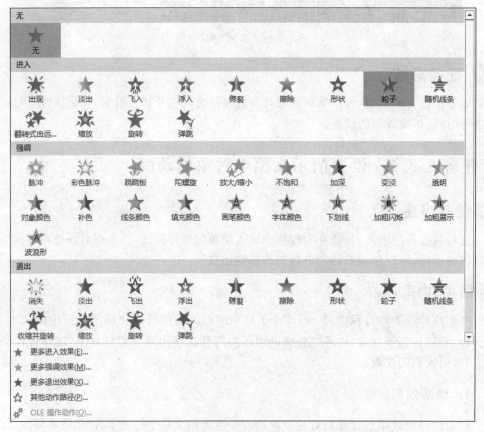

图 5-3-6　自定义动画效果

（1）进入动画效果。这指的是在幻灯片视图中对象进入幻灯片的动作效果。其具体操作步骤如下:

① 选择需要设置的对象。

② 选中对象后切换至"动画效果"窗格中,选择对象进入的效果。

③ 添加完动画效果以后,单击"动画"→"预览"功能区的"预览"按钮,可以对已设置的动画进行再次预览。

(2) 强调动画效果。这指的是对象从原始状态转换到另一种状态,再回到原始状态的变化过程,以起到强调、突出的作用。操作步骤与设置进入动画效果类似,选中对象后切换至"动画效果"窗格中,选择强调对象的效果,添加完动画效果以后,单击"预览"按钮,可以对已设置的动画进行再次预览。

(3) 退出动画效果。这指的是在幻灯片视图中对象退出幻灯片的动作效果。对象在未接触之前是显示在屏幕上的,触发之后对象则从屏幕上消失。选中对象后切换至"动画效果"窗格中,选择退出对象的效果,添加完动画效果以后,单击"预览"按钮,可以对已设置的动画进行再次预览。

(4) 动作路径上的动画效果。通过为对象添加引导线使对象沿着引导线运动。该效果可以使对象上下、左右移动,或是沿着星形或圆形图案移动。其具体操作步骤如下:

① 选中对象后切换至"动画效果"窗格中,选择动作路径的效果,添加完动画效果以后,单击"预览"按钮,可以对已设置的动画进行再次预览。

② 选中路径效果之后,在幻灯片编辑窗格中就会出现所选定的动作路径,路径上绿色三角形标示的为动作的轨迹。选中后路径的四周出现了调整大小、位置的拖动柄,对其进行设置可调整动作的路径。

③ 完成动作路径设置后,单击"预览"按钮,可以对效果进行预览。

3)"效果选项"功能

"效果选项"功能用于修改动画效果的属性。选定动画后,单击"效果选项"按钮,选择对象所需的其他动画效果即可。

任务实施

对"突破你的 PPT 思维"中幻灯片中的占位符、文本文字、图片等设置动画,从而使在放映时其中的对象都有动画效果。

知识拓展

1. 设置动画参数

为对象设置好动画效果后,用户可以在"高级动画"功能中根据需求为对象设置更多的参数。

1)"添加动画"功能

选择一个动画效果以添加到所选的对象。新的动画应用到此幻灯片上任何现有的动画后面。

譬如,对一个对象设置了"进入效果"中的"飞入效果",又为其添加了一个"缩放"的动画,添加完成后,会在对象的左上方出现"序号"按钮,单击"序号"按钮可显示出最先的效果为"飞入",接下来的效果为"缩放"。

2）"动画窗格"功能

显示动画窗格，以创建自定义动画，可为动画设置更多的参数。"动画窗格"以下拉列表的形式显示当前幻灯片中所有对象的动画效果，包括动画类型、对象名称、先后顺序等。默认情况下"动画窗格"处于隐藏状态，当依次选择"动画"→"高级动画"→"动画窗格"命令，则在幻灯片编辑窗格的右侧显示该窗格。

在"动画窗格"中可以对所选定动画的运行方式进行更改，单击则可重新设置对象动画的开始方式、效果选项、计时等，如图 5-3-7 所示。

图 5-3-7　动画窗格

3）"触发"功能

"触发"功能可以灵活控制演示文稿中的动画效果，使得人机交互。该功能可以设置对象动画的特殊开始条件，即通过"触发"按钮来控制幻灯片页面中已设定的动画执行状态。

譬如，一张幻灯片上有多个对象，对其中一个对象进行"触发"设置后，幻灯片在放映中该对象就不出现在屏幕上，直接执行下一个对象。

4）"动画刷"功能

"动画刷"功能是 PowerPoint 2016 新增的一个功能，类似于"格式刷"，它可以直接复制一个对象的动画，并将其应用到另一个对象。若单击此按钮，则将该动画效果运用到某个选中需设置效果的对象；若双击此按钮，则将该动画效果运用到演示文稿中的多个对象中。"动画刷"这一功能使得在制作 PowerPoint 2016 的动画效果时更加方便、快捷。

2. 设置动画持续时间

"计时"功能就是对动画的开始播放时间、延迟时间、在幻灯片中显示的时间进行设置，也可对动画的顺序进行调整。

（1）"计时"→"开始"功能：对动画的开始播放时间进行设置，有三种状态："单击时""与上一动画同时"和"上一动画之后"。

① 单击时：指单击幻灯片时开始播放动画。

② 与上一动画同时：指在上一个动画开始时，本动画也同时开始。

③ 上一动画之后：指上一个播放完成时，该动画开始播放。

（2）"计时"→"持续时间"功能：设置动画的长度。

（3）"计时"→"延迟"功能：推迟播放动画的时间，即上一动画结束与下一动画开始之间的时间值。

（4）"计时"→"对动画重新排序"动能：在已设置过动画效果对象的左上方都会显示一个"序号"按钮，这个"序号"就代表着该对象在整个演示文稿播放时的顺序，用户可以通过单击"向前移动"和"向后移动"按钮，来重新调整幻灯片的播放中动画对象的播放顺序。

技能拓展

1. 设置更多的"动画样式"效果

若需要为对象设置更多、更丰富的动画效果,依次选择"动画"→"动画样式"的下拉列表,在下拉列表中可以进行更多效果的选择,如图 5-3-8 所示。

选择任意一个效果后,则相应弹出"更多进入效果""更多强调效果""更多退出效果"与"其他动作路径"的对话框,用户可以在对话框中重新设置对象的动画效果。

2. 设置对象的特殊动画效果

1)为文字添加动画效果

每一张幻灯片中的占位符或是文本框都是以"段"的形式出现在屏幕上。而用户可以通过相应的设置,使占位符或文本框中的文字"按字/词""按字母"的形式显示在放映视图中。

譬如,在占位符中输入文字后,通过对其"效果"进行设置,可以改变其在播放时进入屏幕的效果。其具体操作步骤如下:

(1)选中该占位符或文本框,在"动画"选项卡的"动画"功能区中,单击"动画样式"下拉按钮,在显示的下拉窗格中随意选择一项"进入效果"。

(2)打开该对象动画的"动画窗格",右击并选择"效果"选项卡,在弹出的对话框中进行设置,如图 5-3-9 所示。

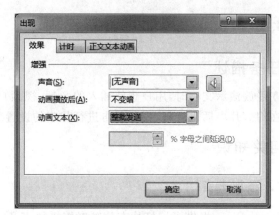

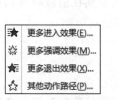

图 5-3-8　更多效果　　　　图 5-3-9　"出现"对话框的"效果"选项卡

可以对其进入屏幕的方向、声音、动画播放后所显示的颜色、动画文本进行设置。其中,"动画文本"中的"整批发送"为默认模式,既然是为"文字"设置特殊效果,则可以选择以"按字/词""按字母"的方式出现在屏幕中。

也同时可以在"计时""正文文本动画"选项卡中对其进行设置。

(3)设置好之后单击"确定"按钮,就可以在幻灯片编辑视图中预览其动画效果。若是想设置文字显现的时间,可以在"效果选项"下方的"延迟百分比"中设置时间。

2）为 SmartArt 图形添加动画效果

在为 SmartArt 图形添加动画效果时，可以为整个图形设置动画效果，也可以为其中的各个元素进行设置。

譬如，在一张空白的幻灯片中插入 SmartArt 图形后，仍通过对其"效果"进行设置，改变其在播放时进入屏幕的效果。其具体操作步骤如下：

（1）插入 SmartArt 图形后，依次选择"动画"→"动画样式"命令，随意选择一项"进入效果"。

（2）单击该对象动画工具栏中的"显示其他效果选项"按钮，在弹出的对话框中进行设置，如图 5-3-10 所示。

可以对其进入屏幕的效果、计时、SmartArt 动画进行设置。其中，"SmartArt 动画"中的"作为一个对象"为默认模式。但可以选择"逐个"选项，令 SmartArt 一个一个出现在放映视图中。

图 5-3-10　"轮子"对话框的"SmartArt 动画"选项卡

 任务总结

通过本任务的实施，可以掌握设置幻灯片对象的动画技能，以使在放映时展示出每一个对象的动作效果。

子任务 5.3.3　添加声音和视频

任务描述

在播放演示文稿时，用户想使插入的音频、视频自动放映。那么通过本任务的学习，用户在幻灯片中插入音频、视频后再进行相应的设置之后，就能使其在播放时自动放映。

相关知识

1. 添加声音

PowerPoint 提供了幻灯片在放映时能播放声音、音乐的功能。若要为演示文稿添加声音，可单击"插入"选项卡中的"音频"按钮，而当单击"插入音频"下拉按钮后，则显示出"文件中的音频""剪切画音频"和"录制音频"三种插入音频的类型。

当单击"插入音频"按钮后，则会弹出"插入音频"对话框，用户可在计算机中选择需要插入的声音文件。插入声音文件以后，在幻灯片中则出现如图 5-3-11 所示的声音控制图标。

图 5-3-11　声音控制图标

之后，单击"开始"按钮后，就开始播放插入的音频文件。

2. 添加视频

若要在演示文稿中添加视频,可单击"插入"选项卡中的"视频"按钮。而当单击"插入视频"下拉按钮后,则显示出"文件中的视频""来自网站的视频"和"剪切画视频"三种插入视频的类型。

当单击"插入视频"按钮后,则会弹出"插入视频"对话框,用户可在计算机中选择需要插入的视频文件。插入视频文件后,在幻灯片中则出现如图 5-3-12 所示的"视频播放"窗口。

图 5-3-12　"视频播放"窗口

在幻灯片中,用户可拖动视频文件四周的圆点来调整视频播放窗口的大小,单击"播放"按钮,即可在幻灯片编辑视图中预览视频。

任务实施

根据提供的音频素材,为"突破你的 PPT 思维"插入音频。

知识拓展

1. 认识"音频工具"

插入音频文件之后,单击"声音图标"按钮时,此时则会在选项卡中出现"音频工具-格式"选项卡和"音频工具-播放"选项卡。

1)"音频工具-格式"选项卡

在该选项卡的功能区域中,可以对"声音图标"按钮进行颜色、艺术效果、显示的样式等进行设置。

2)"音频工具-播放"选项卡

在该选项卡的功能区域中,可以对音频的具体属性进行设置,选项卡功能如图 5-3-13所示。

(1)"预览"功能按钮:用户可以通过"播放"按钮对插入的音频文件进行试听。

图 5-3-13 "音频工具-播放"选项卡

（2）"书签"功能按钮：即链接定位。在音频文件中添加书签后，用户在试听音频时，通过书签就能直接从设定的音乐开始进行试听。

（3）"编辑-淡化持续时间"功能按钮：在音频剪辑开始或结束的几秒内使用淡入/淡出的效果。

（4）"音频选项-音量"功能按钮：设置音频剪辑的音量大小。

（5）"音频选项-开始"功能按钮：自动或单击时播放音频剪辑。

其中，用户也可以根据需求对音频剪辑在播放时的状态进行设置，如"放映时隐藏""循环播放，直到停止""播完返回开头"。

2. 认识"视频工具"

在插入的视频文件中选择"'视频播放'窗口"时，也会相应在选项卡中出现"视频工具-格式"选项卡和"视频工具-播放"选项卡。

1）"视频工具-格式"选项卡

在该选项卡的功能区域中，可对视频播放时画面的亮度、对比度、颜色，以及"视频播放"窗口的样式进行设置等。

2）"视频工具-播放"选项卡

在该选项卡的功能区域中，可对视频文件的各项参数进行设置，如图 5-3-14 所示。

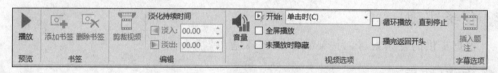

图 5-3-14 "视频工具-播放"选项卡

（1）"预览"功能按钮：用户可通过"播放"按钮对插入的视频文件进行预览。

（2）"书签"功能按钮：即链接定位。在视频文件中添加书签后，用户在预览视频时，通过书签就能直接从定位的片段开始进行观看。

（3）"编辑-剪裁视频"功能按钮：用户通过指定开始时间和结束时间来剪裁视频剪辑。

（4）"编辑-淡化持续时间"功能按钮：在视频剪辑开始或结束的几秒内使用淡入/淡出的效果。

（5）"视频选项-音量"功能按钮：设置视频剪辑的音量大小。

（6）"视频选项-开始"功能按钮：自动或单击时播放视频剪辑。

其中，用户也可以根据需求对视频剪辑在播放时的状态进行设置，如"全屏播放""未播放时隐藏""循环播放，直到停止""播完返回开头"。

技能拓展

1. "插入音频"的其他类型

1）剪切画音频

当用户选中该命令后,在幻灯片编辑窗格的右侧将显现出"剪切画"的任务窗格。在任务窗格中,包含系统自带的剪切画音频剪辑,音频的格式有. WAV 和. MID。

选中某一剪切画音频后,双击该音频或是右击并选择"插入"命令,则在幻灯片中出现了该剪切画音频的"声音控制图标"。用户就可根据需求对其进行设置。

2）录制音频

选中该命令后,在弹出如图 5-3-15 所示的对话框中可录制所需的音频。

图 5-3-15　"录音"对话框

完成音频之后,在幻灯片中就会出现相应的"声音控制图标",用户不仅可以再次试听录制的音频内容,还可根据需求对其进行更多的设置。

2. 插入视频的其他类型

1）来自网站的视频

单击该按钮后,在弹出的"从网站插入视频"对话框中嵌入"网站视频的嵌入代码"即可,如图 5-3-16 所示。

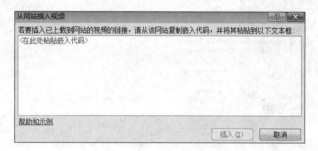

图 5-3-16　"从网站插入视频"对话框

2）剪切画视频

当用户选中该命令后,在幻灯片编辑窗格的右侧将显现出"剪切画"的任务窗格。在任务窗格中,包含系统自带的剪切画视频剪辑,视频的格式为. GIF。

选中某一剪切画视频后,双击该视频或是右击并选择"插入"命令,该视频出现在幻灯片编辑视图中,当用户放映幻灯片时,就可以预览该剪切画视频了。

任务总结

通过本任务的实施,用户能掌握在演示文稿中插入音频、视频的方法,并在幻灯片放映时显示出效果。

子任务 5.3.4 设置超链接

任务描述

通过该任务的学习，用户在演示文稿中能对文本、图形图像、幻灯片、多媒体文件等对象的链接进行操练操作。

相关知识

1. 什么是超链接

超链接是超级链接的简称，它是控制演示文稿放映时的一种重要手段，创建指向网页、图片、电子邮件地址或程序的链接，在幻灯片播放时以定位的方式进行跳转。用户使用超链接可以制作出具有交互功能的演示文稿。

2. 插入超链接

当选中要链接的对象时，在"插入"选项卡的"链接"功能区中单击"超链接"按钮，在弹出的"插入超链接"对话框中进行链接设置，如图 5-3-17 所示。

图 5-3-17 "插入超链接"对话框

在"查找范围"中，可以找寻"超链接"信息在计算机中的目录地址。

任务实施

在"突破你的 PPT 思维"演示文稿中，进行相应的链接操作。

知识拓展

1. 超链接选项

在"超链接"对话框中，左部有一个"链接到"区域，在该区域中共有四个选项，分别为链接到"现有文件或网页""本文档中的位置""新建文档"和"电子邮件地址"。

1）链接到"现有文件或网页"

选中该选项后，在对话框的中间部分显示"当前文件夹""浏览过的网页"和"最近使用过的文件"。

（1）选中"当前文件夹"选项：通过查找文件来链接。

（2）选中"浏览过的网页"选项：在列表中列出最近浏览过的网页。

（3）选中"最近使用过的文件"选项：在列表中列出最近使用过的文件。

2）链接到"本文档中的位置"

可在列表中选择要链接的幻灯片或自定义放映，可通过"幻灯片预览"区域对链接的幻灯片进行预览。

3）链接到"新建文档"

可以链接到一个新的演示文档，默认情况下为"开始编辑新文档"，也可在以后对其进行编辑。

4）链接到"电子邮件地址"

可在列表中选择"最近使用过的电子邮件地址"命令，或是输入新的地址、主题。

在对话框中，用户可根据需求进行插入超链接的设置，可在对话框的上方"要显示的文字"处的文本框中输入"插入文件在幻灯片上所显示的名称"。还可以在"设置超链接屏幕提示"对话框中输入屏幕提示的文字，以便在放映时显示提示文字。

单击"确定"按钮后，默认情况下，被链接文字的格式为"蓝色且有下划线"。当幻灯片放映时，鼠标光标停在被链接的文字上时就变成手柄形状，如设置有"屏幕提示文字"，则会在屏幕上显示出来。单击鼠标，系统则自动跳转到指定的页面，并且被链接的文字将会改变颜色，默认情况下变成紫色。

2. 设置动作

"动作"功能按钮是为所选的对象添加一个操作，以指定单击该对象时或鼠标光标在其上移过时应执行的操作。

当选中要链接的对象时，在"插入"→"链接"功能区中单击"动作"按钮，在弹出的"操作设置"对话框中对其进行设置，如图 5-3-18 所示。

1）"鼠标单击"选项卡

演示文稿放映时，通过单击鼠标来设置对象发生时的动作。单击鼠标时，可以设置超链接的幻灯片，设置动作发生时所运行的程序，也可对播放的声音进行选择。

2）"鼠标悬停"选项卡

演示文稿放映时，当鼠标指针移过对象时设置所发生的动作。设置方法与"鼠标单击"选项卡一样。默认情况下，都是通过设置"鼠标单击"选项卡来进行跳转。动作设置完成以后，幻灯片放映时当鼠标光标移到该对象上时，鼠标光标就变成手柄形状，单击其就能执行预设的动作。

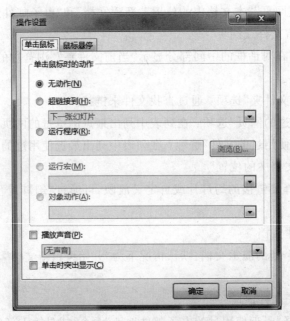

图 5-3-18 "操作设置"对话框

技能拓展

在"操作设置"对话框中，无论是在"单击鼠标"选项卡中，还是在"鼠标悬停"选项卡中，都有一个"超链接到"下拉列表选项。在下拉列表中，可以设置超链接的目标位置，如下一张幻灯片、上一张幻灯片、第一张幻灯片、最后一张幻灯片、最近观看的幻灯片等。

（1）当选择"幻灯片…"选项后，则弹出名为"超链接到幻灯片"的对话框，在对话框中显示的是当前已打开的演示文稿的幻灯片列表。若从中选取一张幻灯片，那么在放映时，单击该对象后就会自动跳转到所选择的幻灯片上。

（2）当选择"URL…"选项后，则弹出名为"超链接到 URL"的对话框，在对话框中输入要链接的网址，则在放映时，单击该对象后就会自动跳转到所链接的网站上。

（3）当选择"其他 PowerPoint 演示文稿…"选项后，则弹出名为"超链接到其他 PowerPoint 演示文稿"的对话框，显示出所要链接的演示文稿的列表。选择任意一个演示文稿后，在幻灯片放映时单击该对象后，将会跳转到所选择的演示文稿上，并从指定的幻灯片页面开始放映。

（4）当选择"其他文件…"选项后，则弹出名为"超链接到其他文件"的对话框，并在对话框中选择所要链接的文件，则在放映时，单击该对象后自动打开所选的文件。

（5）在对话框的"运行程序"选项中可以创建一个在计算机中可运行的程序。

任务总结

通过本任务的实施，用户应能在演示文稿中进行超链接的设置。

任务 5.4　放映演示文稿

子任务 5.4.1　设置放映效果

✍ 任务描述

　　用户在放映演示文稿时,多数情况下都是通过右击或是按键盘上的方向键来向观众放映幻灯片。而通过本任务的学习,可以掌握在放映幻灯片时,不仅仅有上述的方法,还可以运用 PowerPoint 自带的排练计时、录制旁白等功能。

📦 相关知识

　　下面介绍如何放映幻灯片。

　　通过放映幻灯片,用户可以将制作精美的演示文稿展示给观众,以向观众传递幻灯片中的主题内容。若要播放幻灯片,在"幻灯片放映"→"开始放映幻灯片"功能窗格中进行选择,幻灯片的放映方法有以下四种,如图 5-4-1 所示。

图 5-4-1　放映幻灯片的方法

　　(1) 从头开始。按下此按钮,演示文稿就从第一张幻灯片开始放映。该功能的快捷键为 F5。

　　(2) 从当前幻灯片开始。从当前幻灯片页面开始放映,组合键为 Shift＋F5,或单击状态栏中"幻灯片视图切换"部分的"幻灯片放映"按钮🖥。

　　(3) 广播幻灯片。它是一种通过 PowerPoint 2016 实现的远程幻灯片放映功能,可以向通过使用 Web 浏览器观看的远程观看者播放该幻灯片。它可以提供"一对一的即席广播""邀请远程位置的多个观看者随时观看演示文稿",或是"在培训课程、会议或电话会议环境中同时为现场参与者和远程参与者演示幻灯片"。

　　通过"广播幻灯片"可以向演示者提供广播服务列表供其选择。此列表可能包括内部提供商和外部提供商,并且可由管理员集中控制。演示者单击"启动广播"按钮,将会提供一个 URL,参与者可以使用它通过 Web 链接到幻灯片放映。

　　另外,演示者可以通过多种方式(包括自动生成的电子邮件或通过即时消息(IM))将该 URL 发送给参与者。在广播过程中,演示者可以随时暂停幻灯片放映,将广播 URL 重新发送给任何参与者,或切换到另一个应用程序,而不会中断广播或将计算机桌面显示给参与者。

　　(4) 自定义幻灯片放映。当用户不希望将演示文稿的所有部分展现给观众,而是需要根据不同的观众选择不同的放映部分,那就可以根据需要来自主定义放映部分。

　　单击该按钮,从下拉列表中选择"自定义放映"选项,在其后弹出的"自定义放映"对话框中单击"新建"按钮。在出现的"定义自定义放映"对话框里选择"在演示文稿中的幻灯片"列表框中合适的幻灯片,通过单击"添加"按钮,将其添加至"在自定义放映中的幻灯片"列表框中。确定返回至"自定义放映"对话框后，单击"放映"按钮即可开始放映自定义的幻灯片。

在"定义自定义放映"对话框中，可以重新命名幻灯片放映的名称。

🎮 任务实施

放映"突破你的 PPT 思维"演示文稿时，可分别进行"从头开始"播放和"从当前幻灯片开始"播放。

📖 知识拓展

下面说明如何设置幻灯片放映。

在放映幻灯片的同时，可以运用"幻灯片放映"选项卡中的"设置"功能组对幻灯片的放映进行设置，如图 5-4-2 所示。

1）设置幻灯片放映

单击该按钮后，在弹出的对话框中可设置演示文稿的放映方式，如图 5-4-3 所示。

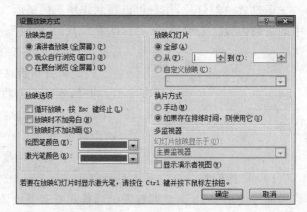

图 5-4-2　设置幻灯片放映　　　　　　　图 5-4-3　"设置放映方式"对话框

（1）"放映类型"：用户可选择演示文稿的不同放映形式，包含"演讲者放映（全屏幕）""观众自行浏览（窗口）"和"在展台浏览（全屏幕）"三种方式。

（2）"放映幻灯片"：用户可选择播放全部幻灯片，也可选择播放部分幻灯片。

（3）"放映选项"：用户可设置幻灯片的放映模式，如"是否循环放映""放映时是否加入旁白""放映时是否加入动画"，还可设置绘图笔、激光笔的颜色。

（4）"换片方式"：用户若选择"手动"方式，则在播放时通过单击鼠标来切换演示文稿；若选择"如果存在排练时间，则使用它"方式，则幻灯片在播放时是根据已经设置好的排练时间来自动进行切换。

2）隐藏幻灯片

通过对当前选定的幻灯片设置"隐藏幻灯片"功能后，那么在播放幻灯片时，已设置了隐藏的幻灯片将不会出现在屏幕中。

3）排练计时

当单击该按钮后幻灯片放映开始，同时在屏幕的左上方出现了一个"录制"工具栏，以记录每张幻灯片所显示的时间,并自动用于幻灯片的放映。当最后一张幻灯片播放完以后系统会弹出一个提示框,用户若单击"是"按钮,将保留所记录的时间,幻灯片在播放时就会自动根据该时间进行播放;反之,则重新记录播放时间。

4) 录制幻灯片演示

用户可以录制音频、视频剪辑、旁白、激光笔手势、动画计时等,以便在幻灯片播放时显示出来。

当幻灯片在全屏幕中放映时,在右击打开的快捷菜单中,也可对幻灯片的放映进行设置,如选择屏幕的颜色、选择指针的样式、定位至幻灯片等操作。

技能拓展

1. Windows＋P 组合键

既然演示文稿是播放给观众看的,那么用户在演示时可通过接入投影仪,并使其在放映时投射在外接显示器上供大家观看。在 Windows 7 版本中,用户按下键盘上的 Windows＋P 组合键,或是在桌面上依次选择"开始"→"控制面板"命令,在"控制面板"的窗格中选择"外观个性化"命令,在"显示"功能选项中选择"连接到投影仪"命令,在弹出的窗格中就能进行设置,如图 5-4-4 所示。

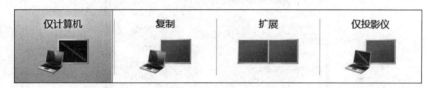

图 5-4-4　连接到投影仪

(1) 仅计算机:画面不显示在外接显示器上,而仅仅只在计算机上显示。

(2) 复制:外接显示器上显示的内容与计算机屏幕上的内容是一模一样的。

(3) 扩展:将笔记本屏幕与外接显示器的屏幕放在一起时,则共同组成了一个大的显示器,就相当于将显示器加宽。

(4) 仅投影仪:画面不显示在计算机屏幕上,而显示在外接显示器上。

2. "幻灯片放映"→"监视器"选项卡

当计算机与外接显示器相连后,在"显示位置"处就可以选择显示的监视器,此时还需要选中"使用演示者视图"选项,设置好之后,选择"从头开始"命令或直接按 F5 键,即可放映幻灯片。

当与外接显示器连接以后,用户也可单击"设置"中的"设置幻灯片放映"按钮,在对话框中的"多监视器"处的下拉列表中选择监视器。

任务总结

通过本任务的实施,用户能够掌握设置演示文稿放映的方式方法。

子任务 5.4.2　设置演示文稿打印输出

任务描述

当用户制作出"突破你的 PPT 思维"演示文稿后,可通过"自定义幻灯片大小"设置用于打印的幻灯片大小、方向和其他版式。幻灯片每页只打印一张,在打印前,应先调整好它的大小以适合各种纸张大小,还可以自定义打印的方式和方向。

相关知识

下面说明如何设置幻灯片的大小。

设置幻灯片大小的具体操作步骤如下:

(1) 在 PowerPoint 2016 中打开将要打印的演示文稿。

(2) 在"设计"选项卡中选择"自定义"→"幻灯片大小"命令,显示如图 5-4-5 所示的"幻灯片大小"对话框。

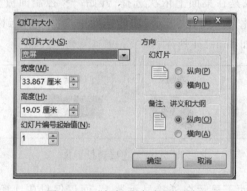

图 5-4-5　"幻灯片大小"对话框

任务实施

对"突破你的 PPT 思维"演示文稿,进行打印输出。

技能拓展

下面介绍演示文稿的打印方法。

在打开的演示文稿中,选择"文件"选项卡中的"打印"命令,并在窗格中对其进行设置,如图 5-4-6 所示。

在该窗格中,可对幻灯片打印的份数、幻灯片打印的版式、打印的模式以及打印的颜色等进行设置。

任务总结

通过本任务的实施,用户能够掌握设置演示文稿的打包、发布以及打印的方法。

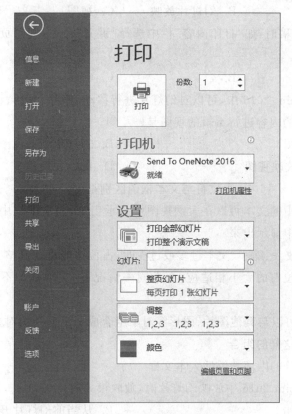

图 5-4-6　打印演示文稿

课 后 练 习

一、选择题

1. PowerPoint 2016 演示文稿的后缀名是(　　)。

　　A. pptx　　　　　　B. ppt　　　　　　C. pot　　　　　　D. pps

2. 下列操作中在退出 PowerPoint 2016 的操作时(　　)。

　　A. 单击应用程序窗口右上角的"关闭"按钮

　　B. 单击应用程序窗口左上角的控制图标,选择"关闭"命令

　　C. 按 Alt＋F4 组合键

　　D. 选择"文件"菜单中的"退出"命令

3. PowerPoint 2016 的视图模式有(　　)。

　　A. 普通视图　　　B. 幻灯片视图　　　C. 备注视图　　　D. 阅读视图

4. 对于演示文稿中不准备放映的幻灯片,可以用("　　")选项卡中的"隐藏幻灯片"命令隐藏。

     A. 工具　　　　　　B. 幻灯片放映　　　C. 视图　　　　　　D. 编辑

5. 打印演示文稿时，如"打印内容"栏中选择"讲义"命令，则每页打印纸上最多能输出（　　）张幻灯片。

     A. 1　　　　　　　　B. 4　　　　　　　　C. 6　　　　　　　　D. 9

6. 在 PowerPoint 2016 中，可以对幻灯片进行移动、删除、复制、设置动画效果，但不能对单独的幻灯片的内容进行编辑的视图是（　　）。

     A. 普通视图　　　　　　　　　　　　B. 幻灯片浏览视图

     C. 幻灯片放映视图　　　　　　　　　D. 阅读视图

7. PowerPoint 2016 中，占位符与文本框的区别是（　　）。

     A. 占位符中的文本可以在大纲视图中显示出来，而文本框中的文本却不能在大纲视图中显示出来

     B. 当用户放大、缩小、文本过多或过少时，占位符能自动调整文本字号的大小，使之与占位符的大小相适应；而在同一情况下，文本框却不能自行调节字号的大小

     C. 文本框可以与其他图片、图形等对象组合成一个复杂的对象，但是占位符却不能进行这样的组合

     D. 在占位符的内部能够插入本文框

8. 在 PowerPoint 2016 中放映幻灯片时，放映模式有（　　）。

     A. 从头开始　　　　　　　　　　　　B. 从当前幻灯片开始

     C. 广播幻灯片　　　　　　　　　　　D. 自定义幻灯片放映

9. 在"动画"选项卡中，能复制动画效果的工具是（　　）。

     A. 格式刷　　　　　　B. 动画刷　　　　　　C. 触发　　　　　　D. 动画窗格

10. "动画"选项卡中的动画效果显示的样式有（　　）。

     A. 进入　　　　　　　B. 退出　　　　　　　C. 动作路径　　　　D. 强调

二、简答题

1. 利用 office.com 中的模板，制作一个具有八张幻灯片的演示文稿，并对所有的幻灯片应用同一种模板。

2. 简述创建演示文稿方式。

三、操作题

1. 设计一份以电影、音乐、旅行等娱乐为主题的演示文稿，并对建立好的演示文稿进行打开、保存、关闭、建立模板、修改内容等操作。

2. 通过 PowerPoint 选项窗格，对 PowerPoint 的工作界面进行设置，包括配色方案、保存的时间间隔、保存路径等操作。

3. 选择一个做好的幻灯片，进行以下操作设置。

（1）对幻灯片上的文字进行文本格式与段落格式的设置，其中：

① 文字标题设置成艺术字。

② 文本"字形"为"幼圆"，"字号"为"小四"，段落"间距"为 1.5 倍。

（2）在幻灯片中插入相应的图片，其中：

① 使图片的艺术效果设置为"艺术刷"。

② 图片的样式设置为"映像圆角矩形"。

（3）用"主题"模板中的"华丽"设置幻灯片的背景，并将主题颜色设置成"穿越"。

（4）艺术字"个人画风"设置成水印文字。

（5）每一张幻灯片都设置相应的切换方式及效果，并设置其幻灯片时间。

项目 6　Internet 与网络基础

任务 6.1　计算机网络基本概念

在人类发展史上,计算机的产生和发展已有一段相当长的历史。计算机网络是计算机和通信技术紧密结合产生的,它的诞生使计算机体系结构发生了很大变化,对人类社会的进步作出了巨大的贡献。

网络给信息带来了强大而有力的传播途径,并且大大缩短了信息发布和接收的时间,避免了许多不必要的资源浪费。

任务描述

如何使用和操作计算机,在前面的任务中我们都做了详细的讲解,通过体验局域网的通信,同学们会了解到计算机网络的形成与发展,认识计算机网络在我们学习生活中的作用。

多台计算机的互联不仅会带来资源的共享,还对我们的学习、工作、生活、娱乐带来方便和快乐。怎样充分地利用好我们现有的资源——多台计算机,将成为衡量现代生活质量的标准之一。

相关知识

计算机网络概念介绍如下:

所谓计算机网络,就是将分布于不同地理位置上且具有独立功能的多台计算机以及它的外部设备,通过通信线路以及通信设备加以连接,并在网络通信协议和网络软件的管理与协调下,实现资源共享和信息传递的系统。

技能拓展

1. 光猫宽带上网

Windows 7 是微软推出的较新视窗操作系统,功能更强大,集成了 PPPoE,光猫用户不需要安装任何其他 PPPoE 拨号软件,直接使用 Windows 7 的连接向导就可以建立自己的光猫虚拟拨号连接。其具体操作步骤如下:

(1) 单击"开始"按钮,依次指向"程序→附件→通讯",单击"新建连接向导"按钮。

（2）接下来的步骤同拨号上网一样，选择"用要求用户名和密码的宽带连接来连接（U）"。

（3）在"新建连接向导"出现"连接名"时，在"ISP 名称（A）"栏中输入创建的连接名称，然后在新出现的界面中，选择创建此连接是为自己还是为其他人，在完成输入光猫账户名和密码后，创建连接完成，如图 6-1-1 所示。

图 6-1-1 光猫拨号上网

（4）在屏幕上会出现一个名为"光猫"的连接图标，双击该图标，将弹出"连接光猫"对话框。输入用户名及连接密码，单击"连接"按钮，即可开始与网络进行连接。

（5）成功连接后，在桌面右下角任务栏中会出现一个两台计算机相连的图标。

2．光猫加路由器上网

（1）硬件连接：将光猫的 LAN 口与无线路由器的 WAN 口相连，同时将光猫的"电话线接口"通过"电话频分器"与电话机相连，最后将无线路由器的 LAN 口与计算机网卡接口进行连接即可，路由器与光猫连接如图 6-1-2 所示。

（2）对于新购买的无线路由器，由于"DHCP 服务"自动开启，因此直接可以在与无线路由器相连的计算机端进行登录后台操作。如果是曾经使用过的路由器，则可以通过 Reset 键进行复位操作后，再利用计算机登录后台管理界面，DHCP 开启时如图 6-1-3 所示。

（3）将与无线路由器进行连接的计算机 IP 获取方式设置为"自动获取"：打开"控制面板"→"网络和 Internet"→"网络和共享中心"界面，单击"更改适配器设置"按钮，然后右击对应的本地连接图标，选择"属性"选项进入。从打开的"Internet 协议版本 4（TCP/

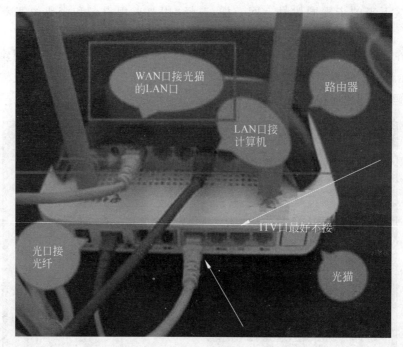

图 6-1-2　路由器与光猫连接

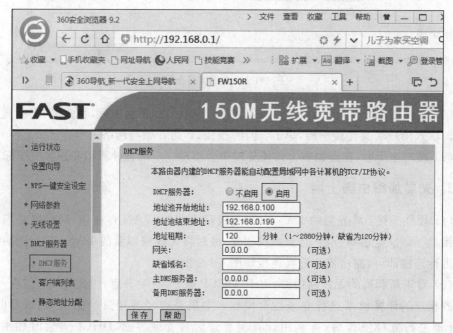

图 6-1-3　DHCP 开启

IPv4）属性"界面中选中"自动获得 IP 地址"选项即可，如图 6-1-4 所示为自动获取 IP地址。

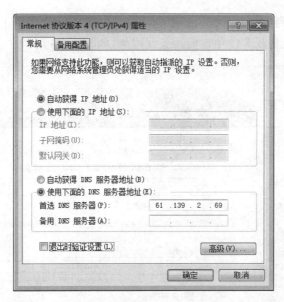

图 6-1-4 自动获取 IP 地址

（4）打开计算机浏览器，根据无线路由器背面的"路由器 IP 地址"信息以及"登录用户名"和"登录密码"信息，在浏览器地址栏内输入路由器的 IP 地址，可登录路由器后台管理界面。图 6-1-5 所示为进入路由器的地址。

图 6-1-5 进入路由器的地址

（5）接下来需要知道宽带上网方式，特别是采用拨号上网的用户，需要知道宽带的用户名和密码。如果已忘记了宽带的用户名和密码，则可以通过拨打网络运营商客服电话号码来找回，利用无线路由器实现自动拨号功能。

（6）接着切换到"无线设置"选项卡，在此需要重新设置一下无线 Wi-Fi 密码和 SSID，这样手机等设备就可以免费使用无线网络，如图 6-1-6 所示。

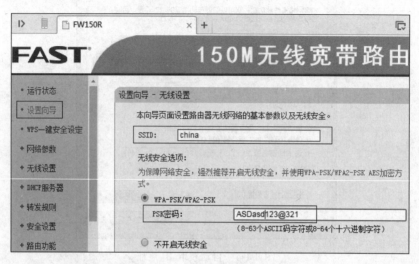

图 6-1-6　Wi-Fi 密码和 SSID

（7）保存并退出路由器。

 任务总结

通过本任务的实施，应掌握下列知识和技能。

- 了解计算机网络 IP 地址的分类。
- 掌握计算机网络 IP 地址的设置。
- 掌握计算机网络光纤载入拨号上网的组建与配置方法。

任务 6.2　Internet 应用

子任务 6.2.1　Internet 概念

任务描述

互联网在现实生活中应用很广泛，在互联网上我们可以聊天、玩游戏、查阅东西等。更为重要的是，在互联网上还可以进行广告宣传和购物。互联网给我们的现实生活带来很大的方便，我们在互联网上可以在数字知识库里寻找自己学业上、事业上的所需，从而帮助我们的工作与学习。在本任务中，大家会了解到 Internet 的相关知识，并且认识 Internet 的作用，以及未来的发展趋势。

相关知识

下面介绍 Internet。

Internet 的中文译名为因特网,又叫作国际互联网,是全球信息资源的总汇。人们通过 Internet 进行发送电子邮件、浏览搜索信息、文件传输、网上通信、远程教育、事务处理、网上购物等活动。当今社会,人们已经离不开因特网了。

Internet 的前身是美国国防部高级研究计划局(ARPA)主持研制的 ARPAnet。20 世纪 60 年代末,正处于"冷战"时期,当时美国军方为了自己的计算机网络在受到袭击时,即使部分网络被摧毁,其余部分仍能保持通信联系,便由美国国防部高级研究计划局(ARPA)建设了一个军用网,叫作"阿帕网"(ARPAnet)。阿帕网于 1969 年正式启用,当时仅连接了四台计算机,供科学家们进行计算机联网实验用。这就是因特网的前身。

1995 年,Internet 的骨干网已经覆盖了全球 91 个国家,主机已超过 400 万台。在最近几年,因特网更以惊人的速度向前发展,很快就达到了今天的规模。

任务实施

下面介绍 Internet 的应用。

Internet 可以让你实现的活动如下。

1) 周游世界

Internet 作为数字化的第四类媒体,已成了当今全球最大的传播媒体,仅以容量而言,即使版面最多的报纸在 Internet 面前也有河流入海之感。

《时代》早在 1994 年年初就在 Internet 上创办了《时代日报》(*Time Daily*)。几乎所有美国有影响的报纸都开设了网络版。中国也有很多报纸在 Internet 上开辟了网络版,如《人民日报》(http://www.chinadaily.net)、新华社(http://www.xinhua.org)等。

2) 发送电子邮件

电子邮件是 Internet 上应用非常广泛的一项服务,Internet 上的电子邮件较之普通邮件速度快而且可靠。

3) 电子商场购物

Internet 发展到今天,已经使电子商场成为现实。消费者在电子商城中可以看到商品的式样、颜色、价格,并且可以随时随地订货、付款。

4) 网上科研

通过 Internet,科学研究工作者可以从各种数据库中检索数据,从世界各地的图书馆中查找资料,在某个专题中就某个观点发表不同的看法。现在 Internet 已成为国内外学术界进行学术交流、召开学术会议的一条通信生命线。

5) 发布电子广告

鉴于在 Internet 上发布信息具有宣传范围广、形式生动活泼、交互方式灵活、用户检索方便、无时间限制、无地域限制、更改方便、反馈信息获取及时等优点,使得 Internet 上的电子广告这种新兴的广告形式正随着 Internet 的发展悄然兴起并呈蓬勃发展之势,从而使 Internet 也变成了全球最大的广告市场。

6）电子银行储蓄、结算

1996 年 5 月 23 日，全球首家 Internet 电子银行——美国纽约安全第一网络银行（简称 SFNB）正式开通。Internet 电子银行可令你足不出户即可办理存款、转账、付账等业务，而且它一年 365 天、每天 24 小时开放，你无须排队等候。

7）举行网络会议

由于 Internet 已可以实现实时地传输音频和视频，因而使得网络会议成为可能。网络会议不受时间、地域的限制，只要联入 Internet，地球上任何一个角落的人都可以参加会议，并且可以像普通的会议一样自由发言。网络会议大大减少了会议的差旅费，节省了大量的时间，提高了工作效率。

8）远程医疗及教学

利用网络会议技术，实现异地专家会诊、远程手术指导，可大大缓解由于医护人员缺少或者分布不均衡引起的就医困难。通过计算机网络，将远程教师的教学情况与现场听课的情况进行双向传输交流，可形成远程的"面对面"教学环境，充分利用辅导方的师资，并节省大量的人力、物力。

技能拓展

下面介绍一下人工智能。

人工智能（Artificial Intelligence，AI）是研究、开发用于模拟、延伸和扩展人的智能的理论、方法、技术及应用系统的一门新的技术科学。人工智能是计算机科学的一个分支，它企图了解智能的实质，并生产出一种新的能以人类智能相似的方式作出反应的智能机器，该领域的研究包括机器人、语言识别、图像识别、自然语言处理和专家系统等。

人工智能可能会是计算机历史中的一个终极目标。从 1950 年，阿兰图灵提出的测试机器如人机对话能力的图灵测试开始，人工智能就成为计算机科学家们的梦想，在接下来的网络发展中，人工智能使得机器更加智能化。在这个意义上来看，这和语义网在某些方面有些相同。

尽管如此，人工智能还是赋予了网络很多的承诺。人工智能技术正被用于一些像 Hakia、Powerset 这样的"搜索 2.0"公司。Numenta 是 Tech Legend 公司的 Jeff Hawkins（掌上型计算机发明者）创立的一个让人兴奋的公司，它试图用神经网络和细胞自动机建立一个新的像人的大脑一样的计算范例。这意味着 Numenta 正试图用计算机来解决一些对我们来说很容易的问题，比如，识别人脸，或者感受音乐中的式样。由于计算机的计算速度远远超过人类，我们希望新的僵局将被打破，使我们能够解决一些以前无法解决的问题。

任务总结

通过本任务的实施，应掌握下列知识和技能。
- 了解 Internet（因特网）的相关概念。

- 了解 Internet(因特网)的功能和应用。
- 了解 Internet(因特网)的发展历程。

子任务 6.2.2 Internet 的接入、浏览与搜索信息

任务描述

通过 Internet Explorer 10.0(IE 10.0,IE 浏览器)浏览器享受互联网的资源共享,是我们每一个人应该掌握的基本技能。那么通过在本任务中,我们将学习 Internet Explorer 10.0 浏览器的使用方法。

相关知识

上网基础知识介绍如下。

1. 万维网

万维网(World Wide Web,WWW)有多个名称,如 3W、WWW、Web,全球信息网等。WWW 最初是由欧洲粒子物理实验室 CERN 的 Tim Berners-Lee 与 1989 年负责开发的一种超文本设计语言 HTML,为分散在世界各地的物理学家提供服务。

WWW 网站包含许多的网页。网页是用超文本标记语言 HTML 编写的,并以文档、文件形式分布于世界各地的 Web 网站上,网页除了文字、图片等内容外,还提供声音、动画、影像等多媒体信息和交互式功能。

2. 超文本超链接

超文本(HyperText)除了包含文本外,还提供图片、声音、动画和影像等多种媒体信息。超文本是用超链接的方法,将各种不同空间的媒体信息链接在一起的网状文本。所谓超链接,是指从一个网页指向一个目标的连接关系,这个目标可以是另一个网页,也可以是相同网页上不同的位置,还可以是一个图片、一个电子邮件、一个文件,甚至是一个应用程序。

3. 浏览器

浏览器是万维网服务器的客户端浏览程序,它可以向万维网的 Web 服务器发送各种请求,并对从服务器发来的超文本信息和各种多媒体数据格式进行解释、显示和播放。目前,常用的浏览器主要是 Microsoft 的 IE、Mozilla 的 Firefox、Google 的 Chrome 等。

任务实施

1. 启动 IE 10.0 浏览器

方法 1:双击桌面上的 IE 10.0 图标,如图 6-2-1 所示。

方法 2:在屏幕左下方的"开始"菜单中选择"所有程序"→IE 10.0 命令,启动 IE 浏览

器，如图 6-2-2 所示。启动之后，会打开相应的网址，图 6-2-3 所示的是 hao360 的首页。

图 6-2-1 桌面 IE 10.0 图标　　　　　　　图 6-2-2 任务栏 IE 10.0 图标

图 6-2-3 启动之后显示 hao360 首页

2. 认识 IE 10.0 浏览器窗口

打开 hao360 网页，窗口各栏的名称如图 6-2-3 所示。

1）标题栏

标题栏位于浏览器窗口的最上方，显示浏览的网页名称为"hao360-上网从这里开始"。

2）菜单栏

菜单栏位于标题栏的下方,菜单栏有
"文件""编辑""查看""收藏夹""工具"和
"帮助"六个菜单,单击菜单可弹出下拉菜
单,包含 IE 的各项功能,如"文件"菜单包
含新建窗口和保存网页等各项功能,如
图 6-2-4 所示。

3）地址栏

地址栏位于标题栏中间,可以直接在
地址栏上输入 Web 地址即 URL。

4）网页内容

菜单栏下面显示的是网页内容,是用
户查看网页内容的地方,也是大家最感兴
趣的地方。

5）状态栏

状态栏位于窗口的最下方,显示当前

图 6-2-4　"文件"选项卡的下拉菜单

用户正在浏览的网页的状态、区域的属性下载进度以及窗口显示的缩放倍数。

3. 浏览网页

进入 Web 站点,打开的第一页被称为首页。网站首页是一个网站的入口网页,是网
站建站时树状结构的第一页,是令访客了解网站概貌并引导其阅读内容的向导。网页上
有很多超链接,在上面单击,浏览器将打开该超链接指向的网页。例如,我们单击"新闻"
就跳转到腾讯网的"腾讯新闻",就可以浏览相应的新闻内容,如图 6-2-5 所示。

图 6-2-5　腾讯网的"腾讯新闻"

4. 保存网页的内容

网页上包含文字、图片和资源链接等内容。在浏览网页时，我们可以将网页上的内容保存到计算机中，以便下次查看或使用。下面主要介绍网页、文字、图片和资源的保存方法。

1）保存全部网页内容

（1）打开 IE，浏览要保存的网页页面。

（2）选择"文件"→"另存为"命令，弹出"另存为"对话框，如图 6-2-6 所示。

图 6-2-6 "另存为"对话框

（3）选择要保存网页文件的路径。

（4）在"文件名"文本框中输入文件名称。

（5）在"保存类型"下拉列表框中根据需要，选择保存的类型，包括"网页，全部""Web 档案，单一文件""网页，仅 HTML""文本文件"，选择其中一种类型，如"网页，全部"，如图 6-2-7 所示。

（6）单击"保存"按钮，保存网页。

2）保存网页中的部分文字

（1）用鼠标选中需要保存的文字。

（2）选择"编辑"→"复制"命令或者在选中的文字上面右击并选择"复制"命令。

（3）打开一个空白的记事本或 Word 文档等，右击并选择"粘贴"命令。

（4）选择要保存的路径，并在"文件名"对话框中输入文件名，单击"保存"按钮来保存文档。

3）保存网页中的图片

（1）在所要保存的图片上右击。

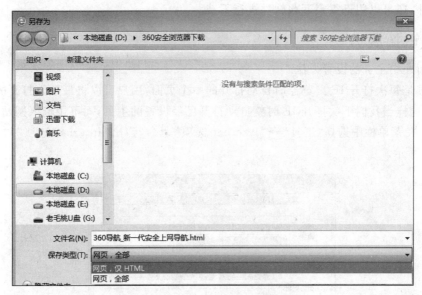

图 6-2-7 网页"保存类型"列表框

（2）在弹出的快捷菜单中选择"图片另存为"命令，如图 6-2-8 所示，弹出"保存图片"对话框。

图 6-2-8 "图片另存为"命令

（3）选择要保存的图片的路径，输入图片的名称。

（4）单击"保存"按钮保存图片。

4）保存网页上的文件

网页上的超链接会指向一个资源，可以是网页，也可以是声音文件，或者是文档和压缩包等文件，下载的方法如下：

（1）在超链接上右击。

（2）在弹出的快捷菜单中选择"目标另存为"命令。

（3）文件自动保存于桌面"我的文档"下面的"下载"文件夹里面。

另外，还可以用迅雷等下载软件进行下载。

知识拓展

下面介绍主页的设置方法。

主页是每次打开 IE 浏览器时自动打开的一个页面，用户可以将最频繁打开的网站设为主页，这样当我们下次打开 IE 时就自动打开已经设置的主页，而不用输入网站地址。

（1）在菜单栏中选择"工具"→"Internet 选项"命令，弹出"Internet 选项"对话框，如图 6-2-9 所示。

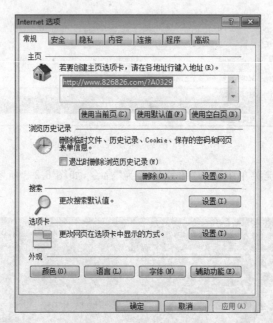

图 6-2-9　"Internet 选项"对话框

（2）选择"常规"选项卡。

（3）在"主页"选项区中单击"使用当前页"按钮，地址栏就会自动填入当前 IE 打开的网页地址；单击"使用默认值"按钮，地址栏就会自动填入系统的一个默认页面地址；单击"使用空白页"按钮，则启动 IE 时只显示空白的窗口，不显示任何的页面。用户还可以在地址栏中输入自己想要设置为主页的地址，如"http://hao.360.cn"，如图 6-2-10 所示。

（4）设置好主页后，单击"应用"按钮保存刚才的设置但不关闭"Internet 选项"对话框；单击"确定"按钮，保存并关闭"Internet 选项"对话框。

技能拓展

下面介绍收藏夹的使用方法。

通过单击收藏夹中的网站，可以直接打开我们喜欢的网站。例如，单击"收藏夹"中的"人民网"，浏览器就可以打开人民网的页面，我们不必在地址栏中输入人民网的网址，如图 6-2-11 所示。

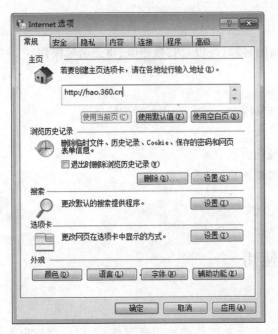

图 6-2-10　"主页"地址栏中输入"http://hao.360.cn"

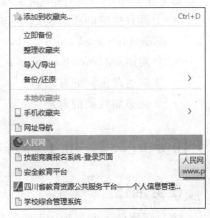

图 6-2-11　收藏夹

1. 将网页地址添加到收藏夹中

当用户浏览网站时,发现网站的内容对自己有帮助或者感觉比较精彩,想以后经常登录这个网站,就可以将这个网站添加到收藏夹中。下面将"人民网"网站添加到收藏夹中。

（1）打开"人民网"网站,选择"收藏"→"添加到收藏夹"命令,弹出"添加到收藏夹"对话框,如图 6-2-12 所示,在"网页标题"文本框中就会出现当前所浏览网页的名称"人民网"。如果要更改名称,直接输入名称,单击"确定"按钮即可,这时收藏夹中就会出现"人民网"首页网站的名称。

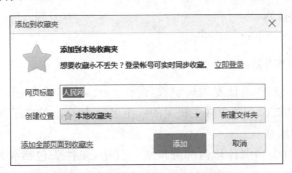

图 6-2-12　"添加到收藏夹"对话框

（2）下次我们再次浏览"人民网"网站时,只需打开收藏夹,单击"人民网"按钮即可。

301

2. 收藏夹的整理

进入收藏夹之后，右击任何一个网站的名称，可以对其做删除、重命名等操作。

 任务总结

通过本任务的实施，应掌握下列知识和技能。

- 了解万维网的相关概念。
- 掌握 Internet Explorer 10.0 的使用方法。
- 会使用 Internet Explorer 10.0 浏览网页、搜索资料。
- 掌握更改主页的方法。
- 掌握添加收藏的方法。

子任务6.2.3　电子邮件的使用

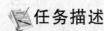 **任务描述**

随着网络的不断发展，现如今人们的生活和工作都离不开网络，人们的交流很大程度上也是通过网络来进行交流。传统意义上的写信方式交流也基本被淘汰，大部分是通过电子邮件的方式。在本任务中，我们将学会怎么来使用电子邮件进行交流和传递文件等。

相关知识

1）认识电子邮件

电子邮件（Electronic Mail，E-mail）是一种利用计算机网络交换电子媒体信息的通信方式，也是因特网上的重要信息服务方式。它为世界各地的因特网用户提供了一种极为快速、简单和经济的通信与交流信息的方法。电子邮件价格便宜、方便、快捷，还可以一信多发。

2）电子邮件的格式

E-mail 地址格式如下：

用户名@电子邮件服务器域名

符号"@"是电子邮件地址专用标识符，读作：at。比如，Lily@126.com 就是一个邮件地址，它表示在 126.com 的邮件主机上的一个名字为 Lily 的电子邮件用户。

3）电子邮件的组成

电子邮件由邮件头和邮件体两部分组成。其中，邮件头包括收件人、主题、抄送、邮件体。

（1）收件人：收件人的邮箱地址，多个邮箱地址可以用";"隔开。

（2）主题：邮件的标题。

（3）抄送：将邮件同时发送给收件人以外的人的邮件地址。

（4）邮件体：包括邮件正文（邮件的内容）、邮件附件等。

　　4）申请免费电子邮箱

　　使用电子邮件必须有自己的邮箱。现在的很多门户网站都有免费的电子邮箱,如网易(www.163.com)、搜狐(www.sohu.com)等。可以在这些网站上进行申请、注册,比如,在 www.163.com 主页上的"免费注册电子邮件"向导进行注册,按要求填写相应的信息,如邮箱用户名、密码等信息。注册成功之后就可以使用用户名和密码登录邮箱进行收发邮件。

　　5）电子邮件的使用方式

　　电子邮件的使用方式有 Web 和客户端软件两种方式。Web 方式指用浏览器访问电子邮件服务商的电子邮件系统网址,输入用户名和密码,进入用户的电子邮件信箱,然后处理用户的电子邮件,图 6-2-13 所示为登录前的界面,图 6-2-14 所示为登录后的界面。

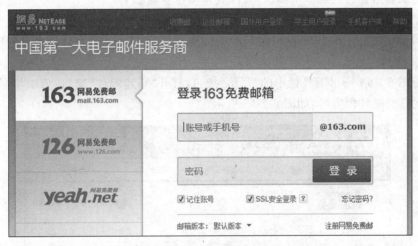

图 6-2-13　登录前的界面

图 6-2-14　登录后的界面

　　电子邮件客户端软件方式是指用软件产品(如 Outlook Express、Foxmail,见图 6-2-15)来使用和管理电子邮件,还可以进行远程电子邮件操作及同时处理多账号电子邮件。

图 6-2-15　Outlook 和 Foxmail

任务实施

下面创建邮件与发送邮件。

我们试着给自己发送一个测试邮件，具体操作步骤如下。

1）创建邮件

例如，给自己的 ceshi199900@163.com 邮箱发送邮件，同时抄送给 767561056@qq.com。

单击图 6-2-14 所示工具栏中的"写信"按钮，打开"新建邮件"窗口，依次填写收件人、抄送人、主题、邮件内容等，如图 6-2-16 所示。

图 6-2-16　"新建邮件"窗口

2）添加附件

如果要通过电子邮件发送计算机的其他文件，如 Word 文档、图片和压缩包等，当写完电子邮件后，可按下列操作插入指定的文件。

单击"主题"栏下面的"添加附件"选项卡，弹出"打开"对话框，如图 6-2-17 所示。在对话框中选择要插入的文件，可以添加多个文件作为附件。

3）发送邮件

单击"发送"按钮，即可将创建好的邮件发送到上面填写的邮箱中，如图 6-2-18 所示。

图 6-2-17　"打开"对话框

图 6-2-18　创建好邮件的窗口

4）收信和阅读邮件

（1）如果要查看是否有电子邮件，则单击左侧窗口的"收信"按钮，当下载完之后就可以阅读了。

（2）阅读邮件，单击窗口左侧的"收件箱"按钮，在邮件列表区中选择一个邮件并单击，则该内容便显示在邮件列表下方，如图 6-2-19 所示。

5）下载附件

单击"附件"按钮，一般有回形针图标，并单击"下载"按钮，如图 6-2-20 所示。

6）回复和转发

（1）回复邮件。看完一封信之后需要进行回复，阅读窗口中单击"回复"按钮或者

图 6-2-19　阅读邮件

图 6-2-20　下载"附件"窗口

"回复全部"按钮。弹出回信窗口，收件人的地址已经由系统自动填好，为原发件人，如图 6-2-21 和图 6-2-22 所示。

（2）回信内容填好之后，单击"发送"按钮，就完成回信任务。

（3）转发。如果需要其他人也阅读自己收到的这封信，可以转发该邮件。单击"转发"按钮即可转发邮件，如图 6-2-21 所示。

任务总结

通过本任务的实施，应掌握下列知识和技能。

- 了解邮件的一些基本概念。
- 掌握电子邮件的使用方法。

图 6-2-21 "阅读邮件"窗口

图 6-2-22 "回复"窗口

课 后 练 习

一、选择题

1. 下列四项中表示电子邮件地址的是(   )。
   A. lilin@126.net
   B. 192.1610.0.1
   C. www.gov.cn
   D. www.cctv.com

2. 浏览网页过程中,当鼠标光标移动到已设置了超链接的区域时,鼠标指针形状一般变为(   )。
   A. 小手形状   B. 双向箭头   C. 禁止图案   D. 下拉箭头

3. 下列软件中可以查看 WWW 信息的是(   )。
   A. 游戏软件   B. 财务软件   C. 杀毒软件   D. 浏览器软件

4. 电子邮件地址 stu@zjschool.com 中的 zjschool.com 是代表(   )。
   A. 用户名
   B. 学校名
   C. 学生姓名
   D. 邮件服务器名称

5. 计算机网络最突出的特点是（　　）。
    A. 资源共享　　　　B. 运算精度高　　　　C. 运算速度快　　　　D. 内存容量大

6. E-mail 地址的格式是（　　）。
    A. www.zjschool.cn　　　　　　　　　B. 网址•用户名
    C. 账号@邮件服务器名称　　　　　　D. 用户名•邮件服务器名称

7. Internet Explorer(IE)浏览器的"收藏夹"的主要作用是收藏（　　）。
    A. 图片　　　　　B. 邮件　　　　　C. 网址　　　　　D. 文档

8. 网址"www.pku.edu.cn"中的"cn"表示（　　）。
    A. 英国　　　　　B. 美国　　　　　C. 日本　　　　　D. 中国

9. 下列四项中主要用于在 Internet 上交流信息的是（　　）。
    A. BBS　　　　　B. DOS　　　　　C. Word　　　　　D. Excel

10. 如果申请了一个免费电子信箱为 zjxm@sina.com，则该电子信箱的账号是（　　）。
    A. zjxm　　　　B. @sina.com　　　C. @sina　　　D. sina.com

11. HTTP 是一种（　　）。
    A. 域名　　　　　　　　　　　　B. 高级语言
    C. 服务器名称　　　　　　　　　D. 超文本传输协议

12. 上因特网浏览信息时，常用的浏览器是（　　）。
    A. KV3000　　　　　　　　　　B. Word 97
    C. WPS 2000　　　　　　　　　D. Internet Explorer

13. 发送电子邮件时，如果接收方没有开机，那么邮件将（　　）。
    A. 丢失　　　　　　　　　　　　B. 退回给发件人
    C. 开机时重新发送　　　　　　　D. 保存在邮件服务器上

14. 下列属于计算机网络通信设备的是（　　）。
    A. 显卡　　　　　B. 网线　　　　　C. 音箱　　　　　D. 声卡

15. 用 IE 浏览器浏览网页，在地址栏中输入网址时，通常可以省略（　　）。
    A. http://　　　B. ftp://　　　C. mailto://　　　D. news://

16. 网卡属于计算机的（　　）。
    A. 显示设备　　　B. 存储设备　　　C. 打印设备　　　D. 网络设备

17. Internet 中 URL 的含义是（　　）。
    A. 统一资源定位器　　　　　　　B. Internet 协议
    C. 简单邮件传输协议　　　　　　D. 传输控制协议

18. 要能顺利发送和接收电子邮件，下列设备必需的是（　　）。
    A. 打印机　　　B. 邮件服务器　　　C. 扫描仪　　　D. Web 服务器

19. 构成计算机网络的要素主要有通信协议、通信设备和（　　）。
    A. 通信线路　　　B. 通信人才　　　C. 通信主体　　　D. 通信卫星

20. 区分局域网（LAN）和广域网（WAN）的依据是（　　）。

A. 网络用户　　　B. 传输协议　　　C. 联网设备　　　D. 联网范围

21. 要给某人发送一封 E-mail,必须知道他的(　　)。
A. 姓名　　　B. 邮政编码　　　C. 家庭地址　　　D. 电子邮箱地址

22. Internet 的中文规范译名为(　　)。
A. 因特网　　　B. 教科网　　　C. 局域网　　　D. 广域网

23. 学校的校园网络属于(　　)。
A. 局域网　　　B. 广域网　　　C. 城域网　　　D. 电话网

24. 下面是某单位的主页的 Web 地址 URL,其中符合 URL 格式的是(　　)。
A. http//www. jnu. edu. cn　　　B. http：www. jnu. edu. cn
C. http：//www. jnu. edu. cn　　　D. http：/www. jnu. edu. cn

25. 在地址栏中显示 http：//www. sina. com. cn/时,所采用的协议是(　　)。
A. HTTP　　　B. FTP　　　C. WWW　　　D. 电子邮件

26. WWW 最初是由(　　)实验室研制的。
A. CERN　　　B. AT&T
C. ARPA　　　D. Microsoft Internet Lab

27. Internet 起源于(　　)。
A. 美国　　　B. 英国　　　C. 德国　　　D. 澳大利亚

28. 构成计算机网络的要素主要有通信主体、通信设备和通信协议,其中通信主体指的是(　　)。
A. 交换机　　　B. 双绞线　　　C. 计算机　　　D. 网卡

29. 下列说法错误的是(　　)。
A. 电子邮件是 Internet 提供的一项最基本的服务
B. 电子邮件具有快速、高效、方便、价廉等特点
C. 通过电子邮件,可向世界上任何一个角落的网上用户发送信息
D. 可发送的多媒体只有文字和图像

30. 网页文件实际上是一种(　　)。
A. 声音文件　　　B. 图形文件　　　C. 图像文件　　　D. 文本文件

31. 计算机网络的主要目标是(　　)。
A. 分布处理　　　B. 将多台计算机连接起来
C. 提高计算机可靠性　　　D. 共享软件、硬件和数据资源

32. 所有站点均连接到公共传输媒体上的网络结构是(　　)。
A. 总线型　　　B. 环形　　　C. 树形　　　D. 混合型

33. 一座大楼内的一个计算机网络系统,属于(　　)。
A. PAN　　　B. LAN　　　C. MAN　　　D. WAN

34. 计算机网络中可以共享的资源包括(　　)。
A. 硬件、软件、数据、通信信道　　　B. 主机、外设、软件、通信信道
C. 硬件、程序、数据、通信信道　　　D. 主机、程序、数据、通信信道

35. 对局域网来说,网络控制的核心是(　　)。

A. 工作站 　　　B. 网卡 　　　C. 网络服务器 　　　D. 网络互联设备

36. 在中继系统中，中继器处于（　　　）。

A. 物理层 　　　B. 数据链路层 　　　C. 网络层 　　　D. 高层

二、填空题

1. 计算机网络系统主要由_____、_____和_____。

2. 计算机网络按地理范围可分为_____、_____和_____，其中_____主要用来构造一个单位的内部网。

3. 通常我们可将网络传输介质分为_____和_____两大类。

4. 常见的网络拓扑结构为_____、_____和_____。

5. 一个计算机网络典型系统可由_____子网和_____子网组成。

三、简答题

1. 简述计算机网络的分类以及它们的应用。

2. 简述使用 IE 10.0 浏览网页的过程。

3. 简述用 Foxmail 发送邮件的过程，并向老师发送一封带附件的邮件。

参 考 文 献

[1] G. Somasundaram,等. 信息存储与管理[M].马衡,赵甲,译. 2 版. 北京：人民邮电出版社,2013.

[2] 钱宗峰,李晓辉.计算机应用基础[M].2 版. 北京：机械工业出版社,2014.

[3] 夏宝岚.计算机应用基础[M].3 版.上海：华东理工大学出版社,2015.

[4] 易伟. 微信公众平台搭建与开发揭秘[M].2 版.北京：机械工业出版社,2015.

[5] 刘丽霞.iOS 9 开发快速入门[M].北京：人民邮电出版社,2015.

附录A 云 计 算

1. 云计算的概念

云计算的概念是由 Google 提出的,这是一个美丽的网络应用模式。狭义的云计算是指 IT 基础设施的交互和使用模式,指通过网络以按需、易扩展的方式获得所需的资源;广义云计算是指服务的交互和使用模式,指通过网络以按需、易扩展的方式获得所需的服务。这种服务可以是 IT 和软件、互联网相关的,也可以是任意其他的服务,它具有超大规模、虚拟化、可靠安全等独特功效。

云计算(Cloud Computing)是网格计算(Grid Computing)、分布式计算(Distributed Computing)、并行计算(Parallel Computing)、效用计算(Utility Computing)、网络存储(Network Storage Technologies)、虚拟化(Virtualization)、负载均衡(Load Balance)等传统计算机技术和网络技术发展融合的产物。它旨在通过网络把多个成本相对较低的计算实体整合成一个具有强大计算能力的完美系统,并借助 SaaS、PaaS、IaaS、MSP 等先进的商业模式把这强大的计算能力分布到终端用户手中。Cloud Computing 的一个核心理念就是通过不断提高"云"的处理能力,进而减少用户终端的处理负担,最终使用户终端简化成一个单纯的输入/输出设备,并能按需享受"云"的强大计算处理能力。

1) 狭义的云计算

提供资源的网络被称为"云"。"云"中的资源在使用者看来是可以无限扩展的,并且可以随时获取,按需使用,随时扩展,按使用付费。这种特性经常被称为像水电一样使用 IT 基础设施。

2) 广义的云计算

广义的云计算的服务可以是 IT 和软件、互联网相关的,也可以是任意其他的服务。这种资源池称为"云"。"云"是一些可以自我维护和管理的虚拟计算资源,通常是一些大型服务器集群,包括计算服务器、存储服务器、宽带资源等。云计算将所有的计算资源集中起来,并由软件实现自动管理,无须人为参与。这使得应用提供者无须为烦琐的细节而烦恼,能够更加专注于自己的业务,有利于创新和降低成本。

有人打了个比方:这就好比是从古老的单台发电机模式转向了电厂集中供电的模式。它意味着计算能力也可以作为一种商品进行流通,就像煤气、水电一样,取用方便,费用低廉。最大的不同在于,它是通过互联网进行传输的。

云计算是并行计算、分布式计算和网格计算的发展,或者说是这些计算机科学概念的商业实现。云计算是虚拟化、效用计算、IaaS(基础设施即服务)、PaaS(平台即服务)、SaaS(软件即服务)等概念混合演进并跃升的结果。

总的来说,云计算可以算作是网格计算的一个商业演化版。

2. 云计算的关键技术

云计算是一系列分布式计算技术自然演化与融合的结果。随着云计算技术的推广,利用开源项目来构建企业级私有云已成为云计算应用的一项重要研究课题。

1) 虚拟化研究

所谓虚拟化技术,从字面理解是对实物的虚拟化,即将物理单元实体虚拟化为多个逻辑实体,提供给多个业务逻辑场景使用。虚拟化技术在云计算中被广泛使用。云计算的目的是整合资源,以服务的方式提供业务场景使用,这要求系统有较高的可靠性、可用性及服务器的高处理能力来满足多样化的服务请求。目前调研中发现,企业的服务器使用效率普遍都很低,服务器的采购费用占到了 IT 预算的 25%,实际服务器都没有高负荷的运转。这样就造成了资源的极大浪费。例如,东莞一家化工厂有四台 IBM 服务器,CPU的实际使用率都低于 22%,硬件资源没有得到充分利用。虚拟化技术的推出可以极大地优化资源,服务器的处理能力也得到了充分的利用。

虚拟化技术应用范围广,主要有硬件虚拟化、软件虚拟化、内存虚拟化等各项技术,即将服务器虚拟为多台逻辑服务器供业务场景使用,提高了服务器的利用率。当没有虚拟化时,不同的应用部署在不同的物理服务器上;采用虚拟化后,应用部署在逻辑服务器上,这些逻辑服务器可能只对于一台物理服务器,即一台物理服务器托管了多个逻辑应用,通过服务器的虚拟化,硬件资源不再是独立的了,而是可以共享的。物理服务器的虚拟化分解到底层即硬件资源的虚拟化,如 CPU、I/O 等物理硬件的虚拟化。

目前,服务器虚拟化可以概括为全虚拟化和半虚拟化。服务器虚拟化技术在云计算平台的应用可以理解为硬件资源的虚拟化,这样云计算平台的设计就更具弹性。全虚拟化的特点是指令动态执行,半虚拟化是修改客户机操作系统来实现特权指令的执行问题,半虚拟化中的客户机和平台必须是兼容的,否则虚拟机没法操作宿主机。

2) 服务器云的构建

云计算平台最核心的部分就是服务器云,利用服务器云实现了很多云平台的功能,服务器云包含有云平台的虚拟机超级监控器、操作系统底层、硬件服务器。目前,计算模式也发生了变化,由大型模式逐步变迁到微型模式,最近演变成了个人模式。异构的操作系统和应用服务很难被用户获取使用,特别是在轻量级的设备上服务不够完善。虚拟化技术在云计算中的应用原理是将计算机的位置、服务差异、数据异构等屏蔽掉,提供给用户的是一个统一的接口,用户只需提出自己的要求,就可以得到相应的信息和服务,所有实现细节都由云计算平台来实现。

3) 平台架构说明

服务器云主要由硬件系统、软件系统等组成,主要包含 Linux Server 操作系统、HP、IBM 3650 服务器和虚拟化的超级设备组成,利用 RedHat 管理系统将服务器整合成一个云计算平台,对外就是个服务平台,将实现细节封装起来,将服务器的硬件抽象为统一的CPU 资源池、存储器资源池、网络资源池、内存资源池等,任何服务都可以在统一资源视图中获得硬件支持。

3. 云计算的核心特性

云计算可以使用户得以快速地以低价格方式获得技术架构资源。

应用程序界面 API 的可达性是指允许软件与云以类似于"人机交互这种用户界面设施相一致的方式"来交互。云计算系统典型的运用是基于 REST 网络架构的 API，如附图 A-1 所示。

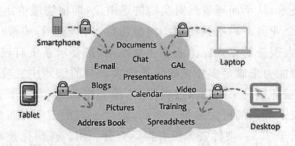

附图 A-1　云计算图解

在公有云中对传输模式的支持已经转变为运营成本，故费用大幅下降。很显然降低了进入门槛，这是由于体系架构典型的是由第三方提供，无须一次性购买，且没有了罕见的集中计算任务的压力，基于用户的操作和更少的 IT 技能被内部实施。

允许用户通过网页浏览器来获取资源而无须关注用户自身是通过何种设备或在何地介入资源（如 PC、移动设备等）。通常设施是在非本地的（典型的是由第三方提供的），并且通过 Internet 获取，用户可以从任何地方来连接。

附录B 大 数 据

1. 大数据的概念

大数据是一个体量特别大,数据类别特别多的数据集,并且这样的数据集无法用传统数据库工具对其内容进行抓取、管理和处理。大数据首先是指数据体量(volume)大,大型数据集一般在10TB规模左右。但在实际应用中,很多企业用户把多个数据集放在一起,已经形成了PB级的数据量。其次是指数据类别(variety)多,数据来自多种数据源,数据种类和格式日渐丰富,已冲破了以前所限定的结构化数据范畴,囊括了半结构化和非结构化数据。再次是指数据处理速度(velocity)快,在数据量非常庞大的情况下,也能够做到数据的实时处理。最后是指数据真实性(veracity)高,随着用户对社交数据、企业内容、交易与应用数据等新数据源的兴趣的提升,传统数据源的局限被打破,企业愈发需要更有效的信息并确保其真实性及安全性。

1) 百度知道中大数据的概念

大数据(bigdata)或称巨量资料,是指所涉及的资料量规模巨大到无法透过目前主流软件工具,在合理时间内达到撷取、管理、处理,并整理成为帮助企业经营决策更积极目的的信息。大数据有"4V"特点:volume(体量)、velocity(速度)、variety(类别)、veracity(真实性)。

2) 互联网周刊中大数据的概念

大数据的概念远不止大量的数据(TB)和处理大量数据的技术,或者所谓的"4V"之类的简单概念,而是涵盖了人们在大规模数据的基础上可以做的事情,而这些事情在小规模数据的基础上是无法实现的。换句话说,大数据让人们以一种前所未有的方式,通过对海量数据进行分析,获得有巨大价值的产品和服务,或深刻的洞见一些发展趋势,最终形成变革之力。

3) 研究机构Gartner提出的大数据的概念

大数据是需要新处理模式才能具有更强的决策力、洞察发现力和流程优化能力的海量、高增长率和多样化的信息资产。从数据的类别上看,大数据指的是无法使用传统流程或工具处理或分析的信息。它定义了那些超出正常处理范围和大小、迫使用户采用非传统处理方法的数据集。亚马逊网络服务(AWS)中的大数据科学家John Rauser提到一个简单的定义:"大数据就是任何超过了一台计算机处理能力的庞大数据量。"研发小组对大数据的定义:"大数据是最大的宣传技术、最时髦的技术,当这种现象出现时,定义就变得很混乱。"Kelly说:"大数据是可能不包含所有的信息,但我觉得大部分是正确的。对大数据的一部分认知在于,它是如此之大,分析它需要多个工作负载,这是AWS的定义。当技术达到极限时,也就是数据的极限。"大数据的意义不是关于如何定义,最重要的是如何使用它。最大的挑战在于哪些技术能更好地使用数据以及大数据的应用情况如何。这与传统的数据库相比，开源的大数据分析工具如 Hadoop 的崛起，让人们进一步探究这些非结构化的数据服务的价值在哪里。

2. 大数据分析

众所周知，大数据已经不单纯是数据大的事实了，而最重要的现实是对大数据进行分析，只有通过分析才能获取很多智能的、深入的、有价值的信息。那么越来越多的应用涉及大数据，而这些大数据的属性，包括数量、速度、多样性等都是呈现了大数据不断增长的复杂性，所以大数据的分析方法在大数据领域就显得尤为重要，可以说是决定最终信息是否有价值的决定性因素。

基于这些认知，大数据分析的使用者有大数据分析专家，同时还有普通用户，但是二者对于大数据分析最基本的要求就是可视化分析，因为可视化分析能够直观地呈现大数据的特点，同时能够非常容易被读者所接受，就如同看图说话一样简单明了。

大数据分析的理论核心就是数据挖掘算法，各种数据挖掘的算法基于不同的数据类型和格式才能更加科学地呈现出数据本身具备的特点，也正是因为这些被全世界统计学家所公认的各种统计方法（可以称为真理），才能深入数据内部，挖掘出公认的价值。另外也是因为有这些数据挖掘的算法才能更快速地处理大数据，如果一个算法得花上好几年才能得出结论，那大数据的价值也就无从说起了。大数据分析最重要的应用领域之一就是预测性分析，从大数据中挖掘出特点，通过建立科学的模型之后便可以带入新的数据，从而预测未来的数据。

大数据分析离不开数据质量和数据管理，高质量的数据和有效的数据管理，无论是在学术研究领域还是在商业应用领域，都能够保证分析结果的真实性和有价值。

3. 大数据技术

数据采集：ETL 工具负责将分布的、异构数据源中的数据如关系数据、平面数据文件等抽取到临时中间层后进行清洗、转换、集成，最后加载到数据仓库或数据集中，成为联机分析处理、数据挖掘的基础。

数据存取：用关系数据库、NOSQL、SQL 等。

基础架构：指云存储、分布式文件存储等。

数据处理：自然语言处理（Natural Language Processing，NLP）是研究人与计算机交互的语言问题的一门学科。处理自然语言的关键是要让计算机"理解"自然语言，所以自然语言处理又叫作自然语言理解（Natural Language Understanding，NLU），也称为计算语言学（Computational Linguistics）。一方面它是语言信息处理的一个分支；另一方面它是人工智能（Artificial Intelligence，AI）的核心课题之一。

统计分析：使用的方法有假设检验、显著性检验、差异分析、相关分析、T 检验、方差分析、卡方分析、偏相关分析、距离分析、回归分析、简单回归分析、多元回归分析、逐步回归分析、回归预测与残差分析、岭回归分析、Logistic 回归分析、曲线估计、因子分析、聚类分析、主成分分析、因子分析、快速聚类法与聚类法、判别分析、对应分析、多元对应分析

（最优尺度分析）、bootstrap 技术等。

数据挖掘：包括的技术有分类（classification）、估计（estimation）、预测（prediction）、相关性分组或关联规则（affinity grouping or association rules）、聚类（clustering）、描述和可视化（description and visualization）、复杂数据类型挖掘（文本、网页、图形图像、视频、音频等）。

模型预测：预测模型、机器学习、建模仿真。

结果呈现：云计算、标签云、关系图等。

4．大数据的特点

理解大数据，首先要从"大"入手，"大"是指数据规模。大数据一般指在 10TB（1TB＝1024GB）规模以上的数据量。大数据同过去的海量数据有所区别。大数据有以下特点。

（1）数据体量巨大。从 TB 级别，跃升到 PB 级别。

（2）数据类型繁多。如前文提到的网络日志、视频、图片、地理位置信息等。

（3）价值密度低。以视频为例，连续不间断监控过程中，可能有用的数据仅仅有一两秒。

（4）处理速度快。遵循 1 秒定律，最后这一点也是和传统的数据挖掘技术有着本质的不同。物联网、云计算、移动互联网、车联网、手机、平板电脑、PC 以及遍布全球各个角落的各种各样的传感器，无一不是数据来源或者承载的方式。

5．大数据的应用

大数据应用的关键，也是其必要条件，就在于"IT"与"经营"的融合，当然，这里的经营的内涵可以非常广泛，小至一个零售门店的经营，大至一个城市的经营。以下是关于各行各业、不同的组织机构在大数据方面的应用案例。

1）大数据应用案例之医疗行业

（1）IBM 最新沃森技术医疗保健内容分析预测技术已经有了一些应用客户。该技术允许企业找到大量患者相关的临床医疗信息，通过大数据处理，更好地分析患者的信息。

（2）在加拿大多伦多的一家医院，针对早产婴儿，每秒钟有超过 3000 次的数据读取。通过这些数据分析，医院能够提前知道哪些早产婴儿出现问题并且可以有针对性地采取措施，避免早产婴儿夭折。

（3）大数据可以让更多的创业者更方便地开发产品，比如通过社交网络来收集数据的健康类 APP。也许未来数年后，它们搜集的数据能让医生给的诊断变得更为精确，比方说患者服药不是通用的成人每日三次、一次一片，而是检测到血液中药剂已经代谢完后会自动提醒患者再次服药。

2）大数据应用案例之能源行业

（1）智能电网在欧洲已经做到了终端，也就是所谓的智能电表。在德国为了鼓励利用太阳能，会在家庭安装太阳能，当太阳能有多余电的时候还可以卖给电力公司。电网每隔 5 分钟或 10 分钟收集一次数据，收集来的这些数据可以用来预测客户的用电习惯等，从而推断出在未来 2～3 个月时间里，整个电网大概需要多少电。有了这个预测后，就可以向发电或者供电企业购买一定数量的电。因为电有点像期货一样，如果提前买就会比较便宜，买现货就比较贵，通过这个预测后，可以降低采购成本。

（2）维斯塔斯风力系统依靠 Big Insights 软件和 IBM 超级计算机，可以对气象数据进行分析，找出安装风力涡轮机和整个风电场最佳的地点。以往需要数周的分析工作，现在利用大数据仅需要不足 1 小时便可完成。

3）大数据应用案例之通信行业

（1）XO 公司通过使用 IBM SPSS 预测分析软件，减少了将近一半的客户流失率。XO 现在可以预测客户的行为，发现行为趋势，并找出存在缺陷的环节，从而帮助公司及时采取措施，保留客户。此外，IBM 新的 Netezza 网络分析加速器，将通过提供单个端到端网络、客户分析视图的可扩展平台，帮助通信企业制定更科学、合理的决策。

（2）电信业设备公司通过数以千万计的客户资料，能分析出多种使用者行为和趋势，即可顺利把通信设备卖给需要的企业。

（3）通过大数据分析，中国移动对企业运营的全业务进行有针对性的监控、预警、跟踪。系统在第一时间自动捕捉市场变化，再以最快捷的方式推送给指定负责人，使他在最短时间内获知市场行情。

（4）日本 NTT DoCoMo 公司把手机位置信息和互联网上的信息结合起来，为顾客提供附近的餐饮店信息。接近末班车时间时，提供末班车信息服务。

4）大数据应用案例之零售业

（1）某公司是一家领先的专业时装零售商，通过当地的百货商店、网络及其邮购目录业务为客户提供服务。公司希望向客户提供差异化服务，他们通过从 Twitter 和 Facebook 上收集社交信息，更深入地理解产品的营销模式，随后他们认识到必须保留两类有价值的客户：高消费者和高影响者。希望通过接受免费化妆服务，让用户进行口碑宣传，这是交易数据与交互数据的完美结合，为业务挑战提供了解决方案。

（2）零售企业也监控客户的店内走动情况以及与商品的互动。它们将这些数据与交易记录结合起来展开分析，从而在销售哪些商品、如何摆放货品以及何时调整售价上给出意见，此类方法已经帮助某领先零售企业减少了 17％ 的存货，同时在保持市场份额的前提下，增加了高利润率自有品牌商品的比例。

附录 C 虚拟现实技术

1. 虚拟现实技术

虚拟现实(Virtual Reality,VR)技术是 20 世纪 90 年代以来兴起的一种新型信息技术,它与多媒体、网络技术并称为三大前景最好的计算机技术。它以计算机技术为主,利用并综合三维图形技术、多媒体技术、仿真技术、传感技术、显示技术、伺服技术等多种高科技的最新发展成果,利用计算机等设备来产生一个逼真的三维视觉、触觉、嗅觉等多种感官体验的虚拟世界,从而使处于虚拟世界中的人产生一种身临其境的感觉。在这个虚拟世界中,人们可直接观察周围世界及物体的内在变化,与其中的物体之间进行自然的交互,并能实时产生与真实世界相同的感觉,使人与计算机融为一体。与传统的模拟技术相比,VR 技术的主要特征:用户能够进入一个由计算机系统生成的交互式的三维虚拟环境中,可以与之进行交互。通过参与者与仿真环境的相互作用,并利用人类本身对所接触事物的感知和认知能力,帮助启发参与者的思维,全方位地获取事物的各种空间信息和逻辑信息。

2. 虚拟现实技术的发展简史

VR 技术的发展大致分为三个阶段。

20 世纪 50 年代到 70 年代末,是 VR 技术的探索阶段。

20 世纪 80 年代初期到 80 年代中期,是 VR 技术系统化、从实验室走向实用的阶段。

20 世纪 80 年代末期到 21 世纪初,是 VR 技术高速发展的阶段。

第一套具有 VR 思想的装置是莫顿。海利希在 1962 年研制的称为 Senorama 的具有多种感官刺激的立体电影系统,它是一套只能供个人观看立体影像的设备,采用模拟电子技术与娱乐技术相结合的全新技术,能产生立体音画效果,并能有不同的气味,座位也能根据剧情的变化进行摇摆或振动,观看时还能感觉到有风在吹动。

在随后几年中,艾凡·萨瑟兰在美国麻省理工学院开始头盔式显示器的研制工作,人们戴上这个头盔式显示器,就会产生身临其境的感觉。

研制者们于 1970 年研制出了第一个功能较齐全的 HMD 系统。

美国的 Jaron Lanier 在 20 世纪 80 年代初正式提出了 Virtual Reality 一词。

20 世纪 80 年代,美国国家航空航天局(NASA)及美国国防部组织了一系列有关 VR 技术的研究,并取得了令人瞩目的研究成果。

进入 20 世纪 90 年代后,迅速发展的计算机硬件技术与不断改进的计算机软件系统相匹配,使得基于大型数据集合的声音和图像的实时动画制作成为可能,人机交互系统的设计不断创新,新颖、实用的输入/输出设备不断地涌入市场。

3. 虚拟现实系统的构成

典型的 VR 系统主要由计算机、应用软件系统、输入设备、输出设备、用户和数据库等组成，如附图 C-1 所示。

1）计算机

在 VR 系统中，计算机负责虚拟世界的生成和人机交互的实现。由于虚拟世界本身具有高度复杂性，尤其在某些应用中，如航空航天环境的模拟、大型建筑物的立体显示、复杂场景的建模等，使得生成虚拟世界所需的计算量极为巨大，因此对 VR 系统中计算机的配置提出了极高的要求。

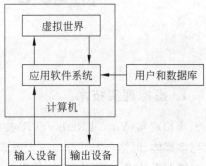

附图 C-1　虚拟现实系统的一般构成

2）输入/输出设备

在 VR 系统中，为了实现人与虚拟世界的自然交互，必须采用特殊的输入/输出设备，以识别用户各种形式的输入，并实时生成相应的反馈信息。

3）VR 的应用软件系统及用户和数据库

VR 的应用软件系统可完成的功能包括虚拟世界中物体的几何模型、物理模型、行为模型的建立，三维虚拟立体声的生成，模型管理技术及实时显示技术，虚拟世界数据库的建立与管理等几部分。虚拟世界数据库主要用于存放整个虚拟世界中所有物体的各个方面的信息，如附图 C-2 所示。

4）虚拟现实技术的特征

VR 技术有三个主要特征：沉浸性（immersion）、交互性（interactivity）和想象性（imagination），如附图 C-3 所示。

（1）沉浸性是指用户感受到被虚拟世界所包围，好像完全置身于虚拟世界中一样。VR 技术最主要的技术特征是让用户觉得自己是计算机系统所创建的虚拟世界中的一部分，使用户由观察者变成参与者，沉浸其中并参与虚拟世界的活动。理想的虚拟世界应该达到使用户难以分辨真假的程度，甚至超越真实，实现比现实更逼真的照明和音响效果。

（2）交互性的产生主要借助于 VR 系统中的特殊硬件设备（如数据手套、力反馈装置等），使用户能通过自然的方式，产生同在真实世界中一样的感觉。

（3）想象性是指虚拟的环境是人想象出来的，同时这种想象体现出设计者相应的思想，因而可以用来实现一定的目标。所以说 VR 技术不仅仅是一个媒体或一个高级用户界面，同时它还是为解决工程、医学、军事等方面的问题而由开发者设计出来的应用软件。

4. 虚拟现实系统的分类

在实际应用中，根据 VR 技术对沉浸程度的高低和交互程度的不同，将 VR 系统划分为四种类型：沉浸式 VR 系统、桌面式 VR 系统、增强式 VR 系统、分布式 VR 系统。其中桌面式 VR 系统因其技术非常简单，需投入的成本也不高，在实际中应用较广泛。

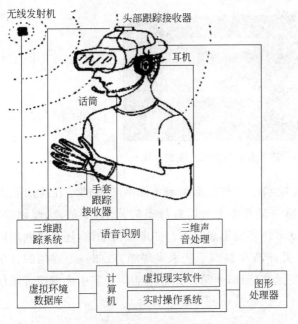

附图 C-2 典型虚拟现实系统的结构框图   附图 C-3 虚拟现实技术的特征

5. 虚拟现实技术的应用

自 VR 技术问世以来,为人机交互界面开辟了广阔的天地,带来了巨大的社会效益和经济效益。在当今世界上,许多发达国家都在大力研究、开发和应用这一技术,积极探索其在各个领域中的应用。由于虚拟现实在技术上的进步与逐步成熟,其应用在近几年发展迅速,应用领域已由过去的娱乐与模拟训练发展到包含航空、航天、铁道、建筑、土木、科学计算可视化、医疗、军事、教育、娱乐、通信、艺术、体育等广泛领域。

1) 医学领域的应用

在医学领域,VR 技术和现代医学的飞速发展以及两者之间的融合使得 VR 技术已开始对生物医学领域产生重大影响。目前正处于应用 VR 技术的初级阶段,其应用范围主要涉及建立合成药物的分子结构模型、各种医学模拟以及进行解剖和外科手术等。在此领域,VR 技术应用大致上有两类:一类是虚拟人体的 VR 系统,也就是数字化人体,这样的人体模型使医生更容易了解人体的构造和功能;另一类是虚拟手术的 VR 系统,可用于指导手术的进行,如附图 C-4 所示。

附图 C-4 虚拟手术

2) 影视娱乐界的应用

娱乐上的应用是 VR 技术应用最广阔的领域,从早期的立体电影到现代高级的沉浸式游戏,都是 VR 技术应用较多的领域。丰富的感知能力与三维世界使得 VR 技术成为理想的视频游戏工具(见附图 C-5)。由于在娱乐方面对 VR 的真实感要求不太高,所以近几年来 VR 技术在该方面发展较为迅猛。

附图 C-5　基于虚拟现实的沉浸式游戏

作为传输显示信息的媒体，VR 技术在未来艺术领域方面所具有的潜在应用能力也不可低估。VR 所具有的临场参与感与交互能力可以将静态的艺术（如油画、雕刻等）转化为动态的，可以使观赏者更好地欣赏作者的思想艺术。如虚拟博物馆，还可以利用网络或光盘等其他载体实现远程访问。另外，VR 提高了艺术表现能力，如一个虚拟的音乐家可以演奏各种各样的乐器，人们即使远在外地，也可以在他生活的居室中去虚拟音乐厅并欣赏音乐会。

3）教育与训练

（1）虚拟校园。每个大学生对大学都是有特殊感情的，大学校园的学习氛围、校园文化对人的教育有着巨大影响，教师、同学、教室、实验室等校园的一草一木无不潜移默化地影响着每一个人，人们从中得到的教益从某种程度上来说，远远超出书本给予的。网络的发展和 VR 技术的应用，使人们可以仿真校园环境。因此虚拟校园成了 VR 技术与网络在教育领域最早的应用。目前，虚拟校园主要以实现浏览功能为主。随着多种灵活的浏览方式以崭新的形式出现，虚拟校园正以一种全新的姿态吸引着大家。

（2）虚拟环境演示教学与实验。在高等教育中，VR 技术在教学中的应用较多，特别是理工科类课程的教学，尤其在建筑、机械、物理、生物、化学等学科的教学上产生了质的突破。它不仅适用于课堂教学，使之更形象生动，也适用于互动性实验。在很多大学都有 VR 技术研究中心或实验室。如杭州电子工业学院虚拟现实与多媒体研究所，研究人员把 VR 技术应用于教学，开发了虚拟教育环境。

（3）远程教育系统。随着互联网技术的发展、网络教育的深入，远程教育有了新的发展，真实、互动、情节化，突破了物理时空的限制并有效地利用了共享资源这些特点，同时可虚拟老师、实验设备等。这正是 VR 技术独特的魅力所在，基于国际互联网的远程教育系统具有巨大的发展前景，也必将引起教育方式的革命。

（4）特殊教育。由于 VR 技术是一种面向自然的交互形式，这个特点对于一些特殊的教育有着特殊的用途。中国科学院计算机所开发的"中国手语合成系统"，采用基于运动跟踪的手语三维运动数据获取方法，利用数据手套以及空间位置跟踪定位设备，可以获取精确的手语三维运动数据。

（5）技能培训。将 VR 技术应用于技能培训可以使培训工作更加安全，并节约了成本。比较典型的应用是训练飞行员的模拟器及用于汽车驾驶的培训系统。交互式飞机模拟驾驶器是一种小型的动感模拟设备,它的舱体内配置有显示屏幕、飞行手柄和战斗手柄。在虚拟的飞机驾驶训练系统中,学员可以反复操作控制设备,学习在各种天气情况下进行起飞、降落,并进行训练,达到熟练掌握驾驶技术的目的,如附图 C-6 所示。

附图 C-6 飞机操作控制系统

附录 D　人 工 智 能

1. 人工智能的概念

人工智能分为"人工"和"智能"两部分,其中"人工"的概念不难定义,至于"智能"则涉及其他诸如意识(consciousness)、自我(self)、思维(mind)(包括无意识的思维(unconscious thinking)等问题),人唯一了解的智能是人本身的智能,这是普遍认同的观点。但是对自身智能的理解都非常有限,对构成人的智能的必要元素也了解有限,所以就很难定义什么是"人工"制造的"智能"了。因此人工智能的研究往往涉及对人的智能本身的研究,其他关于动物或其他人造系统的智能也普遍被认为是人工智能相关的研究课题。

2. 人工智能的历史

在计算机问世以来,科学技术不断发展进步,在此基础上人工智能得到了发展,并逐渐应用到了各个领域,给人类的生产生活带来了很大的影响。随着研究的进一步深入,人工智能定会得到更大的发展,给人类的生活提供便利,为人类更好的服务。

1950年,英国数学家图灵(A. M. Turing,1912—1954年)发表了《计算机与智能》的论文,其中提出著名的"图灵测试",形象地提出人工智能应该达到的智能标准。图灵在这篇论文中认为"不要问一台机器是否能思维,而是要看它能否通过以下的测试"。让人和机器分别位于两个房间,他们只可通话,不能相互看见。通过对话,如果人的一方不能区分对方是人还是机器,那么就可以认为那台机器达到了人类智能的水平。这算是对人工智能最初的定义,而"人工智能"一词最初于1956年在达特茅斯大学召开的 Dartmouth 学会上提出的。

1956年夏季,年轻的美国学者麦卡锡、明斯基、朗彻斯特和香农共同发起,邀请莫尔、塞缪尔、纽厄尔和西蒙等参加在美国达特茅斯大学举办的一次长达2个多月的研讨会,激烈地讨论用机器模拟人类智能的问题。会上,首次使用了"人工智能"这一术语。这是人类历史上的第一次人工智能研讨会,标志着人工智能学科的诞生,具有十分重要的历史意义。

20世纪60年代以来,生物模仿用来建立功能强大的算法。这方面有进化计算,包括遗传算法、进化策略和进化规划(1962年)。1992年,Bezdek 提出计算智能。他和 Marks(1993年)指出计算智能取决于制造者提供的数值数据,含有模式识别部分,不依赖于知识。计算智能是认知层次的低层。今天,计算智能涉及神经网络、模糊逻辑、进化计算和人工生命等领域,呈现多学科交叉与集成的趋势。

　　人工智能（Artificial Intelligence，AI）是计算机学科的一个分支，20 世纪 70 年代以来被称为世界三大尖端技术之一（空间技术、能源技术、人工智能），也被认为是 21 世纪（基因工程、纳米科学、人工智能）三大尖端技术之一。这是因为近三十年来它获得了迅速的发展，在很多学科领域都获得了广泛应用，并取得了丰硕的成果，人工智能已逐步成为一个独立的分支，无论在理论和实践上都已自成一个系统，人工智能从最初的一段幻想、一个假设，变为了一个策划、一段程序，一个出现在了地平线上的现实。

3. 人工智能的未来

　　人工智能的发展趋势并非无迹可寻。在我看来，人工智能在接下来的几年中，将呈现出以下四个主要发展趋势。

　　（1）人工智能技术进入大规模商用阶段，人工智能产品全面进入消费级市场。

　　中国通信巨头华为已经发布了自主研发的人工智能芯片并将其应用在旗下智能手机产品中，苹果公司推出的 iPhone X 也采用了人工智能技术实现面部识别等功能。三星最新发布的语音助手 Bixby 则从软件层面对长期以来停留于"你问我答"模式的语音助手作出升级。人工智能借由智能手机已经与人们的生活越来越近，如附图 D-1 所示。

附图 D-1　生活服务机器人

　　在人形机器人市场，日本的软银公司研发的人形情感机器人 Pepper 从 2015 年 6 月开始每月面向普通消费者发售 1000 台，每次都被抢购一空。人工智能机器人背后隐藏着的巨大商业机会同样让国内创业者陷入狂热，目前国内人工智能机器人团队粗略统计超过 100 家。图灵机器人 CEO 俞志晨相信未来几年，人们将会像挑选智能手机一样挑选机器人。售价并非是人工智能机器人难以打开消费市场的关键，因为随着产业和技术走向成熟，成本降低是必然趋势，同时市场竞争因素也将进一步拉低人工智能机器人产品的售价。吸引更多开发者，丰富产品功能和使用场景才是打开市场的关键。另外一个好的信号是，人工智能机器人正在引起商业巨头们的兴趣。

　　零售巨头沃尔玛后来开始与机器人公司 Five Elements 合作，将购物车升级为具备导购和自动跟随功能的机器人。中国的零售企业苏宁也与一家机器人公司合作，将智能机器人引入门店用于接待和导购。餐饮巨头肯德基也曾与百度合作，在餐厅引入机器人来实现智能点餐。近期，情感机器人 Pepper 也开始出现在软银的各大门店，软银移动业务负责人认为商业领域智能机器人很快将进入快速发展期。

　　在商业服务领域的全面应用，正为人工智能的大规模商用打开一条新的出路，或许人工智能机器人占领商场等公共场所会比占领的客厅要来得更早一些。

（2）基于深度学习的人工智能的认知能力将达到人类专家顾问级别。"认知专家顾问"在 Gartner 的报告中被列为未来 2～5 年被主流采用的新兴技术，这主要依赖于机器深度学习能力的提升和大数据的积累。

过去几年人工智能技术之所以能够获得快速发展，主要源于三个元素的融合：性能更强的神经元网络、价格低廉的芯片以及大数据。其中，神经元网络是对人类大脑的模拟，是机器深度学习的基础，对某一领域的深度学习将使得人工智能逼近人类专家顾问的水平，并在未来进一步取代人类专家顾问。当然，这个学习过程也伴随着大数据的获取和积累，如附图 D-2 所示。

附图 D-2　认知专家顾问机器人

事实上在金融投资领域，人工智能已经有取代人类专家顾问的迹象。在美国，从事智能投顾的不仅仅是 Betterment、Wealth Front 这样的科技公司，老牌金融机构也察觉到了人工智能对行业带来的改变。高盛和贝莱德分别收购了 Honest Dollar 与 Future Advisor，苏格兰皇家银行也曾宣布用智能投顾取代 500 名传统理财师的工作。

国内一家创业团队目前正在将人工智能技术与保险业相结合，在保险产品数据库基础上进行分析和计算并搭建知识图谱，还会收集保险语料，为人工智能问答系统做数据储备，最终连接用户和保险产品。这对目前仍然以销售渠道为驱动的中国保险市场而言显然是个颠覆性的消息，它很可能意味着销售人员的大规模失业。

关于人工智能的学习能力，凯文·凯利曾形象地总结说："使用人工智能的人越多，它就越聪明。人工智能越聪明，使用它的人就越多。"就像人类专家顾问的水平很大程度上取决于服务客户的经验一样，人工智能的经验就是数据以及处理数据的经历。随着使用人工智能专家顾问的人越来越多，未来 2～5 年人工智能有望达到人类专家顾问的水平。

（3）人工智能实用主义倾向显著，未来将成为一种可购买的智慧服务。过去几年俄罗斯的人工智能机器人尤金首次通过了著名的图灵测试，我们又见证了世界围棋冠军李世石的谷歌人工智能机器人 AlphaGo 大战，如附图 D-3 所示。尽管这些史无前例的事件隐约让我们知道人工智能技术已经发展到了一个很高的水平，但因为太过浓厚的"炫技"色彩，也让公众对人工智能技术产生很多质疑。

附图 D-3　机器人与人类围棋大战

人工智能与不同产业的结合正使其实用主义倾向愈发显著,这让人工智能逐步成为一种可以购买的商品。吴恩达博士曾把人工智能比作未来的电能,电在今天已经成为一种可以按需购买的商品,任何人都可以花钱将电带到家中。可以用电来看电视,可以用电来做饭、洗衣服,未来可以用购买到的人工智能来打造一个智能的家居系统。凯文·凯利此前也曾做过类似预判,他说未来可能会向亚马逊或是中国的公司购买智能服务。

反过来,不同产业对人工智能技术的应用也加剧了人工智能的实用主义倾向。比如,特斯拉公司就是拿人工智能技术专门用来提升自动驾驶技术的;再比如,地图导航软件,就是专门拿人工智能技术用来为用户规划出行路线的;附图 D-4 所示为无人驾驶飞机,也使用了人工智能技术。

附图 D-4　无人驾驶飞机

说到底,人工智能是一种实用主义的东西。目前,越来越多的医疗机构用人工智能诊断疾病,越来越多的汽车制造商开始使用人工智能技术研发无人驾驶汽车,越来越多的普通人开始使用人工智能作出投资、保险等决策。这意味着人工智能已经走出"炫技"阶段,未来将真正进入实用阶段。

(4) 人工智能技术将严重冲击劳动密集型产业,改变全球经济生态。许多科技界的名人一方面受益于人工智能技术;一方面又对人工智能技术发展过程中存在的威胁充满担忧,包括比尔·盖茨、埃隆·马斯克斯、蒂芬·霍金等人都曾对人工智能发展作出过警告。尽管从目前来看对人工智能取代甚至毁灭人类的担忧还为时尚早,但毫无疑问,人工智能正在抢走各行各业劳动者的饭碗。

人工智能可能引发的大规模失业是当下最为紧迫的一个问题。阿里巴巴董事会主席马云在 2017 年的一场大数据峰会上说："如果继续以前的教学方法，我可以保证，30 年后的孩子们将找不到工作。"阿里巴巴在电商领域的对手，京东集团董事局主席刘强东则信誓旦旦地表示："5 年后，送货的都将是机器人。"如附图 D-5 所示。

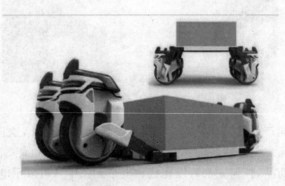

附图 D-5　物流机器人

事实上，机器人抢走人类劳动者饭碗的事情已经在全球上演。硅谷一家新兴的机器人保安公司 Knightscope 目前已和 16 个国家签约使用其公司生产的 K5 监控机器人，其中包括中国。K5 将主要用于商场、停车场等公共场所，可以自动巡逻并能够识别人脸和车牌，K5 每小时的租金约为 7 美元。这意味着原本属于人类保安的酬劳现在要被机器人抢走。

未来 2～5 年人工智能导致的大规模失业将率先从劳动密集型产业开始。如制造业，在主要依赖劳动力的阶段，其商业模式本质上是赚取劳动力的剩余价值，而当技术成本低于雇用劳动力的成本时，显然劳动力会被无情淘汰，制造企业的商业模式也将随之发生改变。再比如物流行业，目前大多数企业都实现了无人仓库管理和机器人自动分拣货物，接下来无人配送车、无人机也很有可能取代一部分物流配送人员的工作。

就中国目前的情况来看，正处于从劳动密集型产业向技术密集型产业过渡的过程中，难以避免地要受到人工智能技术的冲击，而经济相对落后的东南亚国家和地区因为廉价的劳动力优势仍在，受人工智能技术冲击较小。世界经济论坛 2016 年的调研数据预测，到 2020 年，机器人与人工智能的崛起，将导致全球 15 个主要的工业化国家 510 万个就业岗位的流失，多以低成本、劳动密集型的岗位为主。

人工智能终将改变世界，而由其导致的大规模失业和全球经济结构的调整，显然也属于"改变"的一部分，我们都将亲眼看到这一切的发生。